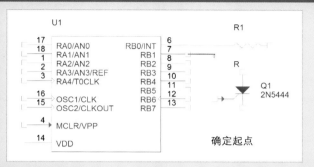

导线的拐弯模式

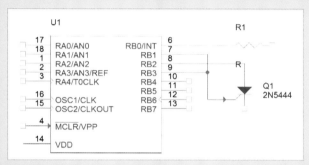

导线的交叉模式

完成原理图布线

绘制总线

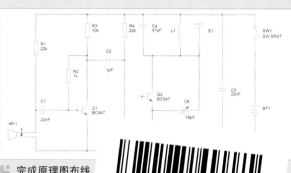

放置电源符号

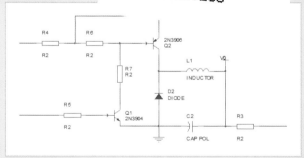

CAPSYM库电源符号

SOURCE库电源符号

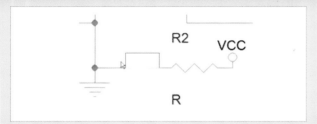

显示光标

放置网络标签

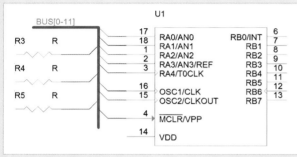

对总线进行命名

对导线进行命名

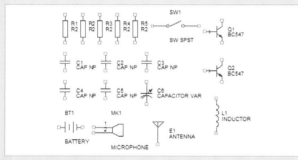

原理图中所需的元件

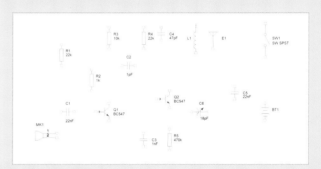

完成元件布局

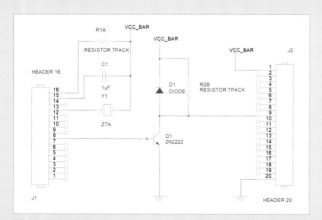

生成元件清单

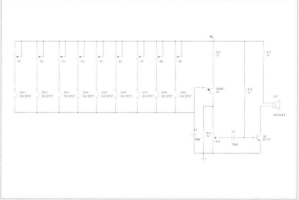

生成网络表文件

绘制Z80ASIO0元件

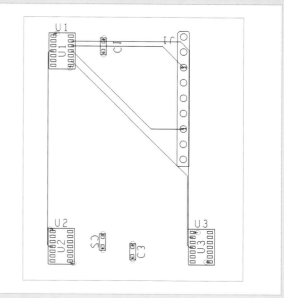

电磁兼容电路

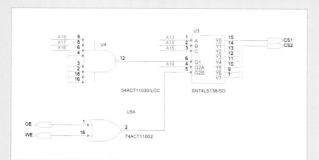

存储器接口电路子原理图Addressing

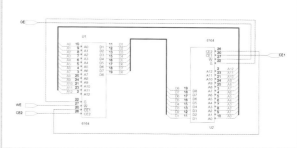

存储器接口电路子原理图Storage

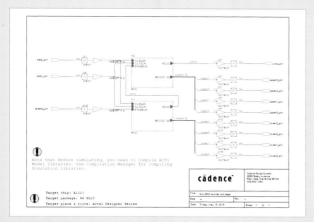

打印预览原理图

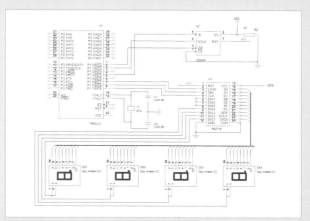

串行显示驱动器PS7219及单片机的SPI接口

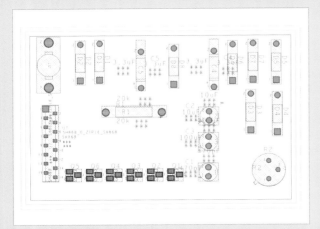

音乐闪光灯布局后的PCB板

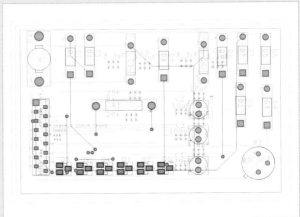

添加泪滴

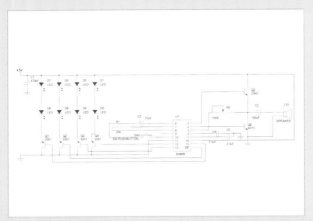

音乐闪光灯原理图

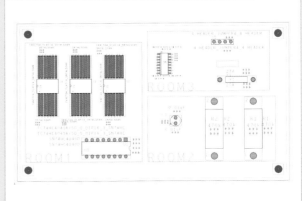

布局后的PCB

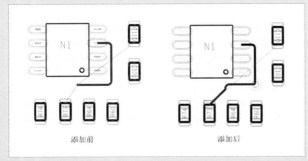

添加过孔图

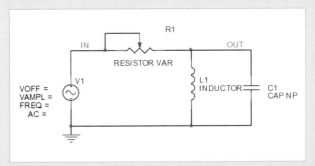

扫描特性电路

CAD/CAM/CAE/EDA 微视频讲解大系

Cadence 17.4 高速电路设计与仿真从入门到精通

（实战案例版）

240 分钟同步微视频讲解　68 个实例案例分析

☑元件库与元件管理　☑电气连接　☑原理图绘制　☑原理图设计　☑原理图库设计
☑PCB 封装库　☑PCB 设计　☑布局操作　☑布线操作　☑电路仿真设计

天工在线　编著

中国水利水电出版社
www.waterpub.com.cn

内 容 提 要

《Cadence 17.4 高速电路设计与仿真从入门到精通（实战案例版）》详细介绍了 Cadence 17.4 在电路设计与仿真方面的使用方法和应用技巧，是一本 Cadence 基础教程，也是一本 Cadence 视频教程。

全书共 15 章，内容包括 Cadence 概述、Cadence 17.4 基础入门、原理图基础、原理图环境设置、元件库与元件的管理、电气连接、原理图的绘制、原理图的后续处理、高级原理图设计、原理图库设计、创建 PCB 封装库、PCB 设计基础、布局操作、布线操作和电路仿真设计等知识。通过丰富的实例，详细介绍了 Cadence 电路设计与仿真的知识。本书在讲解过程中注重理论联系实际，并配有详细的操作步骤，采用图文对应的方式，可以提高读者的动手能力，并加深其对知识点的理解。

《Cadence 17.4 高速电路设计与仿真从入门到精通（实战案例版）》一书配有 68 集（240 分钟）微视频讲解。读者可以扫描二维码，随时随地看视频，使用方便。另外，本书还提供了实例的源文件和初始文件，可以直接调用和对比学习，效率更高。

《Cadence 17.4 高速电路设计与仿真从入门到精通（实战案例版）》作为一本 Cadence 电路设计与仿真教材，适合 Cadence 电路设计与仿真从入门、提高到精通等各层次的读者使用，也适合电路设计与仿真爱好者参考学习 Cadence 相关内容，应用型高校或相关培训机构也可选择此书作为相关课程的教材。

图书在版编目（CIP）数据

Cadence 17.4高速电路设计与仿真从入门到精通：
实战案例版 / 天工在线编著. — 北京：中国水利水电
出版社, 2025. 1. — (CAD/CAM/CAE/EDA微视频讲解大系
). — ISBN 978-7-5226-2808-0

I. TN410.2

中国国家版本馆CIP数据核字第2024G6X750号

丛 书 名	CAD/CAM/CAE/EDA 微视频讲解大系
书 名	Cadence 17.4 高速电路设计与仿真从入门到精通（实战案例版） Cadence 17.4 GAOSU DIANLU SHEJI YU FANGZHEN CONG RUMEN DAO JINGTONG
作 者	天工在线　编著
出版发行	中国水利水电出版社 （北京市海淀区玉渊潭南路 1 号 D 座　100038） 网址：www.waterpub.com.cn E-mail：zhiboshangshu@163.com 电话：（010）62572966-2205/2266/2201（营销中心）
经 售	北京科水图书销售有限公司 电话：（010）68545874、63202643 全国各地新华书店和相关出版物销售网点
排 版	北京智博尚书文化传媒有限公司
印 刷	河北文福旺印刷有限公司
规 格	190mm×235mm　16 开本　24.5 印张　670 千字　2 插页
版 次	2025 年 1 月第 1 版　2025 年 1 月第 1 次印刷
印 数	0001—3000 册
定 价	89.80 元

前　言

Preface

　　Cadence 公司全称是 Cadence Design Systems Inc.，是一家世界领先的电子设计自动化（Electronic Design Automation，EDA）软件公司，在国际上有较高的品牌影响力和市场份额。

　　以 Cadence 为平台，Cadence 公司推出了印制电路板（Printed Circuit Board，PCB）设计布线工具 Allegro SPB 和其前端产品 OrCAD Capture，两者的完美结合，为当前高速度、高密度、多层次的复杂 PCB 设计提供了完美的解决方案。

本书特点

❱　内容合理，适合自学

　　本书主要面向零基础的读者，充分考虑初学者的需求，内容讲解由浅入深、循序渐进，引领读者快速入门。在知识点上不求面面俱到，但求有效实用。本书的内容可以满足读者在实际设计工作中的各项需要。

❱　视频讲解，通俗易懂

　　为了方便读者学习，本书中的大部分实例都录制了教学视频。视频录制时模仿实际授课的形式，在各知识点的关键处给出解释、提醒和注意事项，让读者高效学习的同时，更多体会 Cadence 17.4 功能的强大。

❱　内容全面，实例丰富

　　本书详细介绍了 Cadence 17.4 的使用方法和操作技巧，全书共 15 章，内容包括 Cadence 概述、Cadence 17.4 基础入门、原理图基础、原理图环境设置、元件库与元件的管理、电气连接、原理图的绘制、原理图的后续处理、高级原理图设计、原理图库设计、创建 PCB 封装库、PCB 设计基础、布局操作、布线操作和电路仿真设计等知识。本书采用理论联系实际的讲解方式，书中配有详细的操作步骤，图文对应，读者不仅可以提高动手能力，而且能加深对知识点的理解。

本书显著特色

❱　体验好，随时随地学习

　　二维码扫一扫，随时随地看视频。书中提供了大部分实例的二维码，读者可以通过手机"扫一扫"功能，随时随地观看相关的教学视频，也可以在计算机上下载相关资源后观看学习。

❱　实例多，用实例学习更高效

　　实例丰富详尽，边做边学更快捷。跟着大量实例学习，边学边做，从做中学，可以使学习更深入、更高效。

➥ **入门易，全力为初学者着想**

遵循学习规律，入门与实战相结合。万事开头难，为此，本书编写采用"基础知识+实例"的形式，内容由浅入深、循序渐进，让初学者轻松入门不是梦。

➥ **服务快，让你学习无后顾之忧**

提供在线服务，可以随时随地在线与作者和其他读者交流。提供公众号、QQ 群等多渠道贴心服务。

本书学习资源及获取方式

本书提供视频和源文件，所有资源均可以通过下面的方法下载后使用。

（1）读者扫描下方的二维码或关注微信公众号"设计指北"，发送"CAD28080"到公众号后台，获取资源下载链接，然后将此链接复制到计算机浏览器的地址栏中，根据提示下载即可。

（2）读者可以加入 QQ 群 764534854（请注意加群时的提示）进行在线交流学习，作者将不定时在群里答疑解惑，帮助读者无障碍地快速学习本书。

关于作者

本书由天工在线组织编写。天工在线是一个 CAD/CAM/CAE/EDA 技术研讨、工程开发、培训咨询和图书创作的工程技术人员协作联盟，包含 40 多位专职和众多兼职 CAD/CAM/CAE/EDA 工程的技术专家。其创作的很多教材成为国内具有引导性的旗帜作品，在国内相关专业方向的图书创作领域具有良好的影响力。

致谢

本书能够顺利出版，是作者、编辑和所有审校人员共同努力的结果，在此表示深深的感谢。同时，祝福所有读者在通往优秀工程师的道路上一帆风顺。

作　者

目 录

Contents

第1章　Cadence 概述 ················ 1

1.1　电路总体设计流程 ··········· 1

1.2　Cadence 软件新功能 ·········· 2

1.3　电路板设计流程 ··········· 2

第2章　Cadence 17.4 基础入门 ······ 4

　　　视频讲解：3 集

2.1　Cadence 17.4 功能模块 ········ 4

2.2　Cadence 17.4 工作平台介绍 ····· 7

　　2.2.1　OrCAD Capture CIS
　　　　　工作平台 ············ 7

　　轻松动手学——启动 OrCAD
　　　　　Capture CIS
　　　　　工作平台 ··········· 7

　　轻松动手学——创建工程文件····9

　　2.2.2　Design Entry HDL
　　　　　工作平台 ··········· 10

　　2.2.3　SigXplorer 工作平台 ······ 11

　　2.2.4　Allegro PCB Designer
　　　　　工作平台 ··········· 14

　　动手练一练——启动 Allegro PCB
　　　　　Designer 工作
　　　　　平台 ············· 16

第3章　原理图基础 ··············17

　　　视频讲解：5 集

3.1　原理图功能简介 ·········· 17

3.2　项目管理器 ············· 19

　　3.2.1　新建文件 ··········· 19

　　轻松动手学——创建原理图
　　　　　文件 ············ 19

　　轻松动手学——创建原理图页
　　　　　文件 ············20

　　3.2.2　打开文件 ··········· 21

　　3.2.3　保存文件 ··········· 22

　　轻松动手学——工程文件的
　　　　　保存 ············ 22

　　3.2.4　删除文件 ··········· 23

　　3.2.5　重命名文件 ········· 24

　　3.2.6　移动文件 ··········· 24

　　轻松动手学——移动原理图页 ···25

　　3.2.7　图纸显示 ··········· 26

3.3　电路原理图的设计步骤 ········27

　　动手练一练——绘制单片机多
　　　　　通道电路 ········28

第4章　原理图环境设置 ············ 29

　　　视频讲解：5 集

4.1　原理图图纸设置 ··········29

　　轻松动手学——设置图页大小 ···30

　　轻松动手学——设置参考网格 ···31

4.2　系统属性设置 ···········32

　　4.2.1　颜色设置 ··········· 32

　　4.2.2　设置格点属性 ········· 35

　　4.2.3　设置缩放窗口 ········· 35

4.3　设计向导设置 ············36

　　轻松动手学——设置图纸参数 ···37

　　动手练一练——设置单片机多
　　　　　通道电路图纸
　　　　　参数 ············39

4.4 操作实例——电源开关电路

设计 ················ 39

第5章 元件库与元件的管理 ············ 42

视频讲解：6集

5.1 元件库概述 ·············· 42

5.2 元件库管理 ·············· 44

5.2.1 打开 Place Part（放置元件）

面板 ············ 44

5.2.2 加载元件库 ········ 44

轻松动手学——加载电源开关

电路元件库 ···· 45

5.2.3 卸载元件库 ········ 46

5.3 放置元件 ·············· 46

5.3.1 搜索元件 ·········· 46

轻松动手学——搜索元件

NE555 ·········· 48

5.3.2 放置元件 ·········· 48

轻松动手学——放置 Switch 原理

图中的元件 ····· 50

5.4 对象的操作 ·············· 50

5.4.1 调整元件位置 ······ 52

5.4.2 元件的复制和删除 ·· 54

5.4.3 元件的固定 ········ 55

轻松动手学——调整 Switch 原理

图中元件的

位置 ············ 55

动手练一练——放置 Power 原理

图中的元件 ····· 56

5.5 元件的属性设置 ·········· 57

5.5.1 属性设置 ·········· 57

5.5.2 参数设置 ·········· 64

5.5.3 外观设置 ·········· 65

5.6 操作实例——监控器电路 ········ 66

第6章 电气连接 ··············· 72

视频讲解：4集

6.1 原理图连接工具 ············ 72

6.2 元件的电气连接 ············ 73

6.2.1 导线的绘制 ········ 73

轻松动手学——绘制监控器

电路导线 ······ 76

动手练一练——连接 Power 原理

图中的元件 ····· 76

6.2.2 总线的绘制 ········ 77

6.2.3 总线分支线的绘制 ··· 78

6.2.4 自动连线 ·········· 79

6.2.5 放置电气节点 ······ 82

6.2.6 放置电源符号 ······ 82

动手练一练——放置 Power 原理

图中的电源

符号 ············ 84

6.2.7 放置接地符号 ······ 84

6.2.8 放置网络标签 ······ 85

6.2.9 放置不连接符号 ···· 87

6.3 操作实例——抽水机电路 ······ 87

第7章 原理图的绘制 ············· 97

视频讲解：8集

7.1 绘图工具 ··············· 98

7.1.1 绘制直线 ·········· 98

7.1.2 绘制多段线 ········ 99

7.1.3 绘制矩形 ·········· 100

7.1.4 绘制椭圆 ·········· 101

7.1.5 绘制椭圆弧 ········ 102

7.1.6 绘制圆弧 ·········· 103

7.1.7 绘制贝塞尔曲线 ···· 104

7.1.8 放置文本 ·········· 105

轻松动手学——放置监控器电路

中的文本 ······· 106

7.1.9 放置图片 ·········· 107

轻松动手学——放置监控器电路

中的图片 ······· 108

7.2 标题栏的设置 …………… 108

7.3 原理图库 ………………109

    7.3.1 新建元件库 …………109

    轻松动手学——新建 IC

           元件库 …………109

    7.3.2 新建库元件 …………110

    轻松动手学——新建 SH868

           元件 …………110

    7.3.3 绘制库元件外形 ……112

    7.3.4 添加管脚 …………112

    7.3.5 编辑管脚 …………116

    轻松动手学——绘制 SH868

           元件 …………116

    轻松动手学——编辑 NE555

           元件 …………118

    7.3.6 绘制含有子部件的库

           元件 …………119

    动手练一练——绘制 Z80ASIO0

           元件 …………121

7.4 操作实例——串行显示驱动器

    PS7219 及单片机的 SPI 接口 …122

第 8 章 原理图的后续处理 …………… 135

    🎥 视频讲解：5 集

8.1 元件编号管理 …………136

    8.1.1 自动编号 …………136

    8.1.2 反向标注 …………137

    轻松动手学——设置元件编号…138

8.2 设计规则检查 …………141

8.3 报表输出 ………………143

    8.3.1 生成网络表 …………143

    8.3.2 元件报表 …………145

    轻松动手学——生成元件

           清单 …………146

    8.3.3 交叉引用元件报表 ……147

    8.3.4 属性参数文件 …………149

    轻松动手学——生成网络表

           文件 …………150

8.4 打印输出 ………………153

    8.4.1 设置打印属性 …………153

    8.4.2 打印区域 …………153

    8.4.3 打印预览 …………154

    8.4.4 打印 …………155

    动手练一练——查看打印效果 ··156

8.5 操作实例——打印预览

    原理图 …………156

第 9 章 高级原理图设计…………159

    🎥 视频讲解：4 集

9.1 原理图分类 …………159

    9.1.1 平坦式电路 …………160

    9.1.2 层次式电路 …………160

9.2 图纸的电气连接 …………161

    9.2.1 放置电路端口 …………161

    9.2.2 放置页间连接符 ………163

    轻松动手学——放置 Switch

           原理图的页间

           连接符 …………164

    动手练一练——放置 Power

           原理图的页间

           连接符 …………166

    9.2.3 放置层次块 …………167

    9.2.4 放置图纸入口 …………168

9.3 层次式电路的设计方法 ………169

    9.3.1 自上而下的层次式电路

           设计 …………169

    轻松动手学——声控变频器

           电路 …………170

    9.3.2 自下而上的层次式电路

           设计 …………174

9.4 操作实例——存储器接口

    电路 …………176

第10章 原理图库设计 ·················· 185
　　📹 视频讲解：3集
　10.1 库文件管理器 ··············· 186
　　10.1.1 库管理工具 ········· 186
　　轻松动手学——间接启动 Library
　　　　　　Explorer ······· 186
　　轻松动手学——直接启动 Library
　　　　　　Explorer ······· 187
　　10.1.2 手动创建库文件 ····· 189
　　10.1.3 Library Explorer 图形
　　　　　 界面 ············ 190
　　10.1.4 添加元件 ··········· 191
　10.2 元件库编辑器 ··············· 192
　　10.2.1 启动元件编辑器 ······ 192
　　10.2.2 编辑器界面 ········· 193
　　10.2.3 环境设置 ··········· 197
　10.3 库元件的创建 ··············· 201
　　10.3.1 新建元件 ··········· 201
　　10.3.2 复制元件 ··········· 203
　　10.3.3 添加元件管脚 ······· 203
　　10.3.4 创建元件轮廓 ······· 206
　　10.3.5 编译库元件 ········· 207
　　10.3.6 查找元件 ··········· 207
　10.4 操作实例——绘制简单元件 ··· 208
第11章 创建 PCB 封装库 ·········· 215
　　📹 视频讲解：7集
　11.1 封装的基本概念 ············· 215
　　11.1.1 常用封装介绍 ········ 216
　　11.1.2 封装文件 ··········· 217
　11.2 封装设计 ················· 217
　　11.2.1 设置工作环境 ········ 218
　　11.2.2 使用向导建立封装
　　　　　 元件 ············ 221
　　轻松动手学——创建 DIP28
　　　　　　封装 ··········· 221

　　11.2.3 手动建立封装元件 ···· 224
　　轻松动手学——创建 DIP30
　　　　　　封装 ·········· 224
　　轻松动手学——添加 DIP30 元件
　　　　　　外形 ·········· 227
　11.3 焊盘设计 ················ 230
　　11.3.1 焊盘分类 ·········· 230
　　11.3.2 焊盘 PCB 设计原则 ··· 231
　　11.3.3 焊盘编辑器 ········· 232
　11.4 过孔设计 ················ 240
　　11.4.1 通孔设计 ·········· 241
　　11.4.2 盲孔设计 ·········· 244
　　轻松动手学——创建内径为20、
　　　　　　外径为 40 的
　　　　　　盲孔 ·········· 244
　　11.4.3 埋孔设计 ·········· 247
　　轻松动手学——创建内径为20、
　　　　　　外径为 40 的
　　　　　　埋孔 ·········· 247
　　动手练一练——椭圆形有钻孔
　　　　　　焊盘 ·········· 250
　11.5 操作实例——创建 ATF750C
　　　　封装 ················ 250
第12章 PCB 设计基础 ················ 254
　　📹 视频讲解：7集
　12.1 PCB 概述 ················ 254
　　12.1.1 PCB 的概念 ········· 254
　　12.1.2 PCB 的设计流程 ······ 255
　12.2 设计参数设置 ·············· 257
　12.3 创建电路板文件 ············· 266
　　12.3.1 使用向导创建
　　　　　 电路板 ··········· 266
　　12.3.2 手动创建电路板 ······· 271
　　轻松动手学——创建电路板 ··· 271
　12.4 电路板的物理结构 ············ 272

12.4.1 图纸参数设置 ………272
轻松动手学——设置图纸
参数 ………272
12.4.2 电路板的物理边界 …273
轻松动手学——绘制电路板的
物理边界 ……275
12.4.3 编辑物理边界 ………275
12.4.4 放置定位孔 ………276
轻松动手学——在物理边界内
放置定位孔…278
12.5 环境参数设置 ………278
12.5.1 设定层面 ………278
12.5.2 设置网格 ………279
轻松动手学——放置工作
格点 ………280
12.5.3 颜色设置 ………281
12.5.4 板约束区域 ………282
轻松动手学——设置电路板的
电气边界 ……284
12.6 在 PCB 文件中导入原理图/
网络表信息 ………285
轻松动手学——导入原理图/
网络表信息…288

第13章 布局操作 ……… 290
视频讲解：5 集
13.1 添加 Room 属性 ………291
轻松动手学——编辑元件
属性 ………293
13.2 摆放封装元件 ………295
13.2.1 元件的手动摆放 …295
13.2.2 元件的快速摆放 …298
轻松动手学——摆放元件…300
13.3 基本原则 ………301
13.4 自动布局 ………301
轻松动手学——元件布局……303

13.5 3D 效果图 ………305
13.6 覆铜 ………306
13.6.1 覆铜分类 ………306
13.6.2 覆铜区域 ………306
13.6.3 覆铜参数设置 ………307
动手练一练——时钟电路 …309
13.7 PCB 设计规则 ………310
13.8 操作实例——音乐闪光灯
电路布局 ………311

第14章 布线操作 ………320
视频讲解：4 集
14.1 基本原则 ………320
14.2 布线命令 ………321
14.2.1 设置格点 ………322
14.2.2 手动布线 ………324
14.2.3 设置自动布线的
规则 ………328
14.2.4 自动布线 ………333
轻松动手学——音乐闪光灯电路
自动布线……337
14.2.5 PCB Router 布线器 …338
14.3 添加泪滴 ………341
轻松动手学——音乐闪光灯电路
添加泪滴……344
动手练一练——电磁兼容
电路 ………345
14.4 电路板的输出 ………345
14.4.1 报表输出 ………345
14.4.2 生成钻孔文件 ………346
14.4.3 制造数据的输出 ……348
14.5 操作实例——晶体管电路 PCB
设计 ………350

第15章 电路仿真设计 ………366
视频讲解：2 集
15.1 电路仿真的基本概念 ………366

15.2 电路仿真的基本方法 ··········367
   15.2.1 电路仿真步骤 ········367
   15.2.2 电路仿真原理图 ·······368
   轻松动手学——创建仿真原理图
           文件 ·········368
15.3 仿真分析参数设置 ·············370
   15.3.1 直流分析 ············370
   15.3.2 交流分析 ············371
   15.3.3 噪声分析 ············372

15.3.4 瞬态分析 ·············373
15.3.5 傅里叶分析 ···········373
15.3.6 静态工作点分析 ······374
15.3.7 蒙特卡罗分析 ········375
15.3.8 最坏情况分析 ········377
15.3.9 参数分析 ············378
15.3.10 温度分析 ··········379
15.4 仿真信号源 ····················379
15.5 操作实例——扫描特性电路···380

第 1 章　Cadence 概述

内容简介

Cadence 为满足简短、复杂、高速芯片封装设计要求，推出了以 Windows 10 操作平台为主的 Cadence 17.4。本章主要介绍电路总体设计流程、Cadence 软件新功能和电路板设计流程。

内容要点

- ↘ 电路总体设计流程
- ↘ Cadence 软件新功能
- ↘ 电路板设计流程

1.1　电路总体设计流程

为了让用户对电路设计过程有一个整体的认识和理解，下面以 PCB 设计为例，介绍电路总体设计流程。通常情况下，从接到设计要求书到最终设计出 PCB，要经历以下几个步骤。

1. 案例分析

这个步骤严格来说并不是 PCB 设计的内容，但对于后面的 PCB 设计来说又是必不可少的。案例分析的主要任务是确定如何设计原理图电路，同时也将影响对 PCB 的规划。

2. 绘制原理图元件

虽然 Cadence 软件提供了丰富的原理图元件库，但不可能包括所有元件，必要时还需要动手设计原理图元件，以建立自己的元件库。

3. 绘制电路原理图

找到所有需要的原理图元件后，就可以开始绘制原理图了。根据电路复杂程度决定是否需要使用层次原理图。原理图绘制完成后，用 ERC（电气规则检查）工具查错，找到出错原因并修改原理图电路，重新查错到没有原则性错误为止。

4. 电路仿真

在设计电路原理图前，有时会对某一部分的电路设计并不十分确定，因此需要通过电路仿真来验证。电路仿真还可以用于确定电路中某些重要元件的参数。

5. 建立元件封装库

与原理图元件库一样，电路板封装库也不可能提供所有元件的封装，有时需要自行设计并建立新的元件封装库。

6. 设计 PCB

确认原理图没有错误后，即可开始 PCB 的绘制。首先绘制出 PCB 的轮廓，确定工艺要求（使用几层板等）；然后将原理图传输到 PCB 中，在网络报表（简单介绍来历功能）、设计规则和原理图的引导下布局和布线；最后利用 DRC（设计规则检查）工具查错。此过程是设计电路时的另一个关键环节，它将决定该产品的实用性能，需要考虑的因素很多，不同的电路有不同的要求。

7. 文档整理

保存原理图、PCB 图及元件清单等文件，以便以后维护和修改。

1.2　Cadence 软件新功能

Cadence SPB Allegro and OrCAD 2019 v17.40 是 Cadence 公司开发的一套全新的人性化可扩展设计平台，简称 Cadence 17.4，主要由 Cadence Allegro 和 Cadence OrCAD 组成，其可为数据云、互联网、移动设备及工业等领域的专业 PCB 设计解决方案。

其中，Cadence Allegro 包括多个模块，如 Allegro PCB Designer 就是一款灵活的可扩展平台；而 Allegro Design Authoring 则提供企业级原理图设计方案，让硬件工程师可以快速高效地创建复杂设计。Cadence OrCAD 同样包括多个模块，如 OrCAD PCB Designer 是目前行业内非常流行的 EDA 工具，提供了一个"原理图设计—PCB 设计—加工数据输出"全流程的设计平台，其可靠性和可升级性被业内人士广泛认同。OrCAD Capture CIS 则是一款多功能的 PCB 原理图输入工具，可以在线和集中管理元件数据库，从而大幅提升电路设计的效率。

1.3　电路板设计流程

电路设计是指实现一个电子产品从设计构思、电学设计到物理结构设计的全过程。在 Cadence 中，设计电路板最基本的完整过程有以下几个步骤。

1. 电路原理图设计

电路原理图设计主要是利用 Cadence 中的原理图设计系统绘制电路原理图。在这个过程中，可以充分利用其提供的原理图绘图工具、丰富的在线库、强大的全局编辑能力以及便利的电气规则检查来达到设计目的。

2. 电路信号仿真

电路信号仿真是电路原理图设计的扩展功能，可以为用户提供从设计到验证完整的仿真设计环境。当它与 Cadence 原理图设计服务器协同工作时，可以提供一个完整的前端设计方案。

3．产生网络表及其他报表

网络表是电路板自动布线的灵魂，也是原理图设计与 PCB 设计的主要接口。网络表可以从电路原理图中获得，也可以从 PCB 中提取。其他报表则存放了原理图的各种信息。

4．PCB 设计

PCB 设计是电路设计的最终目标。利用 Cadence 的强大功能实现电路板的版面设计，完成高难度的布线以及输出报表等工作。

5．信号的完整性分析

Cadence 包含一个高级信号完整性仿真器，能分析 PCB 电路板和检查设计参数，测试过冲、下冲、阻抗和信号斜率，以便及时修改设计参数。

概括地说，整个电路板的设计过程如下：首先编辑电路原理图；然后用电路信号仿真进行验证调整；接着进行布板；最后进行人工布线或根据网络表进行自动布线。前面介绍的内容都是设计中最基本的步骤。除了这些，用户还可以用 Cadence 17.4 的其他服务，如创建、编辑元件库和零件封装库等。

第 2 章　Cadence 17.4 基础入门

内容简介

本章将从 Cadence 17.4 的功能模块讲起，介绍该软件的界面环境及基本操作方式，让读者从总体上了解和熟悉软件的基本结构和操作流程。

内容要点

↘ Cadence 17.4 功能模块
↘ Cadence 17.4 工作平台介绍

案例效果

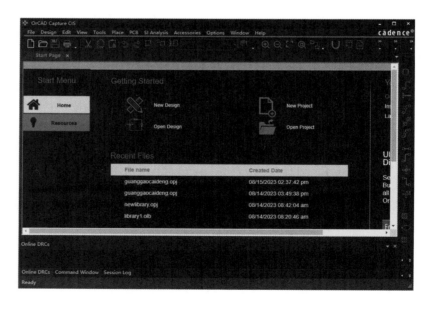

2.1　Cadence 17.4 功能模块

Cadence OrCAD 系列包括原理图工具 OrCAD Capture、OrCAD Capture CIS（含有元件库管理功能），原理图仿真工具 PSpice（PSpiceAD、PSpiceAA），PCB Layout 工具 OrCAD PCB Editor（Allegro L 版本，

OrCAD 原来自有的 OrCAD Layout 已经于 2008 年在全球范围内停止销售），以及信号完整性分析工具 OrCAD Signal Explorer（Allegro SI 基础版本）。

Cadence Allegro 系列包括原理图工具 Design Entry CIS（与 OrCAD Capture CIS 完全相同）、Design Entry HDL（Cadence 自有原理图工具），原理图仿真工具 Allegro AMS Simulator（即 PSpiceAD、PSpiceAA），PCB Layout 工具 Allegro PCB Editor（有 L、Performance、XL、GXL 等版本），信号完整性分析工具 Allegro PCB SI（有 L、Performance、XL、GXL 等版本）。

Cadence 17.4 与之前的几个版本在功能模块上既有相同的地方，又有不同之处，下面简单介绍具体功能模块。

1. Allegro PCB Designer

Allegro PCB Designer 是一个灵活可扩展的平台，其 PCB 设计环境经过了许多用户验证，使设计周期更短且可预测。该 PCB 设计解决方案以基础设计工具包加可选功能模块的组合形式提供，包含产生 PCB 设计所需的全部工具，以及完全一体化的设计流程。基础设计工具包 Allegro PCB Designer 包含一个通用和统一的约束管理解决方案、Allegro PCB Editor、自动/交互式的布线器及制造设备和机械 CAD 的接口。Allegro PCB Editor 提供了一个完整的布局布线环境，适应从简单到复杂的 PCB 设计。其优点如下：

（1）支持两种原理图设计环境：业界公认较好用的 Capture 原理图及编辑能力超强的 Design Authoring 原理图。

（2）兼容各类简单及复杂的 PCB 布局布线编辑环境。

（3）原理图及 PCB 有统一的约束管理方案，实时、提醒式显示长度和时序余量。

（4）实时的基于形状的推挤布线、任意角度的紧贴布线使布线空间得以完美利用。

（5）动态覆铜可以智能避让不同网络的导孔、走线及覆铜。

（6）布局复制技术使用户能够在设计中快速完成多个相似的电路的布局布线。

（7）3D View 及干涉检查，支持平移、缩放和旋转显示，支持复杂孔结构或电路板绝缘层部分的显示。

（8）翻转电路板功能使装配/测试工程师有一个真正的底侧视图。

（9）制造设备和机械 CAD 的接口，丰富的 Cadence Skill 二次开发接口函。

2. Allegro Design Authoring

Allegro Design Authoring 则提供了企业级原理图设计方案，让硬件工程师可以快速高效地创建复杂设计。其优点如下：

（1）完全层次化的设计方法。

（2）多视点（多个窗口显示相同或者不同的电路）。

（3）组件浏览和实体元件选择（具有过滤功能的物理元件列表）。

（4）项目管理器（统一流程管理及工具的运行设置）。

（5）层次管理器（结构管理）。

（6）直接从原理图生成层次化的 VHDL 和 Verilog 网表格式。

（7）Cadence Skill 程序语言扩展支持。

（8）所有的 Allegro PCB Editor 产品可以交互设计与交互高亮显示。

（9）优化算法保证最少的元件使用。

（10）通过附加工具交互式地保证原理图与版图的同步。

（11）生成标准报告，包括自定制的料单。

（12）包括 TTL、CMOS、ECL、Memory、PLD、GaAs、Interface 和 VLSI 库。

（13）能够使用 ANSI/IEEE 以及常用符号。

3．OrCAD Capture CIS

OrCAD Capture CIS 是一款多功能的 PCB 原理图输入工具。作为行业标准的 PCB 原理图输入方式，OrCAD Capture CIS 是当今较流行的原理图输入工具之一，具有简单直观的用户设计界面。OrCAD Capture CIS 具有功能强大的元件信息系统，可以在线和集中管理元件数据库，从而大幅提升电路设计的效率。

OrCAD Capture CIS 提供了完整的、可调整的原理图设计方法，能够有效应用于 PCB 的设计创建、管理和重用。将原理图设计技术和 PCB 布局布线技术相结合，OrCAD 能够帮助设计师在一开始就明了设计意图。不管是用于设计模拟电路、复杂的 PCB、FPGA 和 CPLD、PCB 改版的原理图修改，还是用于设计层次模块，OrCAD Capture CIS 都能为设计师提供快速的设计输入工具。此外，OrCAD Capture CIS 原理图输入技术让设计师可以随时输入、修改和检验 PCB 设计。

OrCAD Capture CIS 与 OrCAD PCB Editor 的无缝数据连接，可以很容易地实现物理 PCB 的设计；与 Cadence PSpice A/D 高度集成，可以实现电路的数模混合信号仿真。OrCAD Capture CIS 在原理图输入基础上加入了强大的元件信息系统，可用于创建、跟踪和认证元件，便于优选库和已有元件库的重用。这种简单的原理图输入技术让设计师能够更好地发挥他们的创造力，专注于电路设计，而不是忙碌于工具层面的操作。其优点如下：

（1）在一个会话窗口中可以查看和编辑多个项目。

（2）通过互联网访问最新元件。

（3）通过电路图内部或电路图之间的复制、粘贴，可以再利用原有的原理图设计数据。

（4）从一整套功能元件库中选择元件。

（5）可以用内嵌的元件编辑器更改或移动元件管脚名称和管脚编号。

（6）设计文件被其他用户打开时，该设计文件将自动锁定。

（7）放置、移动、拖动、旋转或镜像被选中的单个元件或组合元件时，电气连接是可视的。

（8）通过检查设计和电气规则，确保设计的完整性及正确性。

（9）可以直接嵌入图形对象、书签、标识及位图图片等。

（10）通过选择公制或英制单位来确定网格间距以满足所有绘图标准。

（11）支持非线性自动缩放平移画面，具有高效率的查找/搜索功能。

4．OrCAD PCB Designer

OrCAD PCB Designer 是目前行业内非常流行的 EDA 工具。这款高度集成的 PCB 设计平台工具主要包含设计输入、元件库工具、PCB 编辑器/布线器和可选的数模信号完整性仿真工具。这些简单直观的 PCB 设计工具便于升级到 Cadence Allegro 系列，可进行更复杂 PCB 的设计。

OrCAD PCB Designer 提供了电路板从设计到生产所有流程对应的设计解决方案，是一个完整的 PCB 设计环境。该设计解决方案集成了从设计构想到最终产品所需要的一切功能模块，包含规则管理器

（Constraint Manager）、原理图输入工具（Capture）、元件管理工具（CIS）、PCB 编辑器（PCB Editor）和自动/交互式布线器（SPECCTRA），以及用于制造和机械加工的 CAD 接口。随着设计难度和复杂性的增加，可以通过统一的数据库架构、应用模型和元件封装库为 Cadence OrCAD 和 Allegro 产品系列提供完全可升级的 PCB 解决方案，便于加速设计和扩大设计规模。

若是设计简单的电路板，则 OrCAD PCB Editor 是一款非常简单实用的 PCB 板层编辑工具。基于 Allegro PCB 设计技术，OrCAD PCB Editor 提供了许多功能，可以使从 PCB 布局、布线到加工数据输出的整个设计流程的效率得到极大的提高。其优点如下：

（1）提供可靠的、可升级的、可降低成本的 PCB 布局布线解决方案，并且随着设计要求发生变化，可以随时进行更新。

（2）可以实现从前端到后端的紧密整合，提高设计效率，确保设计数据的完整性。

（3）包含一套全面的功能组合，PCB 设计环境为产品设计提供了整套解决方案。

（4）包含一个从前端到后端的约束管理系统，用于约束创建、管理和确认。

（5）提供从基础/高级布局布线，到战略性规划和全局布线的完整的互联环境。

（6）动态覆铜技术可以实时填充和挖空，用以修复或消除手工覆铜时的挖空错误，提高覆铜的效率。

2.2　Cadence 17.4 工作平台介绍

Cadence 公司在 PCB 设计领域有 OrCAD 和 Allegro SPB 两个系列，其中，OrCAD 为 20 世纪 90 年代收购系列，Allegro SPB 为其自有系列，早期版本称为 Allegro PSD。经过十多年的整合，目前在 PCB 设计领域仍以这两个系列为主，OrCAD 覆盖中低端市场，Allegro SPB 覆盖中高端市场。

2.2.1　OrCAD Capture CIS 工作平台

OrCAD Capture CIS 是专门用于绘制原理图的 EDA 工具，它可以灵活高效地将原理图送入计算机，并生成后续工具能够处理的数据。

轻松动手学——启动 OrCAD Capture CIS 工作平台

启动 OrCAD Capture CIS 工作平台方法演示。

扫一扫，看视频

【操作步骤】

（1）单击 Windows 任务栏中的"开始"按钮，选择"开始"→Cadence PCB 17.4-2019→Capture CIS 17.4，将会启动 OrCAD Capture CIS 17.4 主程序窗口，如图 2.1 所示。

（2）启动软件后，将弹出如图 2.2 所示的 17.4 CaptureCIS Product Choices 对话框，在该对话框中选择需要的开发平台，如图 2.3 所示。

（3）选择需要的开发平台 OrCAD Capture CIS 后单击 OK 按钮，进入 OrCAD Capture CIS 主窗口，如图 2.4 所示。用户可以在该窗口中进行工程文件的操作，如创建新工程、打开文件、保存文件等。

图 2.1　启动 OrCAD Capture CIS 17.4 主程序窗口

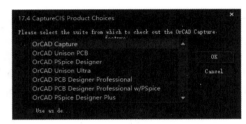

图 2.2　17.4 CaptureCIS Product Choices 对话框（1）

图 2.3　17.4 CaptureCIS Product Choices 对话框（2）

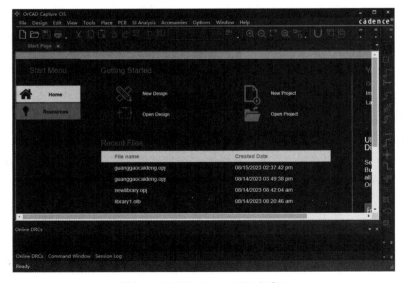

图 2.4　OrCAD Capture CIS 主窗口

轻松动手学——创建工程文件

源文件：yuanwenjian\2\design1.opj

【操作步骤】

（1）选择菜单栏中的 File（文件）→New（新建）→Project（工程）命令或单击 Capture 工具栏中的 Create document（新建文件）按钮 ▤，将弹出如图 2.5 所示的 New Project（新建工程）对话框。

图 2.5　New Project（新建工程）对话框

（2）在 Name（名称）文本框中输入工程文件名称 design1。

（3）单击 Location（路径）右侧的 ▦ 按钮，选择文件路径。

（4）完成设置后，单击 OK 按钮，进入原理图编辑环境。在该工程文件夹下，默认创建图纸文件 SCHEMATIC1，在该图纸子目录下自动创建原理图页 PAGE1，如图 2.6 所示。

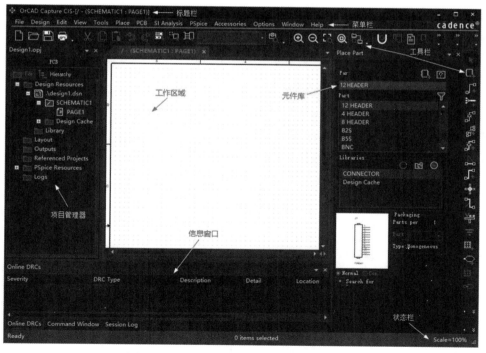

图 2.6　OrCAD Capture CIS 的原理图编辑环境

原理图设计平台同标准的 Windows 软件的风格一致，包括从层叠式菜单结构到快捷键的使用，还有工具栏等。

从图 2.6 中可知，OrCAD Capture CIS 图形界面包括 8 个部分，分别如下。

（1）标题栏：显示当前打开软件的名称及文件的路径、名称。

（2）菜单栏：同所有标准的 Windows 软件一样，OrCAD Capture CIS 采用的是标准的下拉式菜单。

（3）工具栏：工具栏中收集了一些比较常用的功能，并将它们图标化以方便用户操作。

（4）项目管理器：用于显示工程项目的层次结构。此窗口可以根据需要打开或关闭。

（5）工作区域：绘制、编辑原理图的区域。

（6）信息窗口：在该窗口中实时显示文件运行阶段的信息。

（7）状态栏：在进行操作时，状态栏会实时显示相关的信息，所以在设计过程中应及时查看状态栏。

（8）元件库：在此窗口中进行元件的添加、搜索与查询等操作。此窗口是原理图设计的基础，可以根据需要打开或关闭。

在上述图形界面中，除了标题栏和菜单栏外，其余的各部分可以根据需要进行打开或关闭。

2.2.2　Design Entry HDL 工作平台

Design Entry HDL 是 Cadence 公司出口的 Concept HDL 的升级版，是设计环境支持行为和结构的设计描述，其综合了模块编辑功能。将原理图分成很多页，每次只显示一页。原理图中的所有元件参考的是不同的库，可以用归档功能将所用的库归档到一起作为参考编辑器。

在打开一个原理图设计文件或创建一个新的原理图文件时，Design Entry HDL 原理图编辑器 Allegro Design Entry HDL 将被启动，即进入电路原理图的编辑环境，如图 2.7 所示。

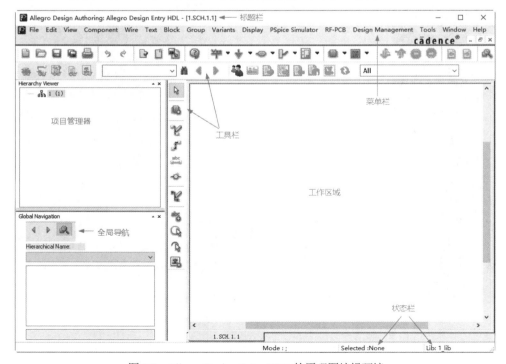

图 2.7　Allegro Design Entry HDL 的原理图编辑环境

原理图设计平台同标准的 Windows 软件的风格一致，包括从层叠式菜单结构到快捷键的使用，还有工具栏等。

由图 2.7 可知，Allegro Design Entry HDL 图形界面包括 7 个部分，分别如下。

（1）标题栏：显示当前打开软件的名称及文件的路径、名称。

（2）菜单栏：同所有标准的 Windows 软件一样，Allegro Design Entry HDL 采用的是标准的下拉式菜单。

（3）工具栏：工具栏中收集了一些比较常用的功能，并将它们图标化以方便用户操作。

（4）项目管理器：用于显示工程项目的层次结构。此窗口可以根据需要打开和关闭。

（5）全局导航：在相同网络查找时有用，当选中一根信号线时，相同网络名称的信号线便会显示在这里，可以任意单击进行跳转。

（6）工作区域：绘制、编辑原理图的区域。

（7）状态栏：在进行操作时，状态栏会实时显示相关的信息，所以在设计过程中应及时查看状态栏。

2.2.3　SigXplorer 工作平台

SigXplorer 工作平台的主界面包括菜单栏、工具栏、工作区、信息窗口以及控制面板，如图 2.8 所示。

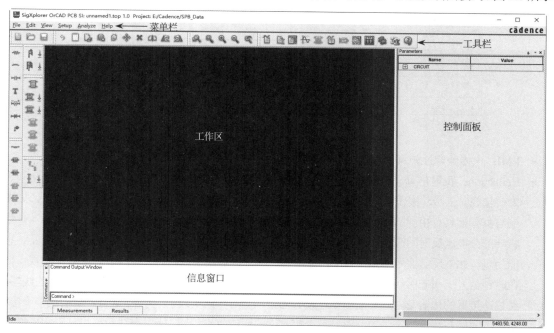

图 2.8　SigXplorer 工作平台的主界面

1．控制面板

打开 Parameters（参数）控制面板，显示整个参数的总标题 CIRCUIT，单击 CIRCUIT 前面的"+"，展开总标题 CIRCUIT，同时"+"显示为"–"，如图 2.9 所示。

（1）autoSolve：选择关闭系统自动处理问题的功能，而采用手动解决电路仿真过程中的问题。

（2）tlineDelayMode：选择是用时间（默认单位：ns）还是用长度（默认单位：mm）表示传输线的延

时（传输线的默认传输速度是 140mm/ns）。

（3）userRevision：目前的拓扑版本，第一次一般是 1.0，当修改拓扑时可以将此处的版本升高，这样以后不用在 Constraint Manager 中重新赋拓扑，只要升级拓扑即可。

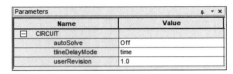

图 2.9　Parameters（参数）控制面板

2．信息窗口

在工作区下面的信息窗口中有 Results（结果）、Command（命令）和 Measurements（测量）三个选项。

（1）Results（结果）窗口。在该窗口中显示仿真结果。

（2）Command（命令）窗口。在该窗口中显示各命令操作。

（3）Measurements（测量）窗口。在该窗口中显示 4 种仿真类型，每个仿真类型前面显示"+"，如图 2.10 所示。

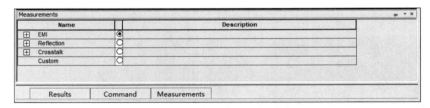

图 2.10　仿真类型

➤ EMI：电磁兼容性仿真。

➤ Reflection：反射仿真。反射是指信号在传输线上的回波现象。在高速的 PCB 中，导线必须等效为传输线，信号功率没有全部传输到负载处，有一部分被反射回来了。按照传输线理论，如果源端与负载端具有相同的阻抗，反射就不会发生了。如果两者阻抗不匹配，就会引起反射，负载会将一部分电压反射回源端。根据负载阻抗和源端阻抗的关系大小不同，反射电压可能为正，也可能为负。如果反射信号很强，叠加在原信号上，很可能改变逻辑状态，导致接收数据错误。如果在时钟信号上引起时钟沿不单调，进而会引起误触发。一般布线的几何形状、不正确的线端接、经过连接器的传输及电源平面的不连续等因素均会导致此类反射。另外，常有一个输出多个接收，这时不同的布线策略产生的反射对每个接收端的影响也不相同，所以布线策略也是影响反射的一个不可忽视的因素。

➤ Crosstalk：串扰仿真，串扰是相邻两条信号线之间的不必要的耦合，信号线之间的互感和互容引起线上的噪声，因此串扰分为感性串扰和容性串扰，分别引发耦合电流和耦合电压。当信号的边沿速率低于 1ns 时，就应该考虑串扰问题了。如果信号线上有交变的信号电流通过，会产生交变的磁场，处于磁场中的相邻的信号线会感应出信号电压。一般 PCB 板层的参数、信号线间距、驱动端和接收端的电气特性及信号线的端接方式对串扰都有一定的影响。在 Cadence 的信号仿真工具中可以同时对 6 条耦合信号线进行串扰后仿真，可以设置的扫描参数有 PCB 的介电常数、介质的厚度、沉铜厚度、信号线长度和宽度及信号线的间距。仿真时还必须指定一个受侵害的信号线，也就是考察另外的信号线对本条线路的干扰情况，激励设置为常高或是常低，这样就可以测到其他信号线对本条信号线的感应电压的总和，从而可以得到满足要求的最小间距和最大并行长度。

- Custom：自定义仿真。单击 Reflection 前面的“+”，可以查看被报告的反射仿真测量的不同类型，同时“+”显示为“–”，如图 2.11 所示。

Name		Description
⊞ EMI	◉	
⊟ Reflection	○	
BufferDelayFall	☐	Buffer Delay for Falling edge
BufferDelayRise	☐	Buffer Delay for Rising edge
EyeHeight	☐	Eye Diagram Height
EyeJitter	☐	Eye Diagram Peak-Peak Jitter
EyeWidth	☐	Eye Diagram Width
FirstIncidentFall	☐	First Incident Switching check of Falling edge
FirstIncidentRise	☐	First Incident Switching check of Rising edge
Glitch	☒	Glitch tolerance check of Rising and Falling waveform
GlitchFall	☐	Glitch tolerance on the falling waveform
GlitchRise	☐	Glitch tolerance on the rising waveform
Monotonic	☒	Monotonic switching check of Rising and Falling edges
MonotonicFall	☐	Monotonic switching check of Falling edge
MonotonicRise	☐	Monotonic switching check of Rising edge
NoiseMargin	☒	MIN(NoiseMarginHigh, NoiseMarginLow)
NoiseMarginHigh	☐	Minimum voltage in High state - Vihmin
NoiseMarginLow	☐	Vilmax - maximum voltage in Low state
OvershootHigh	☒	Maximum voltage in High state
OvershootLow	☒	Minimum voltage in Low state
PropDelay	☒	Calculated transmission line propagation delay
SettleDelay	☒	MAX(SettleDelayRise, SettleDelayFall)
SettleDelayFall	☐	Last time below Vilmax - driver Fall BufferDelay
SettleDelayRise	☐	Last time above Vihmin - driver Rise BufferDelay
SwitchDelay	☒	MIN(SwitchDelayRise, SwitchDelayFall)
SwitchDelayFall	☐	First time falling to Vihmin - driver Fall BufferDelay
SwitchDelayRise	☐	First time rising to Vilmax - driver Rise BufferDelay
⊞ Crosstalk	○	
Custom	○	

图 2.11 查看显示类型

在 Reflection 选项组下选择表格中某一单元，右击，在弹出的快捷菜单中选择 All on（全选）选项，选择 Reflection 选项组下所有默认的反射仿真测量，如图 2.12 所示。

Name		Description
⊞ EMI	◉	
⊟ Reflection	○	
BufferDelayFall	☒	Buffer Delay for Falling edge
BufferDelayRise	☒	Buffer Delay for Rising edge
EyeHeight	☒	Eye Diagram Height
EyeJitter	☒	Eye Diagram Peak-Peak Jitter
EyeWidth	☒	Eye Diagram Width
FirstIncidentFall	☒	First Incident Switching check of Falling edge
FirstIncidentRise	☒	First Incident Switching check of Rising edge
Glitch	☒	Glitch tolerance check of Rising and Falling waveform
GlitchFall	☒	Glitch tolerance on the falling waveform
GlitchRise	☒	Glitch tolerance on the rising waveform
Monotonic	☒	Monotonic switching check of Rising and Falling edges
MonotonicFall	☒	Monotonic switching check of Falling edge
MonotonicRise	☒	Monotonic switching check of Rising edge
NoiseMargin	☒	MIN(NoiseMarginHigh, NoiseMarginLow)
NoiseMarginHigh	☒	Minimum voltage in High state - Vihmin
NoiseMarginLow	☒	Vilmax - maximum voltage in Low state
OvershootHigh	☒	Maximum voltage in High state
OvershootLow	☒	Minimum voltage in Low state
PropDelay	☒	Calculated transmission line propagation delay
SettleDelay	☒	MAX(SettleDelayRise, SettleDelayFall)
SettleDelayFall	☒	Last time below Vilmax - driver Fall BufferDelay
SettleDelayRise	☒	Last time above Vihmin - driver Rise BufferDelay
SwitchDelay	☒	MIN(SwitchDelayRise, SwitchDelayFall)
SwitchDelayFall	☒	First time falling to Vihmin - driver Fall BufferDelay
SwitchDelayRise	☒	First time rising to Vilmax - driver Rise BufferDelay
⊞ Crosstalk	○	
Custom	○	

图 2.12 选择所有默认的反射仿真测量

单击表格区域 Reflection 前面的“–”，则收起反射仿真测量内容。

2.2.4 Allegro PCB Designer 工作平台

与原理图编辑器的界面一样，PCB 编辑器界面 Allegro PCB Designer 也是在软件主界面的基础上添加了一系列菜单和工具栏，用于 PCB 设计中的电路板设置、布局、布线及工程操作等。

由图 2.13 可知，Allegro PCB Designer 编辑器界面主要由标题栏、菜单栏、工具栏、控制面板、视窗、状态栏、命令窗口和工作区组成。

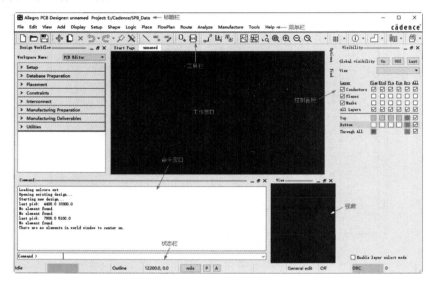

图 2.13　Allegro PCB Designer 编辑器界面

1．标题栏

标题栏用于显示选择的开发平台、设计名称、存放路径等信息。

2．菜单栏

菜单栏位于标题栏的下方，在 PCB 设计过程中，各项操作都可以使用菜单栏中相应的菜单命令来完成，包括用具的启动和优化设计的入口，各项菜单的具体功能如下。

➢ File（文件）菜单：用于文件的打开、关闭、保存与打印等操作。

➢ Edit（编辑）菜单：用于对象的选取、复制、粘贴与查找等编辑操作。

➢ View（视图）菜单：用于视图的各种管理，如工作窗口的放大与缩小，各种工具、面板、状态栏及节点的显示与隐藏等。

➢ Add（添加）：用于添加绘图工具。

➢ Display（显示）：用于显示属性参数的设置。

➢ Setup（设置）菜单：用于环境参数的设置。

➢ Shape（外形）菜单：用于设置电路板外形。

➢ Logic（原理图）菜单：用于原理图属性的添加与设置。

> Place（放置）菜单：包含了在 PCB 中放置对象的各种菜单项。
> FlowPlan（流程图）：用于对流程图的插入、编辑等操作。
> Route（布线）菜单：可进行与 PCB 布线相关的操作。
> Analyze（分析）菜单：用于电路板分析设置。
> Manufacture（制造）菜单：用于电路板加工制造前的参数设置。
> Tools（工具）菜单：可为 PCB 设计提供各种工具，如 DRC 检查、元件的手动、自动布局、PCB 图的密度分析以及信号完整性分析等操作。
> Help（帮助）菜单：帮助菜单。

3．工具栏

工具栏中以图标按钮的形式列出了常用菜单命令的快捷方式，用户可以根据需要对工具栏中包含的命令项进行选择，也可以对摆放位置进行调整。

在 PCB 设计界面中，Allegro PCB 17.4 提供了丰富的工具栏，如图 2.14 所示。

图 2.14 工具栏

4．控制面板

控制面板一般位于右侧，在 PCB 设计中经常用到 Option（选项）面板、Find（查找）面板及 Visibility（可见性）面板。

5．视窗

在 View（视窗）窗口中可以看到整个电路板的轮廓，也可以显示电路板局部区域，同时控制该电路板的大小，调整电路板位置。

6．状态栏

状态栏显示在编辑器界面最下方，与标题栏相对应，分布整个编辑器界面的顶端与底部。实时显示执行的命令名称、坐标点位置等，如图 2.15 所示。

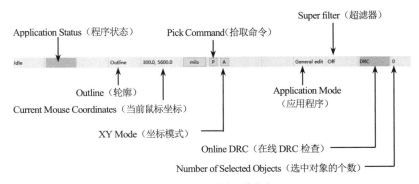

图 2.15 状态栏及其含义

7. 命令窗口

Command（命令）窗口是输入命令名和显示命令提示的区域，显示正在使用的命令信息，默认的命令行在工作区下方，为若干文本行。大多数 Allegro 菜单中的命令都有相对应的命令名字，通过在命令窗口中输入相应的命令名字并按 Enter 键，与选择相应的命令有一样的效果。

通过命令窗口反馈各种信息，包括出错信息。因此，用户要时刻关注在命令窗口中出现的信息。

8. 工作区

工作区是进行电路原理图设计的工作平台。在该区域中，用户可以新绘制一个电路图，将从原理图中导入的封装元件进行布局、布线、覆铜等操作。

扫一扫，看视频

动手练一练——启动 Allegro PCB Designer 工作平台

打开 Allegro PCB Designer 工作平台，熟悉操作界面。

📋 思路点拨：

选择"开始"→Cadence PCB 17.4-2019→PCB Editor 17.4 菜单，启动 Allegro PCB Designer 工作平台，了解操作界面各部分的功能。

第 3 章　原理图基础

内容简介

Cadence 设计原理图的工作平台有两种,分别为 Design Entry CIS 和 Design Entry HDL,本章以 Capture 界面为依托，介绍原理图的基础知识，具体包括原理图文件的新建、保存以及原理图页的重命名等。

内容要点

- ↘ 原理图功能简介
- ↘ 项目管理器
- ↘ 电路原理图的设计步骤

案例效果

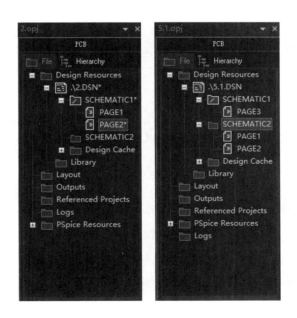

3.1　原理图功能简介

按照功能的不同将原理图设计划分为 5 个部分，分别是项目管理模块（Project Manager）、元件编辑模块（Part Editor）、电路图绘制模块（Page Editor）、元件信息模块（Component Information System，CIS）

和后处理工具（Processing Tools），电路图功能模块关系如图 3.1 所示。

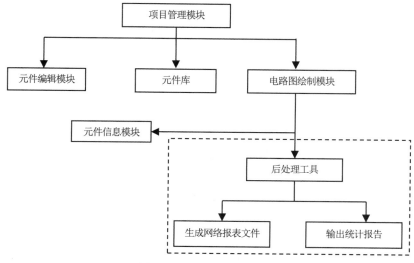

图 3.1　电路图功能模块关系

下面详细介绍各模块的功能。

1．项目管理模块

项目管理模块是整个软件的导航模块，负责管理电路设计项目中的各种资源及文件，协调处理电路图与其他软件的接口和数据交换。

2．元件编辑模块

软件自带的软件包提供了大量的不同元件符号的元件库，用户在绘制电路图的过程中可以直接调用，非常方便。同时软件包还包含了元件编辑模块，可以对元件库中的内容进行修改，可以删除或添加新的元件符号。

3．电路图绘制模块

在电路图绘制模块中可以进行各种电路图的绘制工作。

4．元件信息模块

元件信息模块可以对元件和库进行高效的管理。通过互联网元件助理可以在互联网上从指定网站提供的元件数据库中查询更多的元件，根据需要添加到自己的电路设计中，也可以保存到软件包的元件库中，以备在后期设计中可以直接调用。

5．后处理工具

软件提供了一些后处理工具，可以对编辑好的电路原理图进行元件自动编号、设计规则检查、输出统计报告及生成网络报表文件等操作。

3.2　项目管理器

OrCAD Capture CIS 为用户提供了一个十分友好且易用的设计环境，它打破了传统的 EDA 设计模式，采用了以工程为中心的设计环境。项目管理器独立于原理图编辑环境，可以进行一些基本操作，包括新建文件、打开文件、保存文件、删除文件、重命名文件和移动文件等。

3.2.1　新建文件

Capture 的 Project 是用来管理相关文件及属性的。新建工程文件时，Capture 会自动创建相关的文件，如 DSN、OPJ 文件等，根据创建的工程文件类型的不同，生成的文件也不尽相同。

1．新建工程文件

选择菜单栏中的 File（文件）→New（新建）→Project（工程）命令，弹出如图 3.2 所示的 New Project（新建工程）对话框。

图 3.2　New Project（新建工程）对话框

（1）Name：名称。输入工程文件名称。

（2）Location：路径。单击右侧的 ▇▇ 按钮，选择文件路径。

完成设置后，单击 OK 按钮，进入原理图编辑环境。

2．新建原理图文件

在一个工程文件下可以有多个 Schematic（原理图），每个电路包下也可以有多张原理图页，如 Page2、Page3，但是这些原理图必须是关联的。

因为电路仿真是针对整个 Schematic1 或者 Schematic2 进行的，而不是针对单个 Page1 或者 Page2 进行的。对 Schematic1 进行仿真，则会对 Schematic1 目录下的所有 Page 进行仿真分析。

轻松动手学——创建原理图文件

源文件：yuanwenjian\3\1.opj

【操作步骤】

（1）选择菜单栏中的 File（文件）→New（新建）→Project（工程）命令或单击 Capture 工具栏中的 Create document（新建文件）按钮 ，弹出 New Project（新建工程）对话框，设置名称和路径，如图 3.3 所示。

图 3.3　New Project（新建工程）对话框

（2）进入原理图编辑环境，在如图 3.4 所示的项目管理器中选中工程名称，选择菜单栏中的 Design（设计）→New Schematic（新建原理图）命令，或右击，弹出如图 3.5 所示的快捷菜单。

（3）选择 New Schematic（新建原理图）命令，弹出 New Schematic（新建原理图）对话框，在 Name（名称）文本框内输入原理图名称，默认名称为 SCHEMATIC2，如图 3.6 所示。

（4）单击 OK 按钮，完成原理图添加，如图 3.7 所示。

图 3.4　项目管理器　　　　图 3.5　快捷菜单　　　　图 3.6　New Schematic　　　图 3.7　新建原理图文件
　　　　　　　　　　　　　　　　　　　　　　　　　　（新建原理图）对话框

3. 新建原理图页文件

新建原理图页文件的方法与新建原理图文件的方法类似，下面通过一个实例进行讲解。

轻松动手学——创建原理图页文件

源文件：yuanwenjian\3\2.opj

扫一扫，看视频

【操作步骤】

（1）打开下载资源包中的 yuanwenjian\3\1.opj 文件，将其另存为 2.opj。

（2）在如图 3.8 所示的项目管理器中选中原理图名称，选择菜单栏中的 Design（设计）→New Schematic Page（新建原理图图页）命令，或右击，弹出如图 3.9 所示的快捷菜单。

（3）选择 New Page（新建图页）命令，弹出 New Page in Schematic（在电路图中新建图页）对话框，在 Name（名称）文本框中输入名称，默认名称为 PAGE2，如图 3.10 所示。

（4）单击 OK 按钮，完成图页添加，结果如图 3.11 所示。

图 3.8　项目管理器　　　　图 3.9　快捷菜单　　　　图 3.10　输入名称　　　　图 3.11　完成图页添加

3.2.2　打开文件

在 OrCAD Capture 中，DSN 是原理图文件，打开该文件时一般会自动生成项目管理文件（OPJ 文件），用于记录 DSN 文件中的一些信息。

需要注意的是，在打开一个 DSN 文件时，OrCAD Capture 会自动生成一个和.dsn 文件同名的项目管理文件，但大写字母 OPJ 会变成小写字母 opj。如果没有项目管理文件.opj，系统会自动在该.dsn 文件的同目录下建立一个同名的.opj 文件。

选择菜单栏中的 File（文件）→Open（打开）命令或单击 Capture 工具栏中的 Open document（打开文件）按钮 ，打开如图 3.12 所示的对话框，选择要打开的文件。

图 3.12　Open（打开）对话框

3.2.3 保存文件

设计完后或在设计过程中都可以保存文件，OrCAD Capture CIS 中项目文件格式包括".dsn"和".opj"两种类型。

1."保存"命令

选择菜单栏中的 File（文件）→Save（保存）命令或单击 Capture 工具栏中的 Save document（保存文件）按钮 🖫，直接保存当前文件。

2."另存为"命令

选择菜单栏中的 File（文件）→Save As（另存为）命令，弹出如图 3.13 所示的 Save As（另存为）对话框，读者可以更改设计项目的名称、所保存的文件路径等，执行此命令一般至少需要修改路径或名称中的一种，否则直接选择保存命令即可。完成修改后，单击"保存"按钮，完成文件另存。

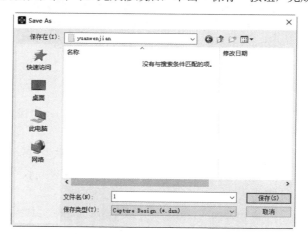

图 3.13 Save As（另存为）对话框

3."将工程另存为"命令

此命令只能在项目管理器界面下进行操作，工作区界面中此命令为灰色，无法进行操作。

轻松动手学——工程文件的保存

扫一扫，看视频

源文件：yuanwenjian\3\design2.opj

【操作步骤】

（1）选择菜单栏中的 File（文件）→Open（打开）→Project（工程）命令，弹出如图 3.14 所示的 Open Project（打开工程）对话框。

（2）打开下载资源包中的 yuanwenjian\2\design1.opj 文件。

（3）选择菜单栏中的 File（文件）→Save Project As（将工程另存为）命令，弹出如图 3.15 所示的 Save Project As（将工程另存为）对话框。

图 3.14   Open Project（打开工程）对话框

图 3.15   Save Project As（将工程另存为）对话框

（4）在 Destination Directory（最终目录）文本框下单击████按钮，弹出如图 3.16 所示的 Select Folder（选择文件夹）对话框，选择路径，单击"选择文件夹"按钮，返回 Save Project As（将工程另存为）对话框。在 Project Name（工程名称）文本框中输入工程名称 DESIGN2.opj，如图 3.17 所示。

（5）单击 OK 按钮，完成保存设置。

图 3.16   Select Folder（选择文件夹）对话框

图 3.17   输入工程名称

Settings（设置）选项组中部分选项的含义如下。

➢ Copy DSN to Project Folder：将数据集保存到工程文件夹。

➢ Copy All Referred Files Present Within Project Folder：将所有相关文件均保存在工程文件夹中。

➢ Copy All Referred Files Present Out of Project Folder：将所有相关文件均保存在工程文件夹外。

✎ 技巧：

> 在 Save Projcet As（将工程另存为）对话框中，用户可以更改文件的名称、所保存的文件路径等。

3.2.4   删除文件

删除文件比较简单，和 Windows 一样，选中后按 Delete 键即可。需要注意的是，原理图的图页在打开状态下无法删除。另外，删除操作是不可恢复的，须谨慎操作。

3.2.5　重命名文件

在工程管理器中可以对原理图文件和原理图页进行重命名，下面讲解具体的操作方法。

1. 原理图文件重命名

在工程管理器中选择要重命名的原理图文件，选择菜单栏中的 Design（设计）→Rename（重命名）命令或右击选择 Rename（重命名）命令，弹出 Rename Schematic（原理图重命名）对话框，如图 3.18 所示，输入新原理图文件的名称。

2. 原理图页重命名

在工程管理器中选择要重命名的图页文件，选择菜单栏中的 Design（设计）→Rename（重命名）命令或右击选择 Rename（重命名）命令，弹出 Rename Page（图页重命名）对话框，如图 3.19 所示，输入新图页名称。

图 3.18　Rename Schematic
（原理图重命名）对话框

图 3.19　Rename Page
（图页重命名）对话框

无论原理图是否打开，重命名操作都会立即生效。

3. 其他文件重命名

工程文件（.opj）只能用另存文件的方式进行重命名，设计文件（.dsn）同样适用"另存为"的方式重命名文件，这样才能和工程文件保持联系，否则工程文件会找不到数据库。

3.2.6　移动文件

OrCAD Capture CIS 使用原理图文件夹把一个设计中的所有原理图（Schematic）组织在一起，一个设计（.dsn 文件）中可能包含多个原理图文件夹。可以把多页原理图从一个文件夹转移到另一个文件夹，也可以把同一个原理图复制到多个原理图文件夹中。如果一个工程（.opj 文件）中有多个原理图页，这些原理图页在其他工程中也要用到，可以把这些原理图从一个工程中转移到另一个工程中，或复制到另一个工程中，这样可以充分利用现有资源，避免重复设计。同样，也可以把整个原理图文件夹从一个工程中转移到另一个工程中。需要注意的是，要移动的原理图文件夹不能处于打开状态。下面讲解具体的操作方法。

1. 原理图页在多个原理图文件夹之间移动

确认要移动的原理图页没有打开。

轻松动手学——移动原理图页

源文件：yuanwenjian\3\ 5.opj

【操作步骤】

（1）打开下载资源包中的 yuanwenjian\3\5.opj 文件，如图 3.20 所示，将其另存为 5.1.opj。其中，.opj
文件是项目管理文件，文件打开的是以.dsn 为后缀的同名原理图文件。

（2）在工程管理器中选定要移动的原理图页 PAGE1，按住 Ctrl 键或 Shift 键选择 PAGE2。

（3）选择菜单栏中的 Edit（编辑）→Cut（剪切）命令，如果是复制到另一个文件夹，则选择菜单栏
中的 Edit（编辑）→Copy（复制）命令。

（4）选定目标文件夹 SCHEMATIC2，选择菜单栏中的 Edit（编辑）→Paste（粘贴）命令，此时将原
理图页 PAGE1 和 PAGE2 粘贴到对应的文件夹中，如图 3.21 所示。

图 3.20　打开工程文件

图 3.21　移动原理图页

 技巧：

> 除了上述操作方法，还有另一种更简单的操作，如下所示。
>
> （1）选中一个原理图页，按住鼠标左键将其直接拖曳到目标文件夹。如果想复制到另一个文件夹中，但原文
> 件夹中仍然保留这个图页，可以按住 Ctrl 键，然后拖曳到目标文件夹。
>
> （2）选中多个页面的方法是按住 Ctrl 键，然后单击选择需要的图页文件，与 Windows 中的操作是一样的。

2．原理图页在不同工程之间移动

（1）确认要移动的原理图页没有打开。

（2）打开一个工程文件，单击选择要移动的原理图页。

（3）选择菜单栏中的 Edit（编辑）→Cut（剪切）命令或 Copy（复制）命令。

（4）打开目标工程，单击选择原理图文件夹，将要移动的图页放在这里。

（5）选择菜单栏中的 Edit（编辑）→Paste（粘贴）命令，完成移动或复制。

✍️ 技巧：

> 除了上述操作方法，还有另一种更简单的操作，如下所示。
>
> 打开两个工程，调整工程管理器图框大小，把两个并排显示在软件界面中。在一个工程中选择要移动的页面，单击直接拖曳到另一个工程的目标原理图文件夹中。如果进行复制操作，则拖曳时按住 Ctrl 键即可。

🔊 提示：

> 当把图页移动到目标工程中后，需要立即保存。如果没有及时保存，很可能会造成数据丢失。

3.2.7　图纸显示

缩放是 OrCAD Capture CIS 最常用的图形显示工具。利用缩放相关命令，用户可以方便地查看图纸的细节和不同位置的局部图纸。

选择菜单栏中的 View（视图）→Zoom（缩放）命令，在下拉菜单中显示窗口缩放命令，如图 3.22 所示。

- ➤ In：放大。也可以单击 Capture 工具栏中的 Zoom In（放大）按钮 🔍 或直接按 I 键，直接放大电路原理图。
- ➤ Out：缩小。也可以单击 Capture 工具栏中的 Zoom Out（缩小）按钮 🔍 或直接按 O 键，直接缩小电路原理图。
- ➤ Scale：比例。选择此命令，弹出如图 3.23 所示的 Zoom Scale（缩放比例）对话框，在对话框中选择 25%、50%、100%、200%、300%、400%单选项，分别以元件原始尺寸的 25%、50%、100%、200%、300%、400%显示。在 Custom（自定义）对话框中输入缩放比例。

图 3.22　Zoom（缩放）菜单

图 3.23　Zoom Scale（缩放比例）对话框

- ➤ Area：区域。该命令是把指定的区域放大到整个窗口中。在启动该命令后，要用光标拖出一个区域，这个区域就是指定要放大的区域，如图 3.24 所示。
- ➤ All：全部。适合图纸全部。该命令将整个电路图缩放显示在窗口中，包含图纸边框及原理图的空白部分。
- ➤ Selection：被选中的对象，即被选中的元件。单击选中某个元件后，选择该命令，则显示画面的中心会转移到该元件。
- ➤ Redraw：刷新。刷新显示，更新信息。

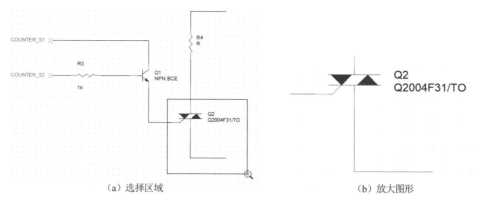

（a）选择区域　　　　　　　　　　　（b）放大图形

图 3.24　缩放区域

3.3　电路原理图的设计步骤

电路原理图的设计大致可以分为创建工程、设置工作环境、放置元件、原理图布线、建立网络表、原理图的电气规则检查、编译和调整等步骤，其流程如图 3.25 所示。

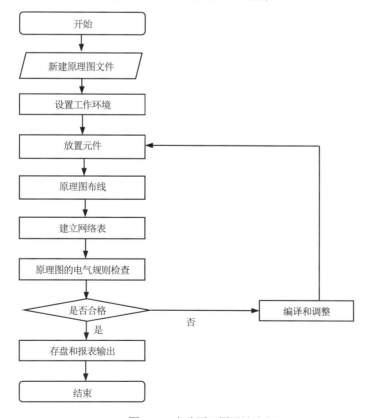

图 3.25　电路原理图设计流程

电路原理图具体设计步骤如下。

1. 新建原理图文件

进入电路图设计系统前，首先要创建新的工程，再在工程中新建原理图文件。

2. 设置工作环境

根据实际电路的复杂程度设置图纸的大小。在电路设计的整个过程中，图纸的大小都可以不断地调整，设置合适的图纸大小是完成原理图设计的第一步。

3. 放置元件

从元件库中选取元件，放置到图纸的合适位置，并对元件的名称、封装进行定义和设定，根据元件之间的连线等联系对元件在工作平面上的位置进行调整和修改，使原理图美观且易懂。

4. 原理图布线

根据实际电路的需要，利用原理图提供的各种工具、指令进行布线，将工作平面上的元件用具有电气意义的导线、符号连接起来，构成一幅完整的电路原理图。

5. 建立网络表

完成上面的步骤以后，就可以看到一张完整的电路原理图了，但是要完成电路板的设计，还需要生成一个网络表文件。网络表是 PCB 和电路原理图之间的桥梁。

6. 原理图的电气规则检查

当完成原理图布线后，需要设置项目编译选项来编译当前项目，利用软件提供的错误检查报告修改原理图。

7. 编译和调整

如果原理图已通过电气检查，那么原理图的设计就完成了。这是对于一般电路设计而言，但是对于较大的项目，通常需要对电路进行多次修改才能够通过电气规则检查。

8. 存盘和报表输出

软件提供了利用各种报表工具生成的报表（如网络报表、元件报表清单等），同时可以对设计好的原理图和各种报表进行存盘和输出打印，为 PCB 的设计做好准备。

动手练一练——绘制单片机多通道电路

创建的工程文件如图 3.26 所示。

扫一扫，看视频

📋 **思路点拨：**

> 源文件：yuanwenjian\3\动手练一练\CPU Multichannel.opj
> （1）新建一个工程文件。
> （2）重命名原理图文件。
> （3）重命名原理图页文件。

图 3.26 创建的工程文件

第 4 章　原理图环境设置

内容简介

本章详细介绍关于原理图的环境设置，包括系统属性与设计属性，在进行实际电路设计之前，环境的设置十分重要。

内容要点

- ↘ 原理图图纸设置
- ↘ 系统属性设置
- ↘ 设计向导设置
- ↘ 操作实例 —— 电源开关电路设计

案例效果

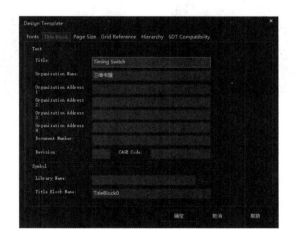

4.1　原理图图纸设置

在原理图的绘制过程中，可以根据所要设计的电路图的复杂程度决定图纸尺寸，对图纸进行设置。虽然在进入电路原理图的编辑环境时，Cadence 系统会自动给出相关的图纸默认参数，但是在大多数情况下，这些默认参数不一定适合用户的需求，尤其是图纸尺寸。用户可以根据设计对象的复杂程度来对图纸的尺寸及其他相关参数重新进行定义。

选择菜单栏中的 Option（选项）→Schematic Page Properties（原理图页属性）命令，弹出 Schematic Page Properties（原理图页属性）对话框，如图 4.1 所示。

在该对话框中，有 Page Size（图页尺寸）、Grid Reference（参考网格）和 Miscellaneous（杂项）3 个选项卡。

1. 设置图页尺寸

（1）单击 Page Size（图页尺寸）选项卡，该选项卡的上半部分为尺寸单位设置。Cadence 给出了两种图页尺寸单位方式：一种是 Inches（英制），另一种是 Millimeters（公制）。

选项卡的下半部分为尺寸选择。可以选择已定义好的图纸标准尺寸或英制图纸尺寸（A～E）的尺寸。

（2）在 Units（单位）选项组中选择 Millimeters（公制），则会在下半部分显示公制图纸尺寸（A0～A4），如图 4.2 所示。

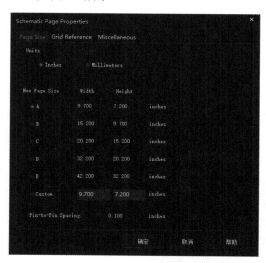

图 4.1　Schematic Page Properties（原理图页属性）对话框

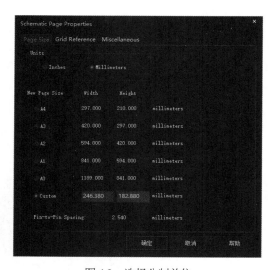

图 4.2　选择公制单位

另一种是自定义风格，选中 Custom（自定义）按钮，则自定义功能被激活，可以在 Width（定制宽度）和 Height（定制高度）文本框中分别输入自定义的图纸尺寸。

（3）用户可以根据设计需要选择这两种设置方式，默认的格式为 Inches（英制）。

轻松动手学——设置图页大小

扫一扫，看视频

【操作步骤】

（1）在当前原理图页上，选择菜单栏中的 Option（选项）→Schematic Page Properties（原理图页属性）命令，弹出 Schematic Page Properties（原理图页属性）对话框，打开 Page Size（页面设置）选项卡，如图 4.3 所示。

（2）在该对话框中对图纸参数进行设置。在 Units（单位）选项组中选择单位为 Millimeters（公制），页面大小选择 A4。单击"确定"按钮，完成图纸属性设置。

2. 设置参考网格

进入原理图编辑环境后，读者可能注意到了编辑窗口的背景是网格形的，这种网格是参考网格，是可以改变的。网格为元件的放置和线路的连接带来了极大的便利，使用户可以轻松地排列元件和整齐地走线。

参考网格的设置通过 Grid Reference（参考网格）选项卡进行设置，可以设置水平方向的网格数，也可以设置垂直方向的网格数，如图 4.4 所示。

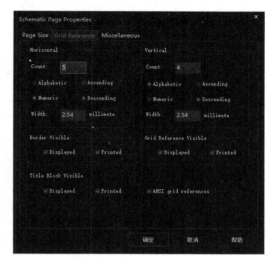

图 4.3　Schematic Page Properties（原理图页属性）对话框　　图 4.4　Grid Reference（参考网格）选项卡

（1）在 Horizontal（图纸水平边框）选项组中的 Count（计数）文本框中输入设置图纸水平边框参考网格的数目，在 Width（宽度）文本框中输入图纸水平边框参考网格的高度。参考网格编号有两种显示方法，分别是 Alphabetic（字母）和 Numeric（数字）。参考网格计数方式分为 Ascending（递增）和 Descending（递减）。

同样的设置应用于 Vertical（垂直）选项组。

（2）在 Border Visible（边框可见性）选项组中分别勾选 Displayed（显示）和 Printed（打印）两个复选框，设置图纸边框的可见性。

（3）在 Grid Reference Visible（参考网格可见性）选项组中分别勾选 Displayed（显示）和 Printed（打印）两个复选框，设置图纸参考网格的可见性。

（4）在 Title Block Visible（标题栏可见性）选项组中分别勾选 Displayed（显示）和 Printed（打印）两个复选框，设置标题栏的可见性。

轻松动手学——设置参考网格

扫一扫，看视频

【操作步骤】

（1）在当前原理图页上，选择菜单栏中的 Option（选项）→Schematic Page Properties（原理图页属性）命令，弹出 Schematic Page Properties（原理图页属性）对话框，打开 Grid Reference（参考网格）选项卡。

（2）保持默认设置，在设置图纸网格尺寸时，一般来说，捕捉网格尺寸和可视网格尺寸一样大，也可以设置捕捉网格的尺寸为可视网格尺寸的整数倍。电气网格的尺寸应该略小于捕捉网格的尺寸，因为只有这样才能准确地捕捉电气节点，如图 4.5 所示。

3．设置杂项

在 Miscellaneous（杂项）选项卡中显示图页号及创建时间和修改时间，如图 4.6 所示。

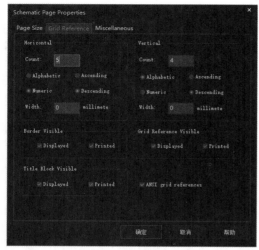 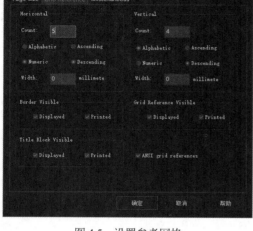

图 4.5　设置参考网格　　　　　　　　图 4.6　Miscellaneous（杂项）选项卡

完成图纸设置后，单击"确定"按钮，进入原理图绘制流程。

4.2　系统属性设置

在原理图的绘制过程中，其效率和正确性往往与系统属性的设置有着密切的关系。属性设置合理与否，直接影响设计过程中软件功能的发挥。下面介绍如何设置系统属性。

（1）选择菜单栏中的 Options（选项）→Preferences（属性设置）命令，弹出 Preferences（属性设置）对话框，如图 4.7 所示。

（2）在 Preferences（属性设置）对话框中有 7 个选项卡，即 Colors/Print（颜色/打印）、Grid Display（格点属性）、Pan and Zoom（缩放的设定）、Select（选取模式）、Miscellaneous（杂项）、Text Editor（文字编辑）、Board Simulation（电路板仿真）。下面对部分选项卡的具体设置进行讲解。

4.2.1　颜色设置

1．电路原理图的颜色设置

电路原理图的颜色设置通过如图 4.7 所示的 Colors/Print（颜色/打印）选项卡来实现，在该选项卡中，除了可以设置图纸的颜色，还可以设置打印的颜色。可以根据个人的使用习惯设置颜色，也可以保持默认设置。

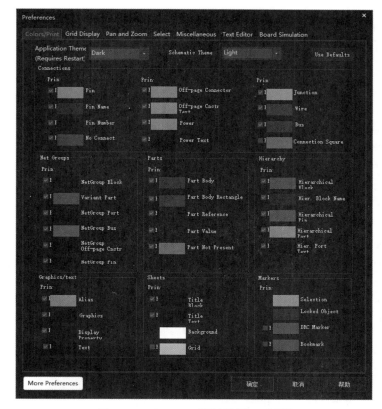

图 4.7　Preferences（属性设置）对话框

2．选项简介

勾选选项前面的复选框，设置颜色的不同组件，在打印后的图纸上显示对应颜色。下面分别介绍各选项。

（1）Pin：设置管脚的颜色。

（2）Pin Name：设置管脚名称的颜色。

（3）Pin Number：设置管脚号码的颜色。

（4）No Connect：设置不连接指示的符号的颜色。

（5）Off-page Connector：设置页间连接符的颜色。

（6）Off-page Cnctr Text：设置页间连接符文字的颜色。

（7）Power：设置电源符号的颜色。

（8）Power Text：设置电源符号文字的颜色。

（9）Junction：设置节点的颜色。

（10）Wire：设置导线的颜色。

（11）Bus：设置总线的颜色。

（12）Connection Square：设置连接层的颜色。

（13）NetGroup Block：设置网络组块的颜色。

（14）Variant Part：设置变体元件的颜色。

（15）NetGroup Port：设置网络组端口的颜色。

（16）NetGroup Bus：设置网络组总线的颜色。

（17）NetGroup Off-page Cnctr：设置网络组页间连接符的颜色。

（18）NetGroup Pin：设置网络组管脚的颜色。

（19）Part Body：设置元件简图的颜色。

（20）Part Body Rectangle：设置元件简图方框的颜色。

（21）Part Reference：设置元件附加参考资料的颜色。

（22）Part Value：设置元件参数值的颜色。

（23）Part Not Present：设置 DIN 元件的颜色。

（24）Hierarchical Block：设置层次块的颜色。

（25）Hier. Block Name：设置层次名的颜色。

（26）Hierarchical Pin：设置层次管脚的颜色。

（27）Hierarchical Port：设置层次端口的颜色。

（28）Hier. Port Text：设置层次文字的颜色。

（29）Alias：设置网络别名的颜色。

（30）Graphics：设置注释图案的颜色。

（31）Display Pronerty：设置显示属性的颜色。

（32）Text：设置说明文字的颜色。

（33）Title Block：设置标题块的颜色。

（34）Title Text：设置标题文本的颜色。

（35）Background：设置图纸的背景颜色。

（36）Grid：设置格点的颜色。

（37）Selection：设置选取图件的颜色。

（38）Locked Object：设置锁定对象的颜色。

（39）DRC Marker：设置标志的颜色。

（40）Bookmark：设置书签的颜色。

3．修改颜色

当要改变某项的颜色属性时，只需单击对应的颜色块，即可打开如图 4.8 所示的 Alias Color（颜色设置）对话框，选择所需要的颜色，单击"确定"按钮即可选中该颜色。

📢 **提示：**

> 选择不同选项的颜色块，打开的对话框名称不同，但显示界面与设置方法相同，这里不再一一赘述。

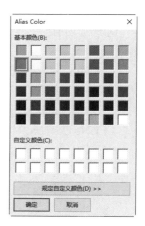

图 4.8　Alias Color（颜色设置）对话框

4.2.2　设置格点属性

图 4.9 所示的 Grid Display（格点属性）选项卡主要用来调整显示网格的模式，主要应用在原理图页及元件编辑两个方面。

整个页面分为以下两个部分。

1. Schematic Page Grid（原理图页网格设置）

（1）Visible：可见性设置。

Displayed：可视性。勾选此复选框，原理图页网格可见；反之，不可见。

（2）Grid Style：网格类型。

➢ Dots：点状格点。

➢ Lines：线状格点。

（3）Grid spacing：网格排列。

（4）Pointer snap to grid：光标随格点移动。

2. Part and Symbol Grid（元件或符号网格设置）

（1）Visible：可见性设置。

Displayed：可视性。勾选此复选框，元件或符号网格可见；反之，不可见。

（2）Grid Style：网格类型。

➢ Dots：点状格点。

➢ Lines：线状格点。

（3）Grid spacing：网格排列。

（4）Pointer snap to grid：光标随格点移动。

4.2.3　设置缩放窗口

图 4.10 所示的 Pan and Zoom（缩放的设定）选项卡中可设置图纸放大与缩小的倍数。

此选项卡分为以下两个部分。

1. Schematic Page Editor（原理图页编辑设置）

（1）Zoom Factor：放大比例。

（2）Auto Scroll Percent：自动滚动百分比。

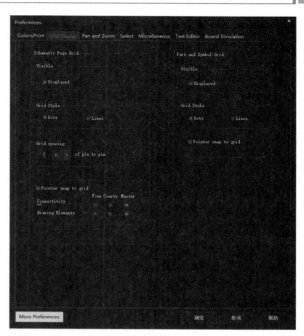

图 4.9　Grid Display（格点属性）选项卡

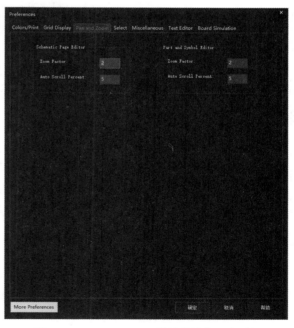

图 4.10　Pan and Zoom（缩放的设定）选项卡

2．Part and Symbol Editor（元件或符号网格设置）

（1）Zoom Factor：放大比例。

（2）Auto Scroll Percent：自动滚动百分比。

4.3　设计向导设置

原理图设计环境的设置主要包括字体的设置、标题栏的设置、页面尺寸的设置、边框显示的设置、层次图参数的设置及 SDT 兼容性的设置。

选择菜单栏中的 Options（选项）→Design Template（设计向导）命令，弹出 Design Template（设计向导）对话框，如图 4.11 所示。

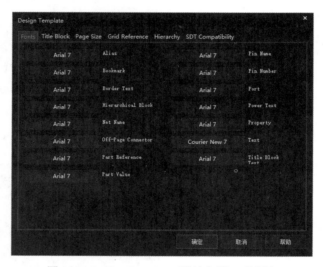

图 4.11　Design Template（设计向导）对话框

在该对话框中可以设置字体大小、标题栏、页面尺寸、网格尺寸显示打印方式等。设置结果对原理图的电气特性没有影响，也可采用默认设置。通常为了绘制方便，需要修改背景颜色、网格大小及显示方式。最重要的设置是页面的大小，通常设置为 A4 或 A3。

该对话框包括 6 个选项卡，下面一一进行介绍。

1．Fonts（字体）选项卡

选择 Fonts（字体）选项卡，在该选项卡中可以对所有种类的字体进行设置。在该选项组下显示可以设置颜色的不同组件，勾选选项前面的复选框，在图纸中显示对应字体。

当要改变某项的字体属性时，只需单击对应的字体块，即可打开如图 4.12 所示的 Alias Font（字体设置）对话框进行相应的设置。

2．Title Block（标题栏）选项卡

选择 Title Block（标题栏）选项卡，在该选项卡中设定标题栏内容，如图 4.13 所示。

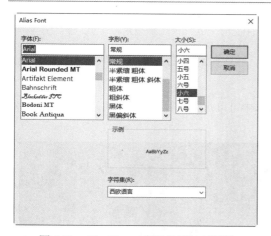

图 4.12 Alias Font（字体设置）对话框

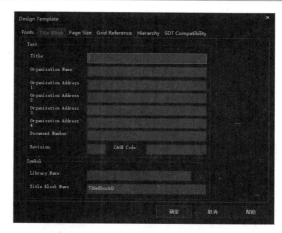

图 4.13 Title Block（标题栏）选项卡

扫一扫，看视频

轻松动手学——设置图纸参数

源文件：yuanwenjian\4\design3.opj

【操作步骤】

（1）选择菜单栏中的 File（文件）→New（新建）→Project（工程）命令或单击 Capture 工具栏中的 Create document（新建文件）按钮 📄，弹出 New Project（新建工程）对话框，设置名字和路径，如图 4.14 所示。

（2）选择菜单栏中的 Options（选项）→Design Template（设计向导）命令，弹出 Design Template（设计向导）对话框，打开 Title Block（标题栏）选项卡。

（3）在该选项卡中可以设置当前文件名、工程设计负责人、图纸校对者、图纸设计者、公司名称、图纸绘制者、设计图纸版本号和电路原理图编号等选项。

（4）在 Title（标题）文本框中输入 Timing Switch。

（5）在 Organization Name（公司名称）文本框中输入"三维书屋"，如图 4.15 所示。

图 4.14 New Project（新建工程）对话框

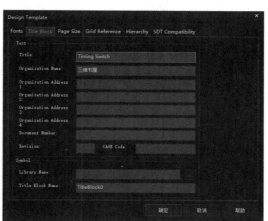

图 4.15 Title Block（标题栏）选项卡

（6）单击"确定"按钮，完成图纸参数设置。

3. Page Size（页面设置）选项卡

选择 Page Size（页面设置）选项卡，在该选项卡中可以设置要绘制的图纸大小，如图 4.16 所示。

4. Grid Reference（网格属性）选项卡

选择 Grid Reference（网格属性）选项卡，在该选项卡中可以对边框显示进行设置，设置参考网格，如图 4.17 所示。

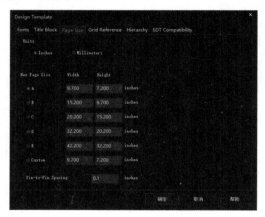

图 4.16　Page Size（页面设置）选项卡

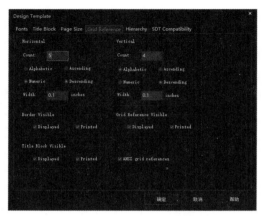

图 4.17　Grid Reference（网格属性）选项卡

5. Hierarchy（层次参数）选项卡

选择 Hierarchy（层次参数）选项卡，在该选项卡中可以设置层次电路中方框图的属性，如图 4.18 所示。

在一般的层次电路中，所有元件均为基本组件；但对于嵌套的层次电路（即包含下层电路图的电路图），包含不是基本组件的元件，即包含由电路图组成的元件。

6. SDT Compatibility（SDT 兼容性）选项卡

选择 SDT Compatibility（SDT 兼容性）选项卡，该选项卡中显示了对 SDT 文件兼容性的设置，如图 4.19 所示。

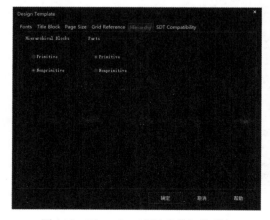

图 4.18　Hierarchy（层次参数）选项卡

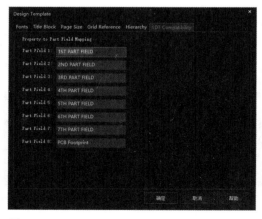

图 4.19　SDT Compatibility（SDT 兼容性）选项卡

SDT（Schematic Design Tools，原理图设计工具）是早期 DOS 版本的 OrCAD 软件包中与 Capture 对应的软件，对 SDT Compatibility（SDT 兼容性）选项卡进行设置，将 Capture 生成的电路设计存为 SDT 格式。

动手练一练——设置单片机多通道电路图纸参数

设置单片机多通道电路图纸的参数。

📋 思路点拨：

> 源文件：yuanwenjian\4\动手练一练\CPU Multichannel.opj
> （1）打开 Design Template（设计向导）对话框。
> （2）将图纸的 Units（单位）设置为 Millimeters（公制），页面大小设置为 A4。
> （3）将 Organization Name（公司名称）设置为"三维书屋"。

扫一扫，看视频

4.4　操作实例——电源开关电路设计

扫一扫，看视频

源文件：yuanwenjian\4\Power Switch.opj

本实例讲解最基本的电路图文件的设置，包括工程文件和原理图页文件的创建、原理图设计过程文件的自动存盘以及图纸参数的设置。

【操作步骤】

1. 建立工作环境

（1）在 Cadence 17.4 主界面中选择菜单栏中的 File（文件）→New（新建）→Project（工程）命令或单击 Capture 工具栏中的 Create document（新建文件）按钮 📄，弹出如图 4.20 所示的 New Project（新建工程）对话框，在 Name（名称）文本框中输入新建的工程文件名称 Power Switch，在 Location（路径）文本框中设置新建工程文件的保存路径。

图 4.20　New Project（新建工程）对话框

（2）完成设置后，单击 OK 按钮，关闭该对话框，完成工程文件的创建。

（3）在该工程文件夹下，默认创建图纸文件 SCHEMATIC1，在该图纸子目录下自动创建原理图页 PAGE1，如图 4.21 所示。

（4）选中图页文件 PAGE1，选择菜单栏中的 Design（设计）→Rename（重命名）命令，或右击选择快捷菜单中的 Rename（重命名）命令，弹出如图 4.22 所示的 Rename Page（重命名图页）对话框，在 Name（名称）文本框中输入选中的图页文件名称 Switch，单击 OK 按钮，完成原理图页文件的重命名。

（5）选中图纸文件SCHEMATIC1，选择菜单栏中的Design（设计）→New Schematic Page（新建图纸文件）命令，或右击选择快捷菜单中的New Page（新建图纸文件）命令，弹出如图4.23所示的New Page in Schematic（新建图页）对话框，在Name（名称）文本框中输入选中的原理图文件名称Power，单击OK按钮，完成原理图图页文件的添加。

（6）完成文件命名的项目管理器窗口如图4.24所示，可以双击原理图页文件进入原理图绘制环境，进行原理图的编辑。

图4.21　创建工程文件　　　　图4.22　Rename Page　　　　图4.23　New Page in Schematic　　图4.24　项目管理器
　　　　　　　　　　　　　　（重命名图页）对话框　　　　　（新建图页）对话框　　　　　　窗口

2. 设置自动存盘

Cadence支持文件的自动存盘功能。用户可以通过参数设置来控制文件自动存盘的细节。

（1）选择菜单栏中的Option（选项）→Autobackup（自动备份）命令，打开Multi-level Backup settings（备份设置）对话框，如图4.25所示。

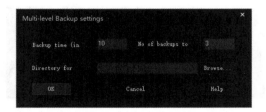

图4.25　Multi-level Backup settings（备份设置）对话框

（2）在Backup time（in Minutes）（备份间隔时间）文本框中输入每隔多少分钟备份一次，单击 Browse... 按钮，弹出如图4.26所示的Select Folder（选择文件夹）对话框，设置备份文件的保存路径。

（3）设置好路径后，单击"选择文件夹"按钮，关闭Select Folder（选择文件夹）对话框，返回Multi-level Backup settings（备份设置）对话框，如图4.27所示，单击OK按钮，关闭该对话框。

图 4.26　Select Folder（选择文件夹）对话框

图 4.27　设置路径

3. 设置图纸参数

（1）选择菜单栏中的 Options（选项）→Design Template（设计向导）命令，弹出 Design Template（设计向导）对话框，选择 Page Size（页面设置）选项卡，如图 4.28 所示。

（2）在此对话框中对图纸参数进行设置。在 Units（单位）选项组中选择单位为 Millimeters（公制），页面大小选择 A4。单击"确定"按钮，完成图纸参数的设置。

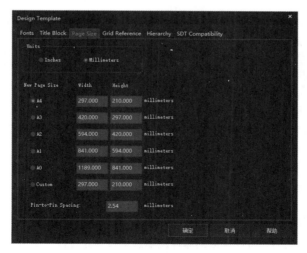

图 4.28　Design Template（设计向导）对话框

第 5 章　元件库与元件的管理

内容简介

本章将详细介绍关于原理图设计必不可少的元件库与元件，只有找到对应的元件库，查找到对应的元件，才能绘制正确的原理图，设计出符合需要和规则的电路原理图。

内容要点

- ↘ 元件库概述
- ↘ 元件库管理
- ↘ 放置元件
- ↘ 对象的操作
- ↘ 元件的属性设置
- ↘ 操作实例——监控器电路

案例效果

5.1　元件库概述

Cadence 中有丰富的元件库、方便快捷的原理图输入工具与元件符号编辑工具。使用原理图库管理工具可以进行元件库的管理以及元件的编辑。

通常在 OrCAD Capture CIS 中绘制原理图时，需要绘制所用器件的元件图形。首先要建立自己的元件库，依次向其中添加元件，就可以创建常用器件的元件库了，可积累起来，方便使用。

Cadence 元件库中的元件数量庞大，分类明确。Cadence 元件库采用下面两级分类方法。

➤ 一级分类：以元件制造厂家的名称分类。

➤ 二级分类：在厂家分类下面又以元件的种类（如模拟电路、逻辑电路、微控制器、A/D 转换芯片等）进行分类。

下面介绍系统自带的元件库。

（1）AMPLIFIER.olb：共 182 个零件，存放模拟放大器 IC，如 CA3280、TL027C、EL4093 等。

（2）ARITHMETIC.olb：共 182 个零件，存放逻辑运算 IC，如 TC4032B、74LS85 等。

（3）ATOD.olb：共 618 个零件，存放 A/D 转换 IC，如 ADC0804、TC7109 等。

（4）BUS DRIVERTRANSCEIVER.olb：共 632 个零件，存放总线驱动 IC，如 74LS244、74LS373 等数字 IC。

（5）CAPSYM.olb：共 35 个零件，存放电源、地、输入/输出口、标题栏等。

（6）CONNECTOR.olb：共 816 个零件，存放连接器，如 4 HEADER、CON AT62、RCA JACK 等。

（7）COUNTER.olb：共 182 个零件，存放计数器 IC，如 74LS90、CD4040B。

（8）DISCRETE.olb：共 872 个零件，存放分立式元件，如电阻、电容、电感、开关、变压器等常用零件。

（9）DRAM.olb：共 623 个零件，存放动态存储器，如 TMS44C256、MN41100-10 等。

（10）ELECTRO MECHANICAL.olb：共 6 个零件，存放马达、断路器等电机类元件。

（11）FIFO.olb：共 177 个零件，存放先进先出资料暂存器，如 40105、SN74LS232。

（12）FILTRE.olb：共 80 个零件，存放滤波器类元件，如 MAX270、LTC1065 等。

（13）FPGA.olb：存放可编程逻辑器件，如 XC6216/LCC。

（14）GATE.olb：共 691 个零件，存放逻辑门（含 CMOS 和 TLL）。

（15）LATCH.olb：共 305 个零件，存放锁存器，如 4013、74LS73、74LS76 等。

（16）LINEDRIVERRECEIVER.olb：共 380 个零件，存放线控驱动与接收器，如 SN75125、DS275 等。

（17）MECHANICAL.olb：共 110 个零件，存放机构图件，如 M HOLE 2、PGASOC-15-F 等。

（18）MICROCONTROLLER.olb：共 523 个零件，存放单晶片微处理器，如 68HC11、AT89C51 等。

（19）MICROPROCESSOR.olb：共 288 个零件，存放微处理器，如 80386、Z80180 等。

（20）MISC.olb：共 1567 个零件，存放杂项图件，如电表（METER MA）、微处理器周边（Z80-DMA）等未分类的零件。

（21）MISC2.olb：共 772 个零件，存放杂项图件，如 TP3071、ZSD100 等未分类的零件。

（22）MISCLINEAR.olb：共 365 个零件，存放线性杂项图件（未分类），如 14573、4127、VFC32 等。

（23）MISCMEMORY.olb：共 278 个零件，存放记忆体杂项图件（未分类），如 28F020、X76F041 等。

（24）MISCPOWER.olb：共 222 个零件，存放高功率杂项图件（未分类），如 REF-01、PWR505、TPS67341 等。

（25）MUXDECODER.olb：共 449 个零件，存放解码器，如 4511、4555、74AC157 等。

（26）OPAMP.olb：共 610 个零件，存放运放，如 101、1458、UA741 等。

（27）PASSIVEFILTER.olb：共 14 个零件，存放被动式滤波器，如 DIGNSFILTER、RS1517T、LINE

FILTER 等。

（28）PLD. olb：共 355 个零件，存放可编程逻辑器件，如 22V10、10H8 等。

（29）PROM. olb：共 811 个零件，存放只读记忆体运算放大器，如 18SA46、XL93C46 等。

（30）REGULATOR. olb：共 549 个零件，存放稳压 IC，如 78×××、79××× 等。

（31）SHIFTREGISTER. olb：共 610 个零件，存放移位寄存器，如 4006、SNLS91 等。

（32）SRAM. olb：共 691 个零件，存放静态存储器，如 MCM6164、P4C116 等。

（33）TRANSISTOR. olb：共 210 个零件，存放晶体管（含 FET、UJT、PUT 等），如 2N2222A、2N2905 等。

由于库文件过大，因此不建议将所有元件库文件同时加载到元件库列表中，会减慢计算机的运行速度。

对于特定的设计项目，用户可以只调用几个元件厂商中的二级分类库，这样可以减轻系统运行的负担，提高运行效率。用户若要在 Cadence 的元件库中调用一个需要的元件，应该知道该元件的制造厂家和该元件的分类，以便在调用该元件之前把包含该元件的元件库载入系统。

5.2　元件库管理

在绘制电路原理图的过程中，要先在图纸上放置需要的元件符号。Cadence 作为一个专业的电子电路计算机辅助设计软件，常用的电子元件符号都可以在它的元件库中找到，用户只需在 Cadence 元件库中查找所需的元件符号，并将其放置在图纸的适当的位置即可。

5.2.1　打开 Place Part（放置元件）面板

【执行方式】

➤ 菜单栏：执行 Place（放置）→Part（元件）命令。

➤ 工具栏：单击 Draw Electrical 工具栏中的 Place part（放置元件）按钮 ▓。

【操作步骤】

执行上述操作后，弹出 Place Part（放置元件）面板，如图 5.1 所示。

【选项说明】

Design Cache 中列出的并不是已加载的元件库，而是过去用过的元件，记录在 Design Cache 中是为了方便再次取用。

图 5.1　Place Part（放置元件）面板

5.2.2　加载元件库

在 OrCAD Capture CIS 图形界面中，元件库的加载分两种情况：系统中可用的库文件、当前项目可用的库文件。

1．系统中可用的库文件

【执行方式】

单击 Place Part（放置元件）面板的 Libraries（库）选项组中的 Add Library（添加库）按钮 。

【操作步骤】

（1）执行上述操作后，弹出如图 5.2 所示的 Browse File（搜索库）对话框，选中要加载的库文件，单击"打开"按钮，在 Place Part（放置元件）面板的 Libraries（库）选项组中的文本框中会显示元件库列表，如图 5.3 所示。

图 5.2　Browse File（搜索库）对话框

图 5.3　显示元件库列表

（2）在 Browse File（搜索库）对话框中将显示可加载的元件库。

（3）在 Part（元件）选项组中将显示该元件库中包含的元件名称，在 Libraries（库）选项组中将显示元件符号缩略图，如图 5.3 所示。

（4）重复上述操作就可以把需要的各种库文件添加到系统中，作为当前可用的库文件。此时所有加载的元件库都显示在 Libraries（库）选项组中，用户可以选择使用。

2．当前项目可用的库文件

【执行方式】

➢ 菜单栏：执行 File（文件）→Open（打开）→Library（库）命令。

➢ 项目管理器：在 Library 文件夹上右击，弹出如图 5.4 所示的快捷菜单，选择 Add File（添加文件）命令。

图 5.4　快捷菜单

轻松动手学——加载电源开关电路元件库

源文件：yuanwenjian\5\Power Switch.opj

【操作步骤】

（1）打开下载资源包中的 yuanwenjian\5\Power Switch.opj 文件。

扫一扫，看视频

（2）在项目管理器窗口中选中 Library 文件夹并右击，在弹出的快捷菜单中选择 Add File（添加文件）命令，弹出如图 5.5 所示的 Add File to Project Folder-Library（添加文件到项目文件夹-库）对话框，选择库文件路径×:\ Cadence\Cadence_SPB_17.4-2019\tools\capture\library，加载所需库文件。

（3）单击"打开"按钮，将选中的库文件加载到项目管理器窗口中的 Library 文件夹，如图 5.6 所示。

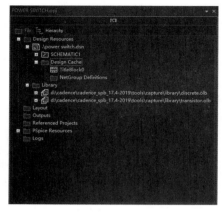

图 5.5　Add File to Project Folder-Library
（添加文件到项目文件夹-库）对话框

图 5.6　需要的元件库

5.2.3　卸载元件库

【执行方式】

单击 Place Part（放置元件）面板的 Libraries（库）选项组中的 Remove Library（移除库）按钮 ◯。

【操作步骤】

执行上述操作后，将在下方的元件库列表中删除选中的库文件，即将该元件库卸载。

5.3　放　置　元　件

原理图有两个基本要素，即元件符号和线路连接。用 Cadence 绘制原理图的主要操作就是将元件符号放置在原理图图纸上，然后用线将元件符号中的管脚连接起来，建立正确的电气连接，最后放置元件说明增强电路的可读性。

在放置元件符号前，需要知道元件符号在哪一个元件库中，并载入该元件库。

5.3.1　搜索元件

进行加载元件库的操作时有一个前提，就是用户已经知道了所需元件符号在哪个元件库中，而实际情况可能并非如此。此外，当用户面对的是一个庞大的元件库时，逐个寻找列表中的所有元件，直到找到自己想要的元件为止，将是一件非常麻烦的事情，而且工作效率会很低。Cadence 提供了强大的元件搜索功能，可以帮助用户轻松地在元件库中定位元件。

1. 查找元件

【执行方式】

单击 Place Part（放置元件）面板中的 Search for（查找元件）按钮  。

【操作步骤】

执行上述操作后，将显示搜索操作面板，如图 5.7 所示。

【选项说明】

搜索元件需要设置的参数如下：

（1）Search（搜索）文本框用于设定查找元件的文件匹配符，"*"表示匹配任意字符串。对于不太确定具体名称的元件，可以在文本框中输入添加"*"的关键词，如"*74ls""74ls*""*74ls*"等，这样可以缩小搜索范围。在该文本框中可以输入一些与查询内容有关的过滤语句表达式，有助于使系统进行更快捷、更准确的查找。在文本框汇总输入关键词 r。

（2）Path（路径）文本框用于设置查找元件的路径。单击 Path（路径）文本框右侧的 按钮，系统将弹出 Browse File（搜索库）对话框，供用户设置搜索路径。

（3）单击 Search（搜索）文本框右侧的 Part Search（搜索路径）按钮 ，系统开始搜索，执行对含关键词元件 r 的全库搜索。

图 5.7　搜索库操作

2. 显示找到的元件及其所属元件库

查找到 r 后的面板如图 5.8 所示。可以看到，符合搜索条件的元件名、所属库文件在该面板中被一一列出，供用户浏览参考。

3. 加载找到元件的所属元件库

选中需要的元件（不在系统当前可用的库文件中），单击下方的 Add 按钮，则元件所在的库文件被加载。如图 5.9 所示，在 Libraries（库）列表框中显示已加载的元件库 DISCRETE（分立式元件库），在 Part（元件）列表框中显示该元件库中的元件，选中搜索的元件 R/DISCRETE，在面板中预览元件符号。

图 5.8　查找到元件后的面板

图 5.9　加载库文件

轻松动手学——搜索元件 NE555

在"加载电源开关电路元件库"实例的基础上完成本实例。

源文件：yuanwenjian\5\Power Switch.opj

【操作步骤】

（1）双击 Switch 原理图页，进入原理图编辑环境，单击 Place Part（放置元件）面板中的 Search for（查找）■ 按钮，将显示搜索操作面板，在 Search（搜索）文本框中输入"*ne555*"。

（2）单击 Part Search（搜索路径）按钮 ■，系统开始搜索，在 Libraries（库）列表框中显示符合搜索条件的元件名、所属库文件，如图 5.10 所示。

（3）选中需要的元件 NE555，单击 ■Add■ 按钮，在系统中加载该元件所在的库文件 MiscLinear.olb，在 Libraries（库）列表框中显示已加载该元件库，在 Part（元件）列表框中显示该元件库中的元件，选中搜索的元件 NE555，在面板中预览元件符号，如图 5.11 所示。

图 5.10　显示搜索结果

图 5.11　预览元件符号

5.3.2　放置元件

在元件库中找到元件后，加载该元件库，就可以在原理图上放置该元件了。放置元件是绘制电路图的主要部分，必须先绘制结构图，理清所要绘制的电路结构与组成的元素之间的关系，如有需要，可使用平坦式电路图或层次式电路图。

【执行方式】

➢ 菜单栏：执行 Place（放置）→Part（元件）命令。

➢ 工具栏：单击 Draw Electrical 工具栏中的 Place Part（放置元件）按钮 ■。

➤ 快捷键：P 键。

【操作步骤】

执行上述操作后，将弹出如图 5.12 所示的 Place Part（放置元件）面板，基本的元件库主要有 DISCRETE.olb（分离元件库）、MICROCONTROLLER.olb（微处理器元件库）、CONNECTOR.olb（继电器元件库）和 GATE.olb（门电路芯片元件库）。

（1）打开 Place Part（放置元件）面板，载入所要放置元件所属的库文件。在这里，需要的元件在元件库 DISCRETE.olb（分离元件库）中，要确保已加载这个元件库。

（2）选择想要放置元件所在的元件库。所要放置的元件 LED 在元件库 DISCRETE.olb 中。在 Libraries（库）列表框中选中该库文件，该文件以高亮显示，在 Part（元件）列表框中显示该库文件中所有的元件，这时可以放置其中含有的元件。

（3）在列表框中选中所要放置的元件。在 Part（元件）文本框中输入所要放置元件的名称或元件名称的一部分，包含输入内容的元件会以列表的形式出现在浏览框中。这里所要放置的元件为 LED，因此输入 leD 字样，该元件将以高亮显示，此时可以放置该元件的符号。可以在 Packaging（包装）选项组左边的浏览框中预览元件 LED 的图形符号，如图 5.13 所示。

图 5.12　Place Part（放置元件）面板　　　　图 5.13　选择要放置的元件

（4）选中元件，确定该元件是所要放置的元件后，单击该面板上方的 Place Part（放置元件）按钮 或双击元件名称，光标将变成十字形并附带着元件 LED 的符号出现在工作窗口中，如图 5.14 所示。

（5）移动光标到合适的位置，单击或按空格键，元件将被放置在光标停留的位置。此时系统仍处于放置元件的状态，可以继续放置该元件。在完成选中元件的放置后，右击选择 End Mode（结束模式）命令或者按 Esc 键退出放置元件的状态，结束元件放置操作。其中元件序号自动从 1 开始递增，如图 5.15 所示。

（6）完成多个元件的放置后，可以重复刚才的步骤，放置其他元件。

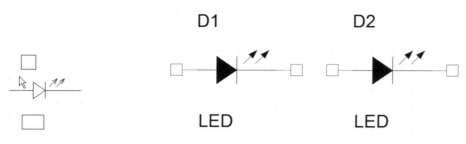

图 5.14　放置元件符号　　　　　　　　　图 5.15　放置元件

轻松动手学——放置 Switch 原理图中的元件

在"搜索元件 NE555"实例的基础上完成本实例。

源文件：yuanwenjian\5\Power Switch.opj

【操作步骤】

（1）打开 Place Part（放置元件）面板，选中搜索的元件 NE555，单击 Place Part（放置元件）按钮 ，或双击元件名称，将选择的 NE555 放置在原理图纸上，如图 5.16 所示。

（2）使用同样的方法在当前元件库名称栏中选择 DISCRETE.olb 元件库，选择放置电阻、电容、二极管、三极管元件，结果如图 5.17 所示。

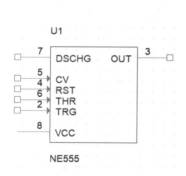

图 5.16　放置元件 NE555

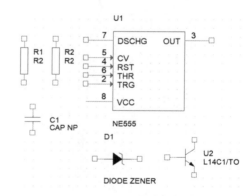

图 5.17　放置剩余元件

5.4　对象的操作

当原理图中的元件或其余对象被选定后，对象颜色就会发生变化，同时在元件四周显示虚线组成的矩形框，如图 5.18 所示，右击，将弹出快捷菜单，如图 5.19 所示。

下面简单介绍与元件操作相关的快捷命令。

（1）Mirror Horizontally：将元件在水平方向上镜像，即左右翻转，快捷键为 H。

（2）Mirror Vertically：将元件在垂直方向上镜像，即上下翻转，快捷键为 V。

（3）Mirror Both：全部镜像。执行此命令，将元件同时上下左右翻转一次。

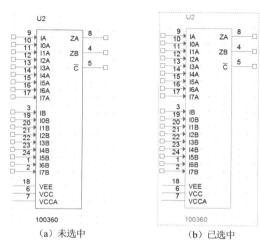

（a）未选中　　　　（b）已选中

图 5.18　选中元件

图 5.19　快捷菜单

（4）Rotate：旋转。将元件逆时针旋转 90°。

（5）Edit Properties：编辑元件属性。

（6）Edit Part：编辑元件外形。

（7）Show Footprint：显示管脚。

（8）Link Database Part：连接数据库元件。

（9）View Database Part：显示数据库元件。

（10）Connect to Bus：连接到总线。

（11）User Assigned Reference：用户引用分配。

（12）Lock：固定，锁定元件位置。

（13）Add Part(s) To Group：在组中添加元件。

（14）Remove Part(s) From Group：从组中移除元件。

（15）Selection Filter：选择过滤器。

（16）Zoom In：放大，快捷键为 I。

（17）Zoom Out：缩小。快捷键为 O。

（18）Go To：指向指定位置。

（19）Cut：剪切当前图。

（20）Copy：复制当前图。

（21）Delete：删除当前图。

上述对元件的基本操作也同样适用于后面讲解的网络标签、电源和接地符号等。

5.4.1 调整元件位置

每个元件被放置的初始位置并不是很准确。在进行连线前，需要根据原理图的整体布局对元件的位置进行调整。这样不仅便于布线，也使所绘制的电路原理图更清晰、更美观。元件布局的好坏直接影响绘图的效率。

元件位置的调整实际上是利用命令将元件移动到图纸的指定位置，并将元件旋转为指定的方向。

1．元件的选取

要实现元件位置的调整，首先要选取元件。选取的方法很多，下面介绍几种常用的方法。

（1）用鼠标直接选取单个或多个元件。

对于单个元件的情况，将光标移到要选取的元件上单击即可。选中的元件高亮显示，表明该元件已经被选取，如图 5.20 所示。

对于多个元件的情况，将光标移到要选取的元件上单击即可，按住 Ctrl 键选择元件，选中的多个元件高亮显示，表明该元件已经被选取，如图 5.21 所示。

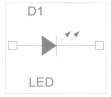

图 5.20　选取单个元件

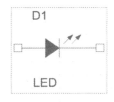 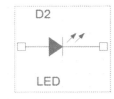

图 5.21　选取多个元件

（2）利用矩形框选取。对于单个或多个元件的情况，按住鼠标左键并拖动，拖出一个矩形框，将要选取的元件包含在该矩形框中，如图 5.22 所示，释放鼠标后即可选取单个或多个元件。选中的元件高亮显示，表明该元件已经被选取，如图 5.23 所示。

在图 5.22 中，只要元件的一部分在矩形框内，则显示选中对象，并且与矩形框从上到下框选、从下到上框选无关。

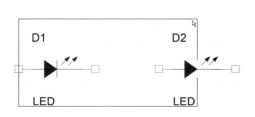

图 5.22　拖出矩形框

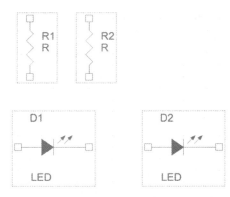

图 5.23　选中元件

（3）用菜单栏选取元件。选择菜单栏中的 Edit（编辑）→Select All（全部选择）命令，选中原理图中的全部元件。

2．取消选取

取消选取也有多种方法，这里介绍两种常用的方法。

（1）直接单击电路原理图的空白区域，即可取消选取。

（2）按住 Ctrl 键，单击一个已被选取的元件，可以将其取消选取。

3．元件的移动

移动元件时是移动元件主体，而不是元件名或元件序号；同样地，如果需要调整元件名的位置，则先选择元件，再移动元件名就可以改变其位置，图 5.24 显示了元件与元件名均移动的操作过程。

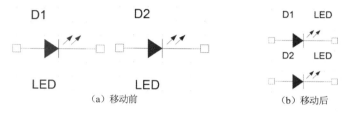

图 5.24　移动元件

将左右并排的两个元件调整为上下排列，元件名从元件下方调整到元件右上方，节省图纸空间。

在实际原理图的绘制过程中，最常用的方法是直接使用鼠标拖曳来实现元件的移动。

（1）使用鼠标移动未选中的单个元件。将光标指向需要移动的元件（不需要选中），按住鼠标左键不放，此时光标会自动滑到元件的电气节点上。拖动鼠标，元件会随之一起移动。到达合适的位置后，释放鼠标左键，元件即被移动到当前光标的位置。

（2）使用鼠标移动已选中的单个元件。如果需要移动的元件已经处于选中状态，则将光标指向该元件，同时按住鼠标左键不放，拖动元件到指定位置后，释放鼠标左键，元件即被移动到当前光标的位置。

（3）使用鼠标移动多个元件。需要同时移动多个元件时，首先应将要移动的元件全部选中，在选中元件上显示浮动的移动图标✛，然后在其中任意一个元件上按住鼠标左键并拖动，到达合适的位置后，释放鼠标左键，则所有选中的元件都移动到了当前光标所在的位置。

4．元件的镜像与旋转

选取要镜像与旋转的元件，选中的元件被高亮显示，此时，元件的镜像与旋转主要有三种操作，下面根据不同的操作方法分别进行介绍。

（1）菜单命令。执行以下命令，可以以不同方式镜像元件。

1）选择菜单栏中的 Edit（编辑）→Mirror（镜像）→Vertically（垂直方向）命令，被选中的元件上下翻转。

2）选择菜单栏中的 Edit（编辑）→Mirror（镜像）→Horizontally（水平方向）命令，被选中的元件左右翻转。

3）选择菜单栏中的 Edit（编辑）→Mirror（镜像）→Both（全部）命令，被选中的元件同时上下左右翻转。

4）选择菜单栏中的 Edit（编辑）→Rotate（旋转）命令，被选中的元件逆时针旋转 90°。

（2）右键快捷命令。选中元件后右击，将弹出快捷菜单，执行以下命令。

1）Mirror Horizontally：将元件在水平方向上镜像，即左右翻转，快捷键为 H。

2）Mirror Vertically：将元件在垂直方向上镜像，即上下翻转，快捷键为 V。

3）Mirror Both：全部镜像。执行此命令，将元件同时上下左右翻转一次。

4）Rotate：旋转。将元件逆时针旋转 90°。

（3）功能键。按下面的功能键，即可实现旋转。旋转至合适的位置后单击空白处取消选取元件，即可完成元件的旋转。

1）R 键：每按一次，被选中的元件逆时针旋转 90°。

2）H 键：被选中的元件左右翻转。

3）V 键：被选中的元件上下翻转。

选择单个元件与选择多个元件进行旋转的方法相同，这里不再单独介绍。

5.4.2　元件的复制和删除

原理图中的相同元件有时不止一个，在原理图中放置多个相同元件的方法有两种：一种是重复利用放置元件命令放置相同元件，这种方法比较烦琐，适用于放置数量较少的相同元件；另一种是利用复制、粘贴命令，这种方法适用于原理图中有大量相同元件，如基本元件电阻、电容。

复制、粘贴的操作对象不只有元件，还有单个单元及相关电器符号，方法相同，因此这里只简单介绍元件的复制、粘贴操作。

1．复制元件

复制元件的方法有以下 5 种。

（1）菜单命令。选中要复制的元件，选择菜单栏中的 Edit（编辑）→Copy（复制）命令，复制被选中的元件。

（2）工具栏命令。选中要复制的元件，单击 Capture 工具栏中的 Copy to clipBoard（复制到剪贴板）按钮，复制被选中的元件。

（3）快捷命令。选中要复制的元件，右击，在弹出的快捷菜单中选择 Copy（复制）命令，复制被选中的元件。

（4）功能键命令。选中要复制的元件，按组合键 Ctrl+C，复制被选中的元件。

（5）拖曳的方法。按住 Ctrl 键，拖动要复制的元件，即可复制相同的元件。

2．剪切元件

剪切元件的方法有以下 4 种。

（1）菜单命令。选中要剪切的元件，选择菜单栏中的 Edit（编辑）→Cut（剪切）命令，剪切被选中的元件。

（2）工具栏命令。选中要剪切的元件，单击 Capture 工具栏中的 Cut to clipBoard（剪切到剪贴板）按钮，剪切被选中的元件。

（3）快捷命令。选中要剪切的元件，右击，在弹出的快捷菜单中选择 Cut（剪切）命令，剪切被选中的元件。

（4）功能键命令。选中要剪切的元件，按组合键 Ctrl+X，剪切被选中的元件。

3．粘贴元件

粘贴元件的方法有以下 3 种。

（1）菜单命令。选择菜单栏中的 Edit（编辑）→Paste（粘贴）命令，粘贴被选中的元件。

（2）工具栏命令。单击 Capture 工具栏中的 Copy to clipBoard（复制到剪贴板）按钮 ，复制被选中的元件并粘贴。

（3）功能键命令。按组合键 Ctrl+V，粘贴已复制的元件。

4．删除元件

删除元件的方法有以下 3 种。

（1）菜单命令。选中要复制的元件，选择菜单栏中的 Edit（编辑）→Delete（删除）命令，删除被选中的元件。

（2）快捷命令。选中要复制的元件，右击，在弹出的快捷菜单中选择 Delete（删除）命令，删除被选中的元件。

（3）功能键命令。选中要复制的元件，按 Delete（删除）键，删除被选中的元件。

5.4.3　元件的固定

元件的固定是指将原件锁定在当前位置，让其无法进行移动操作。已经固定的元件不影响其进行复制、粘贴及连线操作，图 5.25 显示了元件固定前后的不同状态。

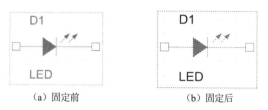

（a）固定前　　　　　　　　　　　　（b）固定后

图 5.25　固定元件

固定元件的方法有以下 3 种。

（1）菜单命令。在电路原理图上选取需要固定的单个或多个元件，选择菜单栏中的 Edit（编辑）→Lock（固定）命令，固定被选中的元件。

（2）快捷命令。在电路原理图上选取需要固定的单个或多个元件，右击，在弹出的快捷菜单中选择 Lock（固定）命令，固定被选中的元件。

（3）取消元件固定的方法与固定元件的方法相同，命令为 Unlock（取消固定）。

轻松动手学——调整 Switch 原理图中元件的位置

在"放置 Switch 原理图中的元件"实例的基础上完成本实例。

扫一扫，看视频

源文件：yuanwenjian\5\Power Switch.opj

【操作步骤】

（1）按照电路要求对电路图进行布局操作，选中电阻元件 R1，选择菜单栏中的 Edit（编辑）→Rotate（旋转）命令，被选中的元件逆时针旋转 90°，如图 5.26 所示。

（2）使用同样的方法，继续调整其他元件的方向和位置，结果如图 5.27 所示。

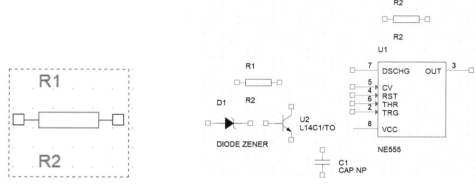

图 5.26　旋转电阻 R1　　　　　　　　　　　图 5.27　调整元件位置

扫一扫，看视频

动手练一练——放置 Power 原理图中的元件

放置如图 5.28 所示的 Power 原理图中的元件。

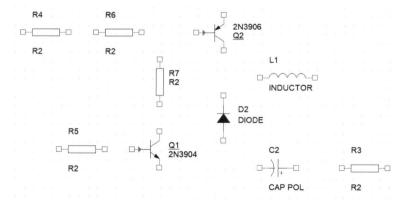

图 5.28　放置元件

📋 **思路点拨：**

源文件：yuanwenjian\5\Power Switch.opj

（1）进入 Power 原理图编辑环境。

（2）搜索需要的元件并放置。

（3）调整位置。

5.5　元件的属性设置

在原理图上放置的所有元件都具有自身的特定属性，在放置好每一个元件后，应该对其属性进行正确的编辑和设置，以免导致后面的网络表生成及 PCB 制作产生错误。

通过属性编辑可以很清楚地了解该对象的电气特性、网络连接关系、所属类型和属性等。

【执行方式】

➢ 菜单栏：执行 Edit（编辑）→Properties（属性）命令。

➢ 快捷命令：在元件上右击，在弹出的快捷菜单中选择 Edit Properties（编辑属性）命令。

➢ 双击元件。

5.5.1　属性设置

本小节对元件的属性进行设置。

1．编辑单个元件属性

选中元件，执行上述操作后，将弹出 Property Editor（属性编辑）窗口，如图 5.29 所示。

（1）图 5.29 显示了 Parts（元件）选项卡，右击，将弹出如图 5.30 所示的快捷菜单，选择 Pivot（基准）命令，改变视图，如图 5.31 所示。

图 5.29　Property Editor（属性编辑）窗口

图 5.30　快捷菜单

（2）从图 5.31 可以看出，该标签页共包含 8 个选项卡，分别是 Parts（元件）、Schematic Nets（原理图网络）、Flat Nets（平坦网络）、Pins（管脚）、Title Blocks（标题栏）、Globals（全局）、Ports（电路端口）、Aliases（别名），图 5.32～图 5.38 分别显示了除 Parts（元件）外的 7 个选项卡中的内容，可以根据不同的显示项对其值进行修改。

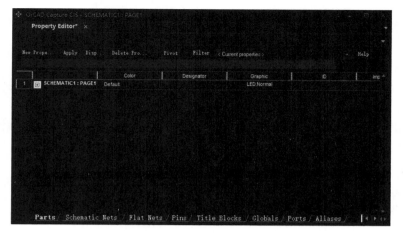

图 5.31　改变视图

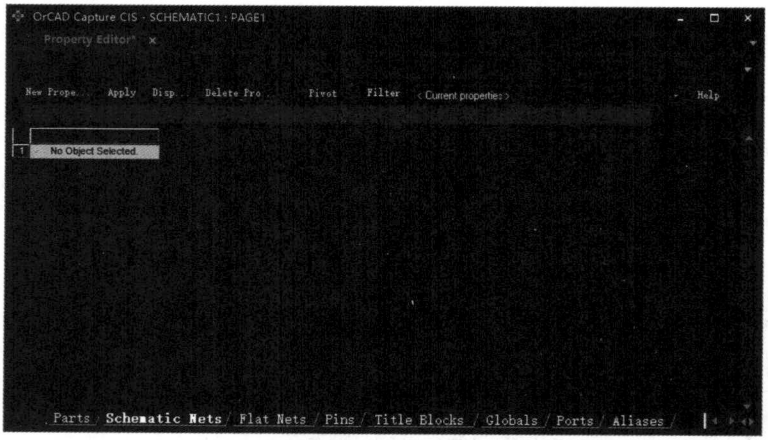

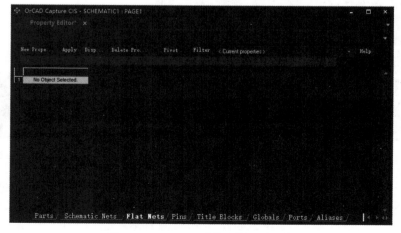

图 5.32　Schematic Nets（原理图网络）选项卡

图 5.33　Flat Nets（平坦网络）选项卡

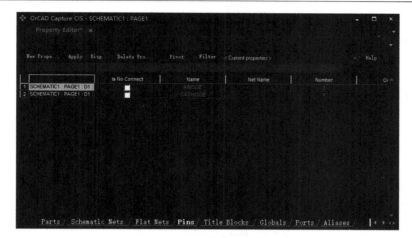

图 5.34 Pins（管脚）选项卡

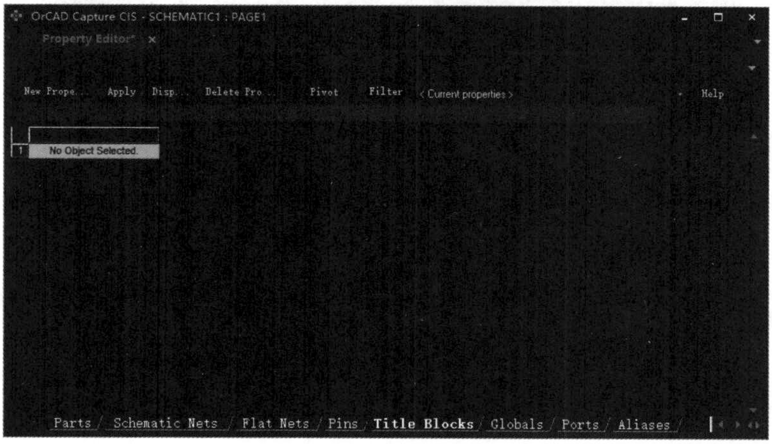

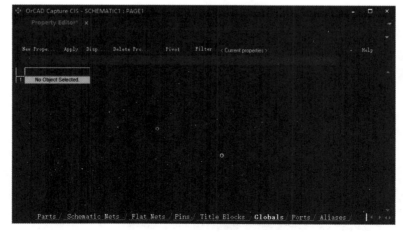

图 5.35 Title Blocks（标题栏）选项卡

图 5.36 Globals（全局）选项卡

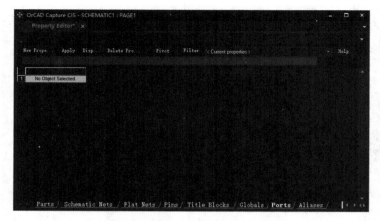

图 5.37　Ports（电路端口）选项卡

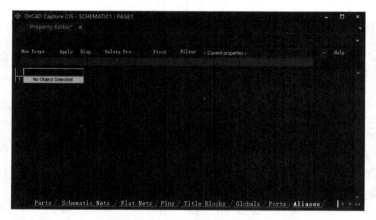

图 5.38　Aliases（别名）选项卡

2. 编辑多个元件属性

Capture 除了可以逐个编辑元件属性外，还可以使用整体赋值与分类赋值方式编辑多个元件属性，方法相同，先选中多个元件，在弹出的属性编辑窗口中将显示所有选中元件的属性，如图 5.39 所示。

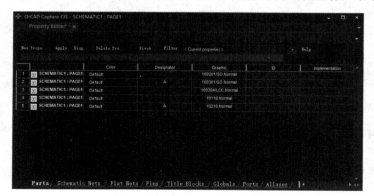

图 5.39　编辑多个元件属性

3．网络分配属性

从原理图到 PCB 图的信号传递依靠导线，通过网络的特定属性记录传输数据，进行正向、反向的信息流传输，通过对这些属性的分配，达到不同的目的。

（1）在原理图中选中并双击需要分配属性的网络（导线），将弹出属性编辑窗口，在 Filter（过滤）下拉列表中选择 Capture PCB Editor SignalFlow，在属性编辑栏中选择 Flat Nets 选项卡，如图 5.40 所示。

图 5.40　属性编辑窗口

（2）该窗口中显示可以分配给网络的属性有 4 种：DIFFERENTIAL_PAIR 属性、PROPAGATION_DELAY 属性、RATSNEST_SCHEDULE 属性和 RELATIVE_PROPAGATION_DELAY 属性。

➢ DIFFERENTIAL_PAIR 属性：一对 Flat 网络以相同的方式布线，信号用同样的参考值以相反的方向流动。

➢ PROPAGATION_DELAY 属性：一个网络任意对管脚之间的最小和最大传输延迟约束。对网络分配这一属性，可以限制布线器互连长度在这个最小值和最大值之间。它的格式是<pin-pair>（被约束的管脚对）、<min-value>（最小可以传输的延迟/传输长度）、<max-value>（最大可以传输的延迟/传输长度）。

➢ RATSNEST_SCHEDULE 属性：约束管理器对一个网络执行 RATSNEST 计算的类型，使用该属性，可以在时间和噪声容限上达到平衡。

➢ RELATIVE_PROPAGATION_DELAY 属性：给一个网络的管脚对附加的电气约束。

（3）在 DIFFERENTIAL_PAIR、RATSNEST_SCHEDULE 属性上右击，将弹出如图 5.41 所示的快捷菜单，可以对属性进行编辑操作。为 RATSNEST_SCHEDULE 属性选择可分配值时，可以直接在下拉菜单中选择分配属性，图 5.42 所示为 RATSNEST_SCHEDULE 属性的可分配值。

（4）在 PROPAGATION_DELAY、RELATIVE_PROPAGATION_DELAY 属性上右击，弹出如图 5.43 所示的快捷菜单。

（5）在 PROPAGATION_DELAY 属性上选择 Invoke UI（调用 UI）命令，将弹出 Propagation Delay（传输延迟）对话框，如图 5.44 所示。

1）：单击该按钮，弹出 Create Pin Pairs（添加管脚对）对话框，如图 5.45 所示。

图 5.41 快捷菜单（1）

图 5.42 分配属性

图 5.43 快捷菜单（2）

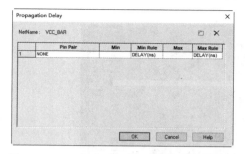

图 5.44 Propagation Delay（传输延迟）对话框

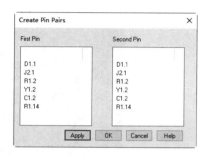

图 5.45 Create Pin Pairs（添加管脚对）对话框

2）✕：单击该按钮，选中的管脚就会被删除。

3）Pin Pair：管脚对，打开其下拉列表，如图 5.46 所示，包含 3 个命令，分别为 ALL_DRIVER:ALL_RECEIVER、LONG_DRIVER:SHORT_RECEIVER、LONGEST_PIN:SHORTEST_PIN。

➢ ALL_DRIVER:ALL_RECEIVER 表示为所有驱动器/接收器管脚对应用最小/最大约束。

➢ LONG_DRIVER:SHORT_RECEIVER 表示为最短的驱动器/接收器管脚对应用最小延迟，为最长的驱动器/接收器管脚对应用最大延迟。

4）Min（最小值）：在该文本框中输入最小可允许传输延迟值。

5）Max（最大值）：在该文本框中输入最大可允许传输延迟值。

6）Min Rule、Max Rule：在该文本框中指定最小、最大约束的单位。

（6）在 RELATIVE_PROPAGATION_DELAY 属性上选择 Invoke UI（调用 UI）命令，将弹出 Relative Propagation Delay（相对传输延迟）对话框，如图 5.47 所示。

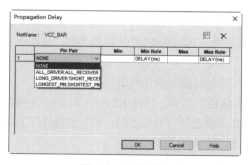

图 5.46 下拉列表

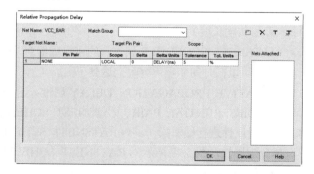

图 5.47 Relative Propagation Delay（相对传输延迟）对话框

1）Scope：范围，在该下拉列表中包括 GLOBAL 和 LOCAL 两个命令。

➢ GLOBAL：在同一匹配组中不同的网络间定义属性。

➢ LOCAL：在同一匹配组中不同的管脚对间定义属性。

2）Delta：组中所有网络匹配目标网络的相对值。

3）Delta Units：相对值的单位。

4）Tolerance：指定管脚对最大可允许传输延迟值。

5）Tol.Units：指定允许传输延迟值的单位，分别为%、ns 和 mis。

4．添加元件属性

Footprint 属性是原理图与 PCB 图连接的枢纽，只有添加了 Footprint 属性，元件才能真正建立连接；Room 属性是封装元件布局的关键，下面介绍如何在原理图中添加不同属性。

选中功能电路的模块，然后编辑属性。打开 Filter（过滤器）下拉列表，将显示不同命令，如图 5.48 所示，可以选择不同命令，在 Parts（元件）选项卡中会显示添加的属性。

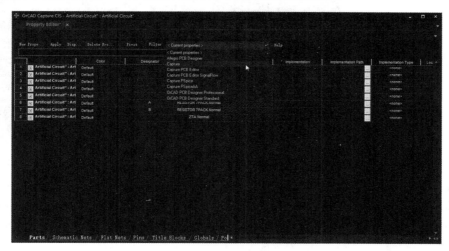

图 5.48　元件属性

这里选择 Capture 命令，添加 Footprint 属性，如图 5.49 所示。

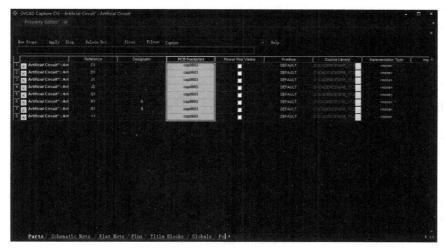

图 5.49　添加属性

5.5.2　参数设置

编辑元件属性主要是修改元件参数值及元件序号，因此可以有针对性地修改元件参数值或元件序号。具体操作步骤如下。

双击图 5.50 中的元件序号或元件名（也可以选中元件序号或元件名后执行菜单命令或右击选择相应命令），将弹出如图 5.51 所示的 Display Properties（显示属性）对话框，该对话框包含以下几个部分。

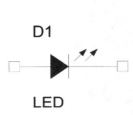

图 5.50　选择的元件

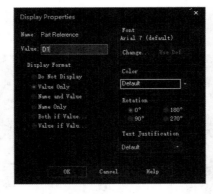

图 5.51　Display Properties（显示属性）对话框

（1）Name（名称）：显示为 Part Reference（元件序号）或 Value（参数值）。

（2）Value（参数值）：在该文本框中显示对应的元件序号或元件名称，在图 5.51 中显示元件序号为 D1，元件名称为 LED。

（3）Display Format：显示格式。主要设置元件在原理图中显示的参数格式。

1）Do Not Display：不显示。选择该项后，在原理图中隐藏设置的参数，即原理图中不显示元件序号 D1，如图 5.52（a）所示。

2）Value Only：只显示参数值。原理图中只显示参数值元件序号 D1，如图 5.52（b）所示。

3）Name and Value：同时显示名称和参数值。原理图中同时显示元件序号名及序号值，如图 5.52（c）所示。

4）Name Only：只显示名称。原理图中只显示元件序号名，如图 5.52（d）所示。

5）Both if Value Exist：如果在 Value（参数值）文本框中输入内容，则同时显示名称和参数值，如图 5.52（c）所示；若 Value（参数值）文本框中无内容，则不显示设置的参数，如图 5.52（a）所示。

　（a）不显示　　　　　　　（b）只显示参数值　　　　　（c）同时显示名称和参数值　　　　（d）只显示名称

图 5.52　设置元件参数显示

（4）Font：字体设置。单击 Change（改变）按钮，弹出如图 5.53 所示的"字体"对话框，可以在该对话框中设置字体、字形及大小。

经过字体改变后，若想返回默认设置，单击 Use Default（使用默认）按钮，即可返回软件初始设置。

（5）Color：颜色设置。在如图 5.54 所示的下拉列表中选择所需设置。若选择 Default（默认）选项，则采用原理图运行环境中设置的颜色。

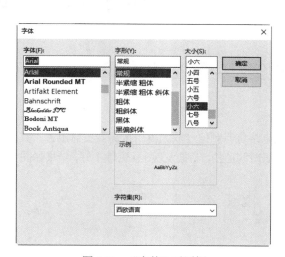

图 5.53　"字体"对话框

图 5.54　颜色设置列表

（6）Rotation：循环设置。在该选项组中有 4 个选项：0°、90°、180°和 270°，设置元件以什么方位显示，与元件进行旋转操作作用相同。

通过对元件的属性进行设置，一方面可以确定后面生成的网络报表的部分内容，另一方面也可以设置元件在图纸上的摆放效果。

5.5.3　外观设置

编辑元件外观主要是修改元件符号形状，在原理图绘制过程中，若所需元件在元件库中查不到，重新创建新元件的过程太过烦琐，可以在元件库中查找与所需元件相似的元件，并对其进行编辑，以达到代替所需元件的目的。

编辑元件外观的具体操作步骤如下：

选中图 5.55 中的元件，选择菜单栏中的 Edit（编辑）→Part（元件）命令或右击选择 Edit Part（编辑元件）命令，弹出如图 5.56 所示的元件编辑窗口，在该窗口中可利用 Draw Electrical 和 Draw Graphical 工具栏中的图形绘制命令进行外形编辑。

图 5.55　选择元件

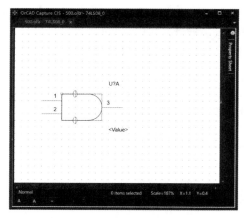

图 5.56　元件编辑窗口

5.6　操作实例——监控器电路

扫一扫，看视频

源文件： yuanwenjian\5\Bug.opj

本实例要设计的是无线电监控器电路，此电路将音频信号放大再用振荡器发射出去。其优点是没有加密，只需用调频收音机就能接收；缺点是不宜长时间监控，易被发现，保密性不好，结果如图 5.57 所示。

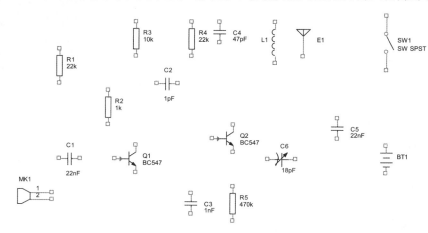

图 5.57　监控器电路

【操作步骤】

1. 建立工作环境

在 Cadence 17.4 主界面中，选择菜单栏中的 File（文件）→New（新建）→Project（工程）命令或单击 Capture 工具栏中的 Create document（新建文件）按钮■，弹出如图 5.58 所示的 New Project（新建工程）对话框，创建工程文件 Bug.dsn。在该工程文件夹下，默认创建图纸文件 SCHEMATIC1，在该图纸子目录下自动创建原理图页 PAGE1。

2．设置图纸参数

（1）选择菜单栏中的 Options（选项）→Design Template（设计向导）命令，弹出 Design Template（设计向导）对话框，如图 5.59 所示，在此对话框中对图纸参数进行设置。

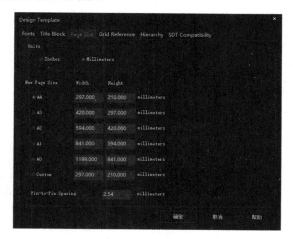

图 5.58　New Project（新建工程）对话框　　　　图 5.59　Design Template（设计向导）对话框

（2）打开 Page Size（页面设置）选项卡，在 Units（单位）选项组中选择单位为 Millimeters（公制），页面大小选择 A4。

（3）打开 Grid Reference（参考网格）选项卡，保持默认设置，如图 5.60 所示。在设置图纸网格尺寸时，一般来说，捕捉网格尺寸和可视网格尺寸一样大，也可以设置捕捉网格的尺寸为可视网格尺寸的整数倍。电气网格的尺寸应该略小于捕捉网格的尺寸，因为只有这样才能准确地捕捉电气节点。

（4）打开 Title Block（标题块）选项卡，在该选项卡中可以设置当前文件名、工程设计负责人、图纸校对者、图纸设计者、公司名称、图纸绘制者、设计图纸版本号和电路原理图编号等选项，如图 5.61 所示。

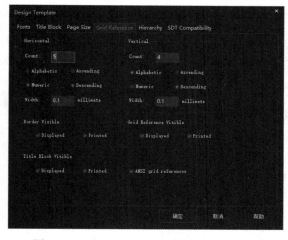

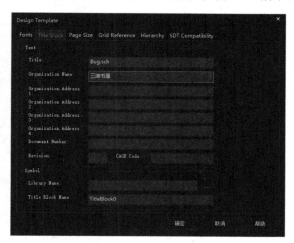

图 5.60　Grid Reference（参考网格）选项卡　　　　图 5.61　Title Block（标题块）选项卡

（5）单击"确定"按钮，完成图纸属性设置。

3. 加载元件库

（1）在项目管理器窗口下，选中 Library 文件夹并右击，在弹出的快捷菜单中选择 Add File（添加文件）命令，弹出如图 5.62 所示的 Add File to Project Folder-Library（添加文件到项目文件夹-库）对话框，选择库文件路径×:\Cadence\Cadence_ SPB_17.4-2019\tools\capture\library，加载所需库文件。

（2）单击"打开"按钮，将选中的库文件加载到项目管理器窗口中的 Library 文件夹下，如图 5.63 所示。

图 5.62　选择元件库路径

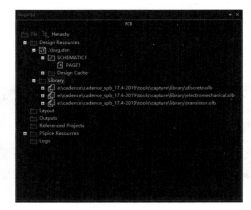

图 5.63　需要的元件库

4. 放置元件

单击 Draw Electrical 工具栏中的 Place part（放置元件）按钮 ，打开 Place Part（放置元件）面板，在该面板中选择要添加的元件。

（1）放置电阻元件。在 Place Part（放置元件）面板中选择 DISCRETE.olb（分立式元件库），在元件过滤列表框中输入 R2，在元件预览窗口中显示符合条件的元件 R2，如图 5.64 所示，将元件放置到图纸空白处。

（2）放置无极性电容元件。在 Place Part（放置元件）面板中选择 DISCRETE.olb（分立式元件库），在元件过滤列表框中输入 CAP NP，在元件预览窗口中显示符合条件的元件，如图 5.65 所示，将元件放置到图纸空白处。

（3）放置可调电容元件。在 Place Part（放置元件）面板中选择 DISCRETE.olb（分立式元件库），在元件过滤列表框中输入 CAPACITOR VAR，在元件预览窗口中显示符合条件的元件，如图 5.66 所示，将元件放置到图纸空白处。

（4）放置电源元件。在 Place Part（放置元件）面板中选择 DISCRETE.olb（分立式元件库），在元件过滤列表框中输入 BATTERY，在元件预览窗口中显示符合条件的元件，如图 5.67 所示，将元件放置到图纸空白处。

（5）放置话筒元件。在 Place Part（放置元件）面板中选择 ELECTROMECHANICAL.olb（电机类元件库），在元件过滤列表框中输入 MICROPHONE，在元件预览窗口中显示符合条件的元件，如图 5.68 所示，将元件放置到图纸空白处。

（6）放置天线元件。在 Place Part（放置元件）面板中选择 DISCRETE.olb（分立式元件库），在元件过滤列表框中输入 ANTENNA，在元件预览窗口中显示符合条件的元件，如图 5.69 所示，将元件放置到图纸空白处。

图 5.64　选择电阻元件

图 5.65　选择无极性电容元件

图 5.66　选择可调电容元件

图 5.67　选择电源元件

图 5.68　选择话筒元件

图 5.69　选择天线元件

（7）放置开关元件。在 Place Part（放置元件）面板中选择 DISCRETE.olb（分立式元件库），在元件过滤列表框中输入 SW SPST，在元件预览窗口中显示符合条件的元件，如图 5.70 所示，将元件放置到图纸空白处。

（8）放置电感元件。在 Place Part（放置元件）面板中选择 DISCRETE.olb（分立式元件库），在元件过滤列表框中输入 INDUCTOR，在元件预览窗口中显示符合条件的元件，如图 5.71 所示，将元件放置到图纸空白处。

（9）放置三极管元件。在 Place Part（放置元件）面板中选择 TRANSISTOR.olb（晶体管元件库），在元件过滤列表框中输入 bc547，在元件预览窗口中显示符合条件的元件，如图 5.72 所示，将元件放置到图纸空白处。

图 5.70　选择开关元件

图 5.71　选择电感元件

图 5.72　选择三极管元件

至此，完成上述元件的放置，如图 5.73 所示。

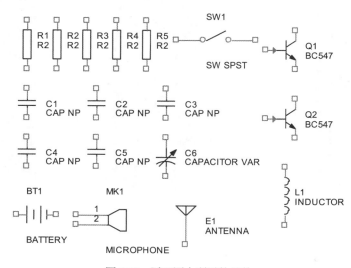

图 5.73　原理图中所需的元件

5．元件布局

选中元件，单击并按住鼠标左键拖动元件，将元件放置在对应的位置，同时对元件属性进行设置，结果如图 5.74 所示。

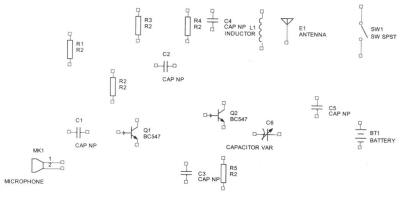

图 5.74　完成元件布局

6．编辑元件属性

在图纸上放置完元件后，要对每个元件的属性进行编辑，包括元件标识符、序号、型号等。

（1）修改元件值。双击电阻元件的元件值（如 R1、R2、R3 等），弹出 Display Properties（显示属性）对话框，在 Value（值）文本框中修改元件值为 22k，如图 5.75 所示。单击 OK 按钮，关闭对话框，完成修改。

📢 提示：

> 电阻 R 的单位为 Ω，由于在网络表过程中不识别该字符，因此原理图在创建过程中不标注该符号。同时，电容 C 的单位中有 μ，该符号同样不识别，若需要用到，则输入 u 替代。

（2）设置元件值显示。双击天线元件 E1 的元件值 ANTENNA，弹出 Display Properties（显示属性）对话框，选中 Do Not Display（不显示）单选按钮，如图 5.76 所示。单击 OK 按钮，关闭对话框，在图纸上不显示该元件值。

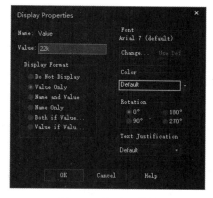

图 5.75　修改元件值

图 5.76　设置元件值

（3）使用同样的方法设置原理图中其余元件，设置好元件属性的电路原理图见图 5.57。

第 6 章 电 气 连 接

内容简介

完成元件的放置后，按照电路设计流程，需要将各个元件连接起来，以建立并实现电路的实际连通性。

内容要点

- ↘ 原理图连接工具
- ↘ 元件的电气连接
- ↘ 操作实例——抽水机电路

案例效果

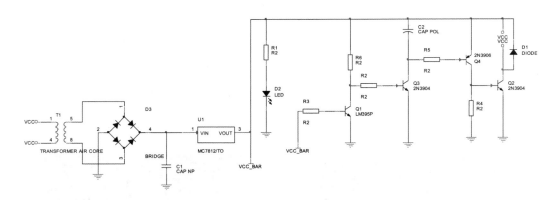

6.1 原理图连接工具

Cadence 提供了 3 种对原理图进行电气连接的操作方法。

1．使用菜单命令

图 6.1 所示为 Place（放置）菜单中的原理图连接工具部分。在该菜单中，提供了放置元件的命令，也包括对 Bus（总线）、Bus Entry（总线分支）、Wire（导线）和 Net Alias（网络名）等连接工具的放置命令。

2．使用 Draw 工具栏

在 Place（放置）菜单中，各项命令分别与 Draw Electrical 和 Draw Graphical 工具栏中的按钮一一对应，直接单击该工具栏中的相应按钮，即可完成相同的功能操作，如图 6.2 所示。

图 6.1　Place（放置）菜单

图 6.2　Draw Electrical 和 Draw Graphical 工具栏

3．使用快捷键

上述各项命令都有相应的快捷键，在图 6.1 中显示了命令与快捷键的对应关系。例如，设置网络名的快捷键是 N，绘制总线入口的快捷键是 E 等。使用快捷键可以大大提高操作速度。

6.2　元件的电气连接

原理图的电气连接根据线的种类不同分为导线连接和总线连接。另外，还有一些如网络名、不连接符号等操作也可以达到电气连接的作用。

6.2.1　导线的绘制

元件之间电气连接的主要方式是通过导线来连接。导线是电气连接中最基本的组成单位，它具有电气连接的意义。

【执行方式】

➢ 菜单栏：执行 Place（放置）→Wire（导线）命令。
➢ 工具栏：单击 Draw Electrical 工具栏中的 Place wire（放置导线）按钮 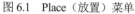。
➢ 快捷键：W 键。

【操作步骤】

（1）执行上述操作，这时光标变成十字形，即已激活导线操作，如图6.3所示。

（2）导线的直线模式。原理图元件的每个管脚上都有一个小方块，在小方块处进行电气连接。将光标移动到想要完成电气连接的元件的管脚小方块上，单击或按空格键来确定起点，如图6.4（a）所示，移动鼠标并单击拖动出一条直线，到放置导线的终点，如图6.4（b）所示，完成两个元件之间的电气连接。此时光标仍处于放置线的状态，导线两端显示实心小方块。重复上面操作可以继续放置其他的导线。按Esc键结束连线操作，如图6.4（c）所示。

图6.3　绘制导线时的光标

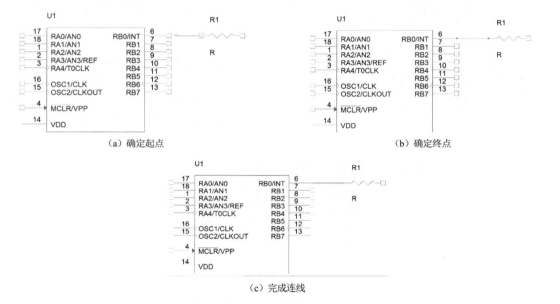

图6.4　导线的绘制

（3）导线的拐弯模式。如果要连接的两个管脚不在同一水平线或同一垂直线上，则在绘制导线的过程中需要单击或按空格键来确定导线的拐弯位置，如图6.5所示。导线绘制完毕，右击或按Esc键即可退出绘制导线操作。

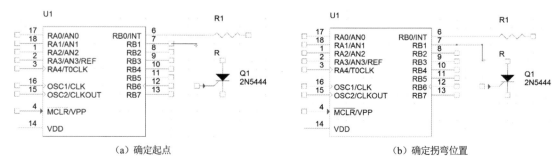

图6.5　导线的拐弯模式

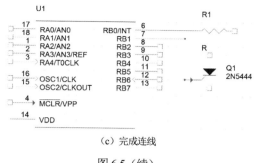

（c）完成连线

图 6.5（续）

（4）导线的交叉模式。在连线过程中，经常会出现交叉的情况。此时，在连线交叉处会出现两种情况（图 6.6）：一个有红点[①]，一个没有。

没有红点表示没有电气连接，有红点提示表示有电气连接，与后面的添加电气节点相同。

（5）导线的重复模式。在连接线路的过程中，确定起点，向外绘制一段导线后，按 F4 键，可重复上述操作，如图 6.7 所示。

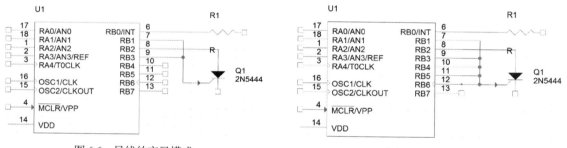

图 6.6　导线的交叉模式　　　　　　　　　　　图 6.7　重复操作

（6）导线的斜线模式。有时，为了增强原理图的可观性，需要把导线绘制成斜线。具体方法如下：

在连接线路的过程中，按住 Shift 键并单击，确定起点后，向外绘制的导线为斜线，单击或按空格键确定第一段导线的终点，在继续绘制第二段导线的过程中，松开 Shift 键，绘制水平或垂直的导线，继续按住 Shift 键，则可以继续绘制斜线，如图 6.8 所示。

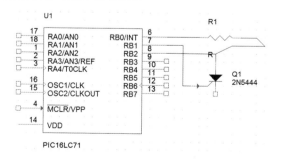

图 6.8　绘制斜线

① 编者注：因本书采用单色印刷，故书中看不出颜色信息，读者在实际操作时可仔细观察和了解，全书余同。

轻松动手学——绘制监控器电路导线

源文件：yuanwenjian\6\Bug.opj

【操作步骤】

（1）打开下载资源包中的 yuanwenjian\6\Bug.opj 文件。

（2）选择菜单栏中的 Place（放置）→Wire（导线）命令或单击 Draw Electrical 工具栏中的 Place wire（放置导线）按钮 ，在原理图上布线，如图 6.9 所示。

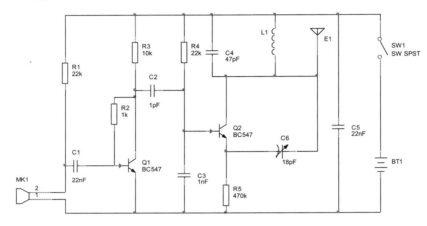

图 6.9　完成原理图布线

动手练一练——连接 Power 原理图中的元件

连接如图 6.10 所示的 Power 原理图中的元件。

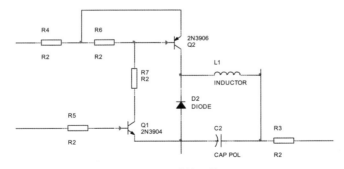

图 6.10　连接元件

📋 **思路点拨：**

源文件：yuanwenjian\6\Power Switch.opj

（1）打开 yuanwenjian\6\Power Switch.opj

（2）进入 Power 原理图编辑环境。

（3）连接元件。

6.2.2　总线的绘制

总线是一组具有相同性质的并行信号线的组合，如数据总线、地址总线、控制总线等。在进行大规模的原理图设计时，尤其是数字电路的设计，如果只用导线来完成各元件之间的电气连接，则整个原理图的连线就会显得细碎而烦琐，而总线的运用则可以大大简化原理图的连线操作，可以使原理图更加整洁、美观。

在规模较大的原理图中，总线可以使电路布局更加清晰，总线与导线相比，颜色深、线型粗。原理图编辑环境下的总线没有任何实质的电气连接意义，仅仅是为了绘图和读图的方便而采取的一种简化连线的表现形式。

【执行方式】

➢ 菜单栏：执行 Place（放置）→Bus（总线）命令。

➢ 工具栏：单击 Draw Electrical 工具栏中的 Place bus（放置总线）按钮 。

➢ 快捷键：B 键。

【操作步骤】

执行上述操作，这时光标变成十字形，即已激活总线操作。总线的绘制与导线的绘制基本相同，将光标移动到想要放置总线的起点位置，单击确定总线的起点。然后拖动鼠标，单击确定多个固定点转向，最终双击结束，如图 6.11 所示。总线的绘制不必与元件的管脚相连，它只是为了方便接下来对总线分支线的绘制而设定的。

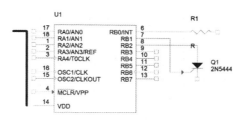

图 6.11　绘制总线

【选项说明】

完成绘制后，双击总线可以打开 Net Properties（总线属性）对话框，如图 6.12 所示。单击 User Propert... 按钮，弹出 User Properties（用户属性）对话框，在该对话框中显示了总线的两个属性：ID 和 Net Name，如图 6.13 所示。

图 6.12　Net Properties（总线属性）对话框

图 6.13　User Properties（用户属性）对话框

（1）单击 New（新建）按钮，将弹出 New Property（新属性）对话框，在该对话框中可以输入新属性的 Name（名称）与 Value（值），如图 6.14 所示。

（2）单击 Remove（移除）按钮，可以直接将新建的属性从该对话框中删除，该命令只适用于用户新建的属性，总线自带的两个命令无法删除。

（3）单击 Display（显示）按钮，将弹出 Display Properties（显示属性）对话框，在该对话框中可以设置属性的 Name（名称）与 Value（值）的可见性，如图 6.15 所示。

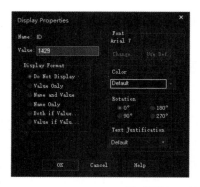

图 6.14　New Property（新属性）对话框　　　图 6.15　Display Properties（显示属性）对话框

总线的重复模式与斜线模式同样适用于总线，方法相同，这里不再赘述。

总线不能与导线、元件等组件直接进行连接，需要加入总线分支线进行过渡，6.2.3 小节将讲解总线分支线的具体绘制方法。

6.2.3　总线分支线的绘制

总线分支线是单一导线与总线的连接线。使用总线分支线把总线和具有电气特性的导线连接起来，可以使电路原理图更为美观、清晰且具有专业水准。与总线一样，总线分支线也不具有任何电气连接的意义，而且它的存在并不是必需的，即便不通过总线分支线，直接将导线与总线进行连接也是正确的。

【执行方式】

➢ 菜单栏：执行 Place（放置）→Bus Entry（总线分支）命令。

➢ 工具栏：单击 Draw Electrical 工具栏中的 Place bus entry（放置总线分支）按钮 ⧉。

➢ 快捷键：E 键。

【操作步骤】

（1）执行上述操作，这时光标上带有浮动的总线分支符号。

（2）在导线或元件管脚与总线之间单击，即可放置一段总线分支线，如图 6.16 所示。由此可以看出元件管脚无法直接与总线分支线连接，需要经过导线连接后才可以实现真正意义上的电气连接。

（3）总线分支线的长度是固定的，与总线、导线并不一样，不能随鼠标的移动而拉长。

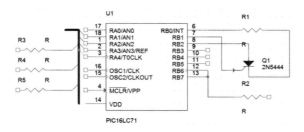

图 6.16　绘制总线分支线

6.2.4　自动连线

导线是电路原理图中最重要也是用得最多的图元，重复使用单点连接的模式会耗费大量时间，相较于其他电路软件，Cadence 提供了自动连线的功能，半自动地进行导线连接，既确保了原理图连线的正确性，又大大节省了连线时间。

1. 两点连接

【执行方式】

➢ 菜单栏：执行 Place（放置）→Auto Wire（自动连线）→Two Points（两点）命令。

➢ 工具栏：单击 Draw Electrical 工具栏中的 Auto Connect two points（两点自动布线）按钮 ![icon]。

【操作步骤】

执行上述操作，光标变为十字形，如图 6.17（a）所示，在元件管脚的小方块上单击，向外拖动，选择第二个连线点，如图 6.17（b）所示，单击管脚上的小方块，完成两点连接，如图 6.17（c）所示。

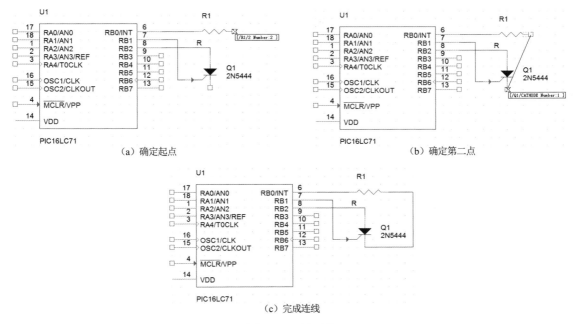

（a）确定起点　　　　　　　　　　　　（b）确定第二点

（c）完成连线

图 6.17　两点连接

2. 多点连接

【执行方式】

➢ 菜单栏：执行 Place（放置）→Auto Wire（自动连线）→Multiple Points（多点）命令。

➢ 工具栏：单击 Draw Electrical 工具栏中的 Auto Connect multi points（多点自动布线）按钮 ▦。

【操作步骤】

执行上述操作，光标变为十字形，依次选择需要连接的多个管脚，如图 6.18 所示，完成所有管脚选择后，右击，弹出如图 6.19 所示的快捷菜单，选择 Connect（连接）命令，完成所选管脚的连接，如图 6.20 所示。

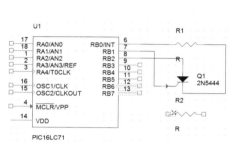

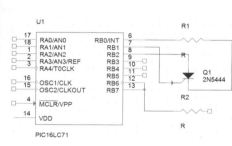

图 6.18　选择多个点　　　　　　图 6.19　快捷菜单　　　　　　图 6.20　多点连接

3. 连接到总线

【执行方式】

➢ 菜单栏：执行 Place（放置）→Auto Wire（自动连线）→Connect to Bus（连接到总线）命令。

➢ 工具栏：单击 Draw Electrical 工具栏中的 Auto Connect to Bus（自动连接到总线）按钮 ▦。

【操作步骤】

（1）执行上述操作，光标变为十字形，依次选择需要连接的单个或多个管脚，如图 6.21 所示，完成管脚选择后，右击，弹出如图 6.22 所示的快捷菜单，选择 Connect to Bus（总线连接）命令，在图纸中选择所要连接的总线，如图 6.23 所示，自动连接所选管脚与总线，并自动在两者中添加必要的导线与总线分支线，如图 6.24 所示。

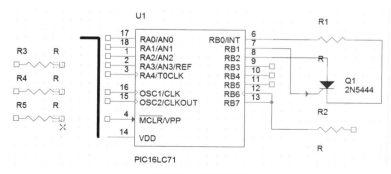

图 6.21　选择管脚

图 6.22　快捷菜单

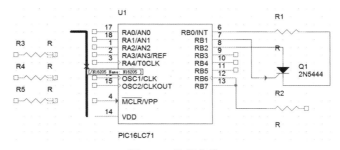

图 6.23　选择总线

（2）自动连线的同时会弹出 Enter Net Names（输入网络名称）对话框，如图 6.25 所示，在 Pins Selected（管脚选择）文本框中显示与选择的总线连接的管脚数 3，在下面的文本框中输入网络名称，单击 OK 按钮，完成命名。至此，完成连线操作。

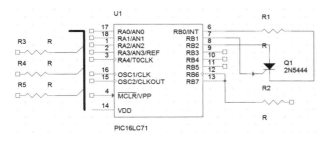

图 6.24　自动连接到总线

图 6.25　Enter Net Names（输入网络名称）对话框

🔊 提示：

在无命令状态下，按住 Ctrl 键，依次在管脚的小方块上单击，选中两个或多个管脚，右击，弹出如图 6.26 所示的快捷菜单，可以直接选择 Connect（连接）或 Connect to Bus（总线连接）命令，可以直接代替上面操作执行自动连线操作，此方法步骤简单，实用性强，读者可以多加练习，熟练掌握此绘图技巧。

图 6.26　快捷菜单

6.2.5　放置电气节点

在 Cadence 中，默认情况下系统会在导线的 T 形交叉点处自动放置电气节点，表示所绘制线路在电气意义上是连接的。但在其他情况下，如十字交叉点处，由于系统无法判断导线是否连接，因此不会自动放置电气节点。如果导线确实是相互连接的，就需要用户自己手动放置电气节点。

【执行方式】

➢ 菜单栏：执行 Place（放置）→Junction（节点）命令。

➢ 工具栏：单击 Draw Electrical 工具栏中的 Place junction（放置节点）按钮 ✛。

➢ 快捷键：J 键。

【操作步骤】

（1）执行上述操作，这时光标带有一个电气节点符号。

（2）将光标移动到需要放置电气节点的地方，单击即可完成放置，如图 6.27 中的 B 点所示。此时光标仍处于放置电气节点的状态，重复操作即可放置其他的节点。

（3）图 6.27 中的 A 点为连线过程中默认添加的电气节点，表示电路相通。

图 6.27　放置电气节点

6.2.6　放置电源符号

电源符号是电路原理图中必不可少的组成部分。在 Cadence 17.4 中提供了多种电源符号供用户选择，每种电源符号都有一个相应的网络标签作为标识。

【执行方式】

➢ 菜单栏：执行 Place（放置）→Power（电源）命令。

➢ 工具栏：单击 Draw Electrical 工具栏中的 Place power（放置电源）按钮 ▼。

➢ 快捷键：F 键。

【操作步骤】

执行上述操作，弹出如图 6.28 所示的 Place Power（放置电源）对话框，在该对话框中选择不同类型的电源符号。

图 6.28　Place Power（放置电源）对话框

【选项说明】

在 Capture 元件库中有两类电源符号，一类是 CAPSYM 库中提供的 4 种电源符号，这 4 种电源符号没有电压值，仅是一种符号的代表，但具有全局相连的特点，也就是说，在电路中具有相同电位的电源符号在电学上被视为是相连的；另一类是通过设置可以有一定的电源值，给电路提供激励电源的电源符号，这类电源是由 SOURCE 库提供的，如图 6.29 和图 6.30 所示，它们是不同的电源符号。

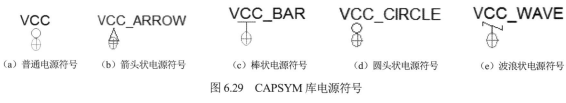

（a）普通电源符号　　（b）箭头状电源符号　　（c）棒状电源符号　　（d）圆头状电源符号　　（e）波浪状电源符号

图 6.29　CAPSYM 库电源符号

（a）高电平电源符号　　　　（b）低电平电源符号

图 6.30　SOURCE 库电源符号

（1）在 Libraries（库）列表框中显示已加载的元件库，在 Symbol（符号）列表框中显示所选元件库中包含的电源符号，在 Name（名称）文本框中编辑电源符号名称，在右侧显示电源符号缩略图。

（2）单击 Add Library 按钮，弹出如图 6.31 所示的 Browse File（文件搜索）对话框，选择要添加的库文件。

（3）单击 Remove Library 按钮，可以删除 Libraries（库）列表框中加载的元件库。

（4）单击 OK 按钮，关闭对话框，在光标上显示浮动的电源符号，如图 6.32 所示。移动光标到需要放置电源符号的地方，单击即可完成放置，如图 6.33 所示。此时光标仍处于放置电源符号的状态，重复操作即可放置其他的电源符号。

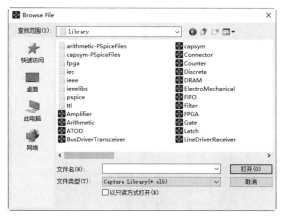

图 6.31　Browse File（文件搜索）对话框

图 6.32　显示浮动的电源符号

图 6.33　放置电源符号

管脚与管脚之间直接连在一起，则电气上存在连接关系；电源符号和接地符号与管脚直接相连，也形成了电气上的连接关系。但是应尽量避免这样做，因为如果这样做，在进行 Back annotation（反向标注）操作时会出现问题。

动手练一练——放置 Power 原理图中的电源符号

放置如图 6.34 所示的 Power 原理图中的电源符号。

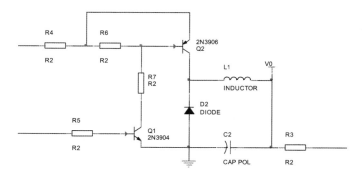

图 6.34　放置电源符号

思路点拨：

源文件：yuanwenjian\6\Power Switch.opj

（1）进入 Power 原理图编辑环境。

（2）放置电源符号。

6.2.7　放置接地符号

根据接地符号接地的不同，可分为模拟地、数字地和大地等，并且接地符号同样具有全局相连的特点，CAPSYM 库中的接地符号如图 6.35 所示。

（a）地符号　　　　（b）大地符号　　　　（c）信号地符号　　　　（d）电源地符号　　　　（e）信号符号

图 6.35　接地符号

【执行方式】

➢ 菜单栏：执行 Place（放置）→Ground（接地）命令。

➢ 工具栏：单击 Draw Electrical 工具栏中的 Place ground（放置接地）按钮 ▦。

➢ 快捷键：G 键。

【操作步骤】

（1）执行上述操作，弹出如图 6.36 所示的 Place Ground（放置接地）对话框，在该对话框中显示上面介绍的接地符号。

（2）单击 OK 按钮，关闭对话框，此时在光标上显示浮动的接地符号，移动光标到需要放置接地符号的地方，单击即可完成放置，如图 6.37 所示。此时光标仍处于放置接地符号的状态，重复操作即可放置其他的接地符号。

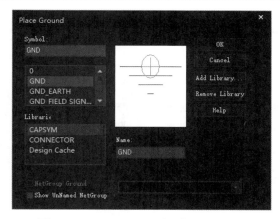

图 6.36　Place Ground（放置接地）对话框

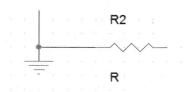

图 6.37　放置接地符号

6.2.8　放置网络标签

在原理图绘制过程中，元件之间的电气连接除了使用导线外，还可以通过设置网络标签的方法来实现。

网络标签具有实际的电气连接意义，具有相同网络标签的导线或元件管脚不论在图上是否连接，它们在电气关系上都被视为是连接的。特别是当连接的线路比较远，或者线路过于复杂，而使走线比较困难时，使用网络标签代替实际走线可以大大简化原理图。对总线进行网络标签没有实际意义，只能用于辅助读图。

【执行方式】

➤ 菜单栏：执行 Place（放置）→Net Alias（网络名）命令。

➤ 工具栏：单击 Draw Electrical 工具栏中的 Place net alias（放置网络名）按钮 ⬛。

➤ 快捷键：N 键。

【操作步骤】

（1）执行上述操作，弹出 Place Net Alias（放置网络名）对话框，如图 6.38 所示。

（2）在该对话框中可以对网络标签的别名、颜色、字体、旋转角度等属性进行设置。

1）在 Alias（别名）文本框中输入网络名称。

2）在 Color（颜色）下拉列表中选择网络标签名称显示的颜色。

3）单击 Font（字体）选择项组中的 Change（更改）按钮，弹出"字体"对话框，如图 6.39 所示，设置字体、字形和字号。

4）在 Rotation（旋转）选项组中显示了旋转的 4 个角度：0、90、180、270。

（3）属性编辑结束后单击 OK 按钮即可关闭该对话框。

（4）这时光标带有一个矩形框的图标，移动光标到需要放置网络标签的导线上，如图 6.40 所示，单击即可完成放置，如图 6.41 所示。此时光标仍处于放置网络标签的状态，重复操作即可放置其他的网络标签。右击，在弹出的快捷菜单中选择 End Mode（结束模式）命令或者按 Esc 键便可退出操作。

（5）网络标签命名规则。

1）对总线进行命名。对总线进行命名有以下 3 种形式：BUS[0..11]、BUS [0:11]和 BUS [0-11]，其中"["与数字、字母间不能有空格，如图 6.42 所示。

2）对与总线分支线连接的导线进行命名。若总线名称为 BUSNAME[0-11]，则导线名称必须为 BUSNAME0、BUSNAME1 等，如图 6.43 所示。

图 6.38　Place Net Alias（放置网络名）对话框

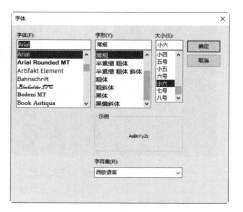

图 6.39　"字体"对话框

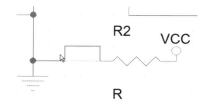

图 6.40　显示光标

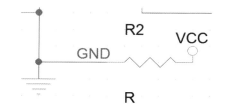

图 6.41　放置网络标签

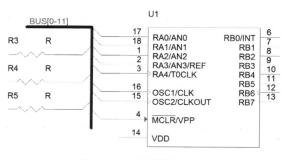

图 6.42　对总线进行命名

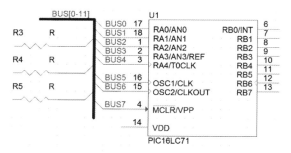

图 6.43　对导线进行命名

由于总线与总线分支线相连接的线一般大量出现，因此在进行命名的过程中，按住 Ctrl 键，选中导线，依次在选中的导线上放置网络标签，名称依次递增。

✍ 技巧：

> 总线和导线分支线之间只能通过网络标签来实现电气连接。
>
> 若总线不经过总线分支线，直接与导线连接，虽然在连接处也显示连接点，但这种连接没有形成真正的电气连接，总线电气信号的传递必须经过总线分支线，同时总线跟与其相连的导线的名称必须符合命名规则（用网络标签实现）。

> 与导线连接相同，两段总线如果形成 T 形连接，则自动放置电气节点，形成电气连接；若两段线十字交叉，则默认不相交，没有电气连接，不自动添加电气节点，此时若想形成电气连接，则需要手动添加电气节点。

6.2.9 放置不连接符号

在电路设计过程中，系统进行 ERC（电气规则检查）时，有时会产生一些不希望出现的错误报告。例如，出于电路设计的需要，一些元件的个别输入管脚有可能被悬空，但在系统默认情况下，所有的输入管脚都必须进行连接，在这种情况下进行 ERC 时，系统会认为悬空的输入管脚使用错误，并在管脚处放置一个错误标记。

为了避免用户为检查这种错误而浪费时间，可以使用不连接符号，让系统忽略对此处的 ERC 测试，不再产生错误报告，又称忽略 ERC 测试点。

【执行方式】

➢ 菜单栏：执行 Place（放置）→No Connect（不连接）命令。
➢ 工具栏：单击 Draw Electrical 工具栏中的 Place no connect（放置不连接符号）按钮 。
➢ 快捷键：X 键。

【操作步骤】

（1）执行上述操作，这时光标上带有一个浮动的小叉（不连接符号）。

（2）移动光标到需要放置不连接符号的位置处，单击即可完成放置，如图 6.44 所示。此时光标仍处于放置不连接符号的状态，重复操作即可放置其他的不连接符号。右击，在弹出的快捷菜单中选择 End Mode（结束模式）命令或者按 Esc 键即可退出操作。

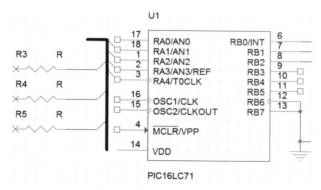

图 6.44　放置不连接符号

6.3　操作实例——抽水机电路

扫一扫，看视频

源文件：yuanwenjian\6\Water Pump.opj

本实例绘制的抽水机电路主要由 4 个晶体管组成。潜水泵的供电受继电器的控制，继电器的线圈中的电流是否形成，取决于晶体管 Q4 是否导通。本实例中将介绍创建原理图、设置图纸参数、放置元件、元件布局布线和放置电源符号等操作，如图 6.45 所示。

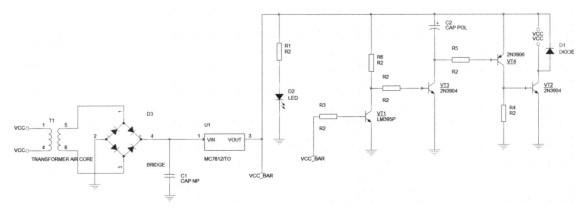

图 6.45   抽水机电路

【操作步骤】

1. 创建原理图

在 Cadence 17.4 主界面中，选择菜单栏中的 File（文件）→New（新建）→Project（工程）命令或单击 Capture 工具栏中的 Create document（新建文件）按钮 ，弹出如图 6.46 所示的 New Project（新建工程）对话框，创建工程文件 Water Pump.dsn。在该工程文件夹下，默认创建图纸文件 SCHEMATIC1，在该图纸子目录下自动创建原理图页 PAGE1，如图 6.47 所示。

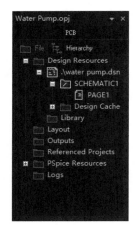

图 6.46   New Project（新建工程）对话框   图 6.47   项目管理器

2. 设置图纸参数

（1）选择菜单栏中的 Options（选项）→Design Template（设计向导）命令，弹出 Design Template（设计向导）对话框，如图 6.48 所示。

（2）在此对话框中对图纸参数进行设置。打开 Page Size（页面设置）选项卡，在 Units（单位）选项组中选择单位为 Millimeters（公制），页面大小选择 A4。

（3）单击"确定"按钮，完成图纸属性设置。

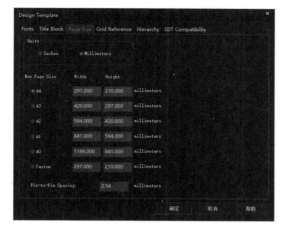

图 6.48　Design Template（设计向导）对话框

3. 加载元件库

（1）选择菜单栏中的 Place（放置）→Part（元件）命令或单击 Draw Electrical 工具栏中的 Place part（放置元件）按钮 ，打开 Place Part（放置元件）面板，在 Libraries（库）选项组的列表框中显示默认加载的元件库，如图 6.49 所示，然后在其中加载需要的元件库。

图 6.49　显示默认加载的元件库

（2）单击 Add Library（添加库）按钮 ，弹出如图 6.50 所示的 Browse File（搜索库）对话框，选中要加载的库文件 MiscLinear.olb，单击"打开"按钮，在 Place Part（放置元件）面板的 Libraries（库）选项组的列表框中显示加载的元件库，如图 6.51 所示。

图 6.50　加载需要的元件库

图 6.51　加载的元件库

4. 查找元件并加载库

因为不知道设计中所用到的 LM395P 芯片和 MC7812/TO 所在的库位置，因此，首先要查找这两个元件。

（1）单击 Place Part（放置元件）面板中的 Search for（查找）按钮 ，显示搜索操作，在 Search（搜索）文本框中输入"*LM395P*"，如图 6.52 所示。单击 Part Search（搜索路径）按钮 ，系统开始搜索，在 Libraries（库）列表框中显示符合搜索条件的元件名、所属库文件，如图 6.53 所示。

（2）选中需要的元件 LM395P，单击 Add 按钮，在系统中加载该元件所在的库文件 Transistor.olb（晶体管元件库），在 Libraries（库）列表框中显示已加载的元件库 Transistor.olb（晶体管元件库），在 Part（元件）列表框中显示该元件库中的元件，选中搜索的元件 LM395P，在浏览窗口中显示元件符号的预览，如图 6.54 所示。

图 6.52　设置搜索条件　　　　图 6.53　显示搜索结果　　　　图 6.54　加载库文件

（3）单击 Place Part（放置元件）按钮 或双击元件名称，将选择的芯片 LM395P 放置在原理图纸上，如图 6.55 所示。

（4）单击 Place Part（放置元件）面板中的 Search for（查找）按钮 ，显示搜索操作，在 Search（搜索）文本框中输入"*MC7812*"。单击 Part Search（搜索路径）按钮 ，系统开始搜索，在 Libraries（库）列表框中显示符合搜索条件的元件名、所属库文件，如图 6.56 所示。

（5）选中需要的元件 MC7812/TO，单击 Add 按钮，在系统中加载该元件所在的库文件 Regulator.olb，在 Libraries（库）列表框中显示已加载的元件库，在 Part（元件）列表框中显示该元件库中的元件，在浏览窗口中显示元件符号的预览。

（6）单击 Place Part（放置元件）按钮 或双击元件名称，将选择的芯片 MC7812/TO 放置在原理图纸上，如图 6.57 所示。

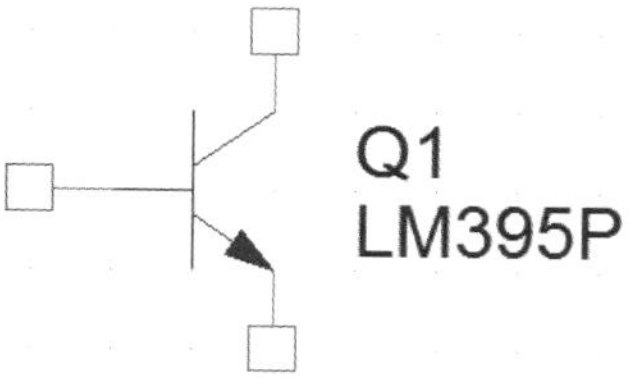

图 6.55　放置元件 LM395P

图 6.56　搜索元件

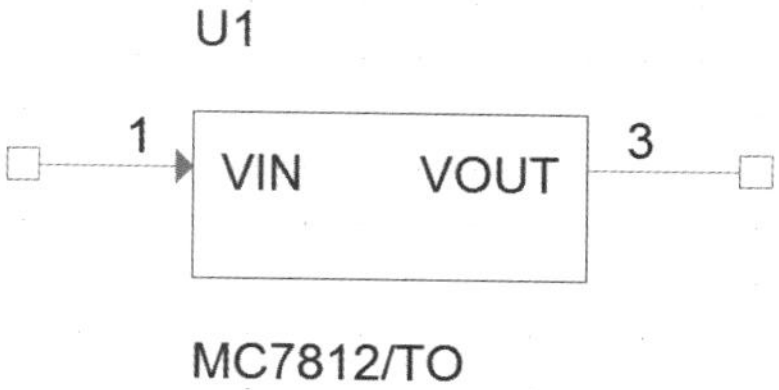

图 6.57　放置元件 MC7812/TO

5. 放置元件

（1）单击 Draw Electrical 工具栏中的 Place part（放置元件）按钮 ，打开 Place Part（放置元件）面板，选择 TRANSISTOR.olb（晶体管元件库），在 Part（元件）文本框中输入 2N3904，在 Part（元件）列表框中显示符合条件的元件，找到三极管元件 2N3904，如图 6.58 所示，选择三极管元件并放置在原理图中。

（2）打开 Place Part（放置元件）面板，选择 TRANSISTOR.olb（晶体管元件库），在 Part（元件）文本框中输入 2N3906，在 Part（元件）列表框中显示符合条件的元件，找到三极管元件 2N3906，如图 6.59 所示，选择元件并放置在原理图中。

图 6.58　选择元件 2N3904

图 6.59　选择元件 2N3906

（3）放置二极管元件。在 Place Part（放置元件）面板中选择 DISCRETE.olb（分立式元件库），在元件过滤列表框中输入 Diode，在元件预览窗口中显示符合条件的元件，如图 6.60 所示。在元件列表中选择 DIODE，将元件放置到图纸空白处。

（4）放置发光二极管元件。在 Place Part（放置元件）面板中选择 DISCRETE.olb（分立式元件库），在元件过滤列表框中输入 led，在元件预览窗口中显示符合条件的元件，如图 6.61 所示。在元件列表中选择 LED，将元件放置到图纸空白处。

（5）放置整流桥（二极管）元件。在 Place Part（放置元件）面板中选择 DISCRETE.olb（分立式元件库），在元件过滤列表框中输入 briDGE，在元件预览窗口中显示符合条件的元件，如图 6.62 所示。在元件列表中选择 BRIDGE，将元件放置到图纸空白处。

（6）放置变压器元件。在 Place Part（放置元件）面板中选择 DISCRETE.olb（分立式元件库），在元件过滤列表框中输入 TRANSFORMER AIR CORE，在元件预览窗口中显示符合条件的元件，如图 6.63 所示。在元件列表中选择 TRANSFORMER AIR CORE，单击■按钮，将元件放置到图纸空白处。

图 6.60　选择元件 DIODE

图 6.61　选择元件 LED

图 6.62　选择元件 BRIDGE

图 6.63　选择元件 TRANSFORMER AIR CORE

（7）放置电阻、电容。在 Place Part（放置元件）面板中选择 DISCRETE.olb（分立式元件库），在元件列表中分别选择如图 6.64～图 6.66 所示的电容和电阻进行放置。最终结果如图 6.67 所示。

图 6.64　选择元件 CAP NP

图 6.65　选择元件 CAP POL

图 6.66　选择元件 R2

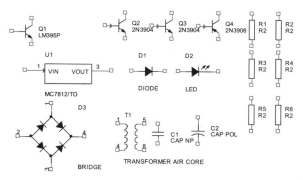

图 6.67　放置元件到原理图

6．元件布局

基于布线方便的考虑，主要元件被放置在电路图中间的位置，完成所有元件的布局，如图 6.68 所示。

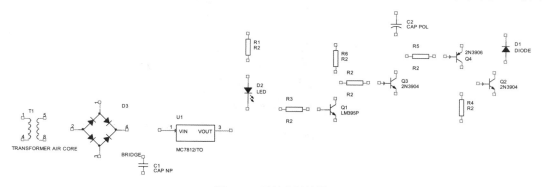

图 6.68　元件布局结果

7. 元件布线

选择菜单栏中的 Place（放置）→Wire（导线）命令或单击 Draw Electrical 工具栏中的 Place wire（放置导线）按钮█，移动光标到元件的一个管脚上，单击确定导线起点，然后拖动鼠标绘制导线，在需要拐角或者和元件管脚相连接的地方单击即可，完成导线布置后的原理图如图 6.69 所示。

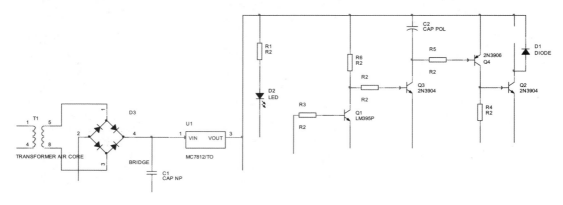

图 6.69　元件布线结果

📢 提示：

> 由于电源、接地符号不能直接与元件管脚相连，在布线过程中，可提前在需要放置电源、接地符号的管脚处绘制浮动的导线。

8. 放置电源符号和接地符号

（1）电源符号和接地符号是一个电路中必不可少的部分。选择菜单栏中的 Place（放置）→Ground（接地）命令或单击 Draw Electrical 工具栏中的 Place ground（放置接地）按钮█，选择接地符号，弹出 Place Ground（放置接地）对话框，如图 6.70 所示，向原理图中放置接地符号，结果如图 6.71 所示。

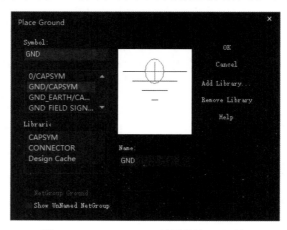

图 6.70　Place Ground（放置接地）对话框

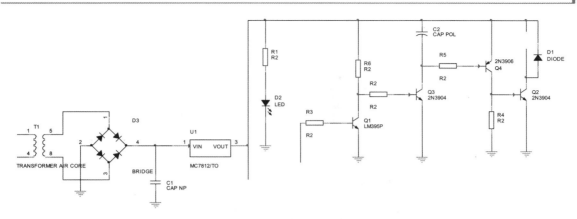

图 6.71 完成接地符号放置的原理图

（2）选择菜单栏中的 Place（放置）→Power（电源）命令或单击 Draw Electrical 工具栏中的 Place power（放置电源）按钮 ，在弹出的对话框中选择电源符号 VCC_BAR/CAPSYM，如图 6.72 所示。

图 6.72 选择电源符号（1）

（3）单击 OK 按钮，关闭对话框，移动光标到目标位置并单击，即可将电源符号放置在原理图中，结果如图 6.73 所示。

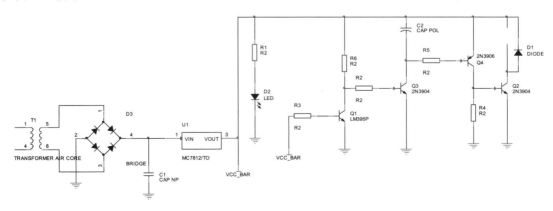

图 6.73 放置电源符号

（4）选择菜单栏中的 Place（放置）→Power（电源）命令或单击 Draw Electrical 工具栏中的 Place power（放置电源）按钮 ，在弹出的对话框中选择电源符号 VCC/CAPSYM，如图 6.74 所示。

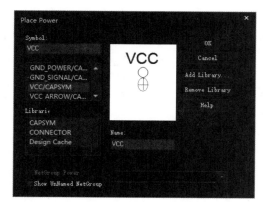

图 6.74　选择电源符号（2）

（5）单击 OK 按钮，关闭对话框，移动光标到目标位置并单击，即可将电源符号放置在原理图中。放置完成电源符号和接地符号的原理图见图 6.45，原理图中晶体管符号的名称为 VT。

第 7 章　原理图的绘制

内容简介

本章详细介绍关于原理图设计的绘图操作，具体包括原理图设计中必不可少的绘图工具的使用和库元件的绘制。

内容要点

❧ 绘图工具
❧ 标题栏的设置
❧ 原理图库
❧ 操作实例 —— 串行显示驱动器 PS7219 及单片机的 SPI 接口

案例效果

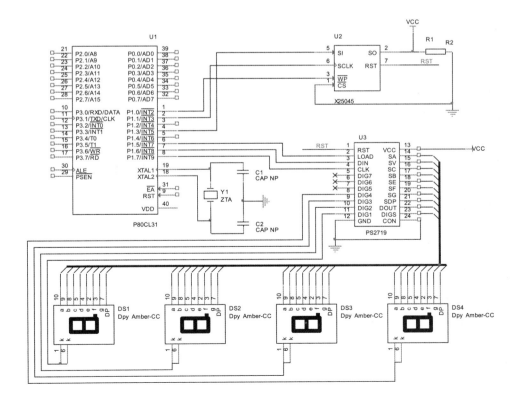

7.1 绘图工具

Place（放置）菜单栏与 Draw Graphical 工具栏中的命令和工具用于在原理图中绘制标注信息，可以使电路原理图更清晰、数据更完整、可读性更强。该图形工具中的图元均不具有电气连接特性，所以系统在做 ERC（电气规则检查）及转换成网络表时，它们不会产生任何影响，也不会附加在网络表数据中。

绘图工具主要用于在原理图中绘制标注信息以及图形，也可以在原理图库中应用绘制工具。

（1）选择菜单栏中的 Place（放置）命令，将弹出如图 7.1 所示的绘图工具菜单，选择菜单中不同的命令，就可以绘制各种图形。

（2）选择菜单栏中的 View（视图）→Toolbar（工具栏）下的 Draw Graphical 命令，打开 Draw Graphical 工具栏，如图 7.2 所示。工具栏中的各项与绘图工具菜单中的命令具有对应关系。

图 7.1　绘图工具菜单

图 7.2　绘图工具栏

1）![图标]：绘制直线。

2）![图标]：绘制多段线。

3）![图标]：绘制矩形。

4）![图标]：绘制椭圆或圆。

5）![图标]：绘制圆弧。

6）![图标]：绘制椭圆弧。

7）![图标]：绘制贝塞尔曲线。

8）![图标]：在原理图中添加文字说明。

7.1.1 绘制直线

在电路原理图中，绘制的直线在功能上完全不同于前面所讲的导线，它不具有电气连接特性，所以不会影响电路的电气结构。

【执行方式】

➢ 菜单栏：执行 Place（放置）→Line（线）命令。

➢ 工具栏：单击 Draw Graphical 工具栏中的 Place line（放置线）按钮 ![图标]。

➢ 快捷键：Shift+L。

【操作步骤】

（1）启动绘制直线命令后，光标变成十字形，系统处于绘制直线状态。在指定位置单击确定直线的起

点，移动光标形成一条直线，在适当的位置再次单击或按空格键确
定直线的终点。

（2）绘制完第一条直线后，此时系统仍处于绘制直线状态，将
光标移动到新的直线的起点，按照上面的方法继续绘制其他直线，
如图 7.3 所示。

（3）右击，在弹出的快捷菜单中选择 End Mode（结束模式）命
令或者按 Esc 键即可退出绘制操作。

图 7.3 绘制直线

【选项说明】

绘制完成直线后，双击需要设置属性的直线，弹出 Edit Graphic（编辑图形）对话框，如图 7.4 所示。
各项设置如下。

➤ Line Style：设置直线外形。单击后面的下三角按钮，可以看到有 5 个选项，如图 7.5 所示。

➤ Line Width：设置直线的宽度，有 3 个选项，如图 7.6 所示。

➤ Color：设置直线的颜色。

图 7.4 Edit Graphic（编辑图形）对话框

图 7.5 外形设置

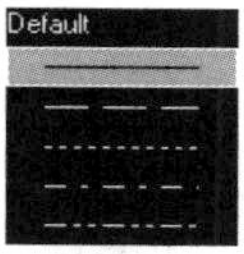

图 7.6 宽度设置

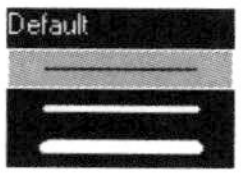

7.1.2 绘制多段线

由于绘制的直线是一段一段的，是不连续的，因此需要利用多段线命令绘制连续的线。同时，由线段
组成的多边形也可以利用多段线命令进行绘制。

【执行方式】

➤ 菜单栏：执行 Place（放置）→Polyline（多段线）命令。

➤ 工具栏：单击 Draw Graphical 工具栏中的 Place polyline（放置多段线）按钮 。

➤ 快捷键：Y 键。

【操作步骤】

（1）启动绘制多段线命令后，光标变成十字形。单击确定多边形的起点，移动鼠标向外拉出一条直线
至多边形的第 2 个顶点，如图 7.7 所示，单击确定第 2 个顶点。

（2）若在绘制过程中需要转折，在转折处单击或按空格键确定直线转折的位置，每转折一次都要单
击一次。转折时，可以通过按 Shift 键来切换成斜线模式。

（3）移动光标至多边形的第 3 个顶点，单击确定第 3 个顶点。此时，出现一个三角形，如图 7.8 所示。

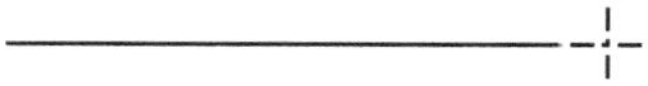

图 7.7 确定多边形的一边

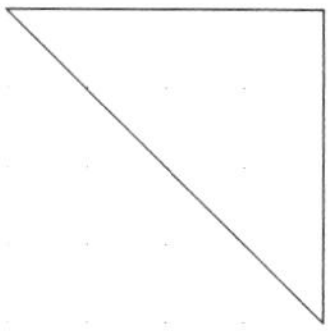

图 7.8 确定多边形的第 3 个顶点

（4）继续移动光标，确定多边形的下一个顶点，可以确定多边形的第4～6个顶点，绘制出各种形状的多边形，如图7.9所示。

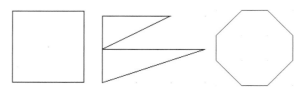

图7.9　多边形样例

（5）右击，在弹出的快捷菜单中选择 End Mode（结束模式）命令或者按 Esc 键便可退出操作。

【选项说明】

绘制完成后，双击需要设置属性的多边形，弹出 Edit Filled Graphic（编辑填充图形）对话框，如图7.10所示。

Fill：用来设置多边形内部填充样式。在如图7.11所示的下拉列表中选择填充样式，填充结果如图7.12所示，其余选项已讲解过，这里不再赘述。

图7.10　Edit Filled Graphic（编辑填充图形）对话框

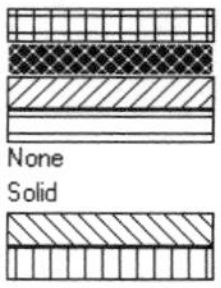

图7.11　填充样式

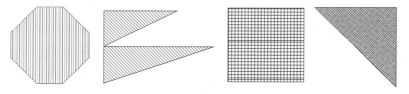

图7.12　多边形填充结果

利用多段线命令还可以绘制如图7.13所示的不闭合图形，双击该图形，弹出如图7.14所示的 Edit Graphic（编辑图形）对话框，该对话框与直线命令的属性设置对话框相同，这里不再赘述。

图7.13　不闭合图形

图7.14　Edit Graphic（编辑图形）对话框

7.1.3　绘制矩形

利用多段线命令绘制矩形需要多个步骤，直接利用矩形命令一步即可绘制完成。

【执行方式】

➢ 菜单栏：执行 Place（放置）→Rectangle（矩形）命令。

➢ 工具栏：单击 Draw Graphical 工具栏中的 Place rectangle（放置矩形）按钮 ▦。

➢ 快捷键：Shift+R。

【操作步骤】

（1）启动绘制矩形的命令后，光标变成十字形。将光标移到指定位置，单击确定矩形左下角位置，此时，光标自动跳到矩形的右上角，如图 7.15 所示，拖动鼠标，调整矩形至合适大小，再次单击确定右上角位置。

（2）矩形绘制完成，如图 7.16 所示。此时系统仍处于绘制矩形状态，若需要继续绘制，则按上面的方法绘制，若无须绘制，右击，在弹出的快捷菜单中选择 End Mode（结束模式）命令或者按 Esc 键即可退出绘制操作。

图 7.15　确定矩形左下角

图 7.16　绘制矩形

（3）绘制完成后，双击需要设置属性的矩形，弹出 Edit Filled Graphic（编辑填充图形）对话框，如图 7.17 所示。此对话框可用来设置矩形的线宽、线型、填充样式、颜色等，矩形的填充效果如图 7.18 所示，与多段线绘制的四边形效果相同。

图 7.17　Edit Filled Graphic（编辑填充图形）
对话框

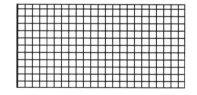

图 7.18　矩形的填充效果

7.1.4　绘制椭圆

在 Cadence 17.4 中绘制椭圆和圆的工具是一样的。当椭圆的长轴和短轴的长度相等时，椭圆就会变成圆。因此，绘制椭圆与绘制圆本质相同。

【执行方式】

➢ 菜单栏：执行 Place（放置）→Ellipse（椭圆）命令。

➢ 工具栏：单击 Draw Graphical 工具栏中的 Place ellipse（放置椭圆）按钮 ⬤。

➢ 快捷键：Shift+F。

【操作步骤】

（1）启动绘制椭圆命令后，光标变成十字形。将光标移到指定位置，单击确定椭圆的起点位置。

（2）将光标在水平、垂直方向上移动，自动调整椭圆的大小。在水平方向移动光标会改变椭圆水平轴的长短，在垂直方向移动光标会改变椭圆垂直轴的长短。在合适位置拖出一个圆，如图 7.19 所示；继续向右拖动，如图 7.20 所示，显示椭圆外形。

（3）在合适位置单击，完成圆或椭圆的绘制，如图 7.21 所示。

   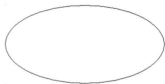

图 7.19　圆外形　　　　图 7.20　椭圆外形　　　　　　图 7.21　绘制完成的圆或椭圆

（4）此时系统仍处于绘制椭圆状态，可以继续绘制椭圆。若无须绘制，右击，在弹出的快捷菜单中选择 End Mode（结束模式）命令或者按 Esc 键即可退出绘制操作。

（5）绘制完成后，双击需要设置属性的椭圆，弹出 Edit Filled Graphic（编辑填充图形）对话框，如图 7.22 所示。此对话框用来设置椭圆的填充样式、线宽、线型、颜色，图 7.23 所示为设置后的椭圆。

 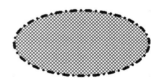

图 7.22　Edit Filled Graphic（编辑填充图形）对话框　　　　图 7.23　设置后的椭圆

7.1.5　绘制椭圆弧

除了绘制线类图形外，用户还可以用绘图工具绘制曲线，如绘制椭圆弧。

【执行方式】

➤ 菜单栏：执行 Place（放置）→Elliptical arc（放置椭圆弧）命令。

➤ 工具栏：单击 Draw Graphical 工具栏中的 Place elliptical arc（放置椭圆弧）按钮 ⟋ 。

➤ 快捷键：Shift+T。

【操作步骤】

（1）启动绘制椭圆弧命令后，光标变成十字形。移动光标到指定位置，单击确定椭圆弧的端点，如图 7.24 所示。

（2）沿水平、垂直方向移动光标，可以改变椭圆弧的宽度、长度，如图 7.25 所示。当宽度、长度合适后单击确定椭圆弧的外形，同时确定椭圆弧的第一个端点，如图 7.26 所示。

（3）沿椭圆弧外形拖动鼠标，单击确定椭圆弧的终点，如图 7.27 所示，完成椭圆弧的绘制。此时，仍处于绘制椭圆弧状态，若需要继续绘制，则按上面的步骤绘制；若要退出绘制，则右击，在弹出的快捷菜单中选择 End Mode（结束模式）命令或者按 Esc 键即可。

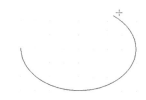

图 7.24　确定椭圆弧的端点　　　图 7.25　改变椭圆弧的宽度、长度　　　　图 7.26　拖动椭圆弧

（4）绘制完成后，双击需要设置属性的椭圆弧，弹出 **Edit Graphic**（编辑图形）对话框，如图 7.28 所示。

（5）在该对话框中主要设置椭圆弧的线宽、线型、颜色。图 7.29 所示为设置后的椭圆弧。

图 7.27　确定椭圆弧的终点　　　图 7.28　**Edit Graphic**（编辑图形）对话框　　　图 7.29　设置后的椭圆弧

7.1.6　绘制圆弧

绘制圆弧的方法与绘制椭圆弧的方法基本相同。绘制圆弧时，不需要确定宽度和高度，只需确定圆弧的圆心、半径以及起点和终点即可。

【执行方式】

➤ 菜单栏：执行 Place（放置）→Arc（圆弧）命令。

➤ 工具栏：单击 Draw Graphical 工具栏中的 Place arc（放置圆弧）按钮 。

【操作步骤】

（1）启动绘制圆弧命令后，光标变成十字形。将光标移到指定位置，单击确定圆弧的圆心。此时，光标自动移到圆弧的圆周上，移动鼠标可以改变圆弧的半径，单击确定圆弧的半径，如图 7.30 所示。

（2）光标自动移动到圆弧的起始角处，移动鼠标可以改变圆弧的起点。单击确定圆弧的起点，如图 7.31 所示。

（3）此时，光标移到圆弧的另一端，单击确定圆弧的终点，如图 7.32 所示。一条圆弧绘制完成，系统仍处于绘制圆弧状态，若需要继续绘制，则按上面的步骤绘制；若要退出绘制，则右击，在弹出的快捷菜单中选择 End Mode（结束模式）命令或者按 Esc 键即可。

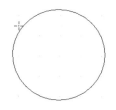
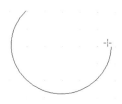
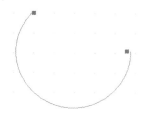

图 7.30　确定圆弧的半径　　　图 7.31　确定圆弧的起点　　　图 7.32　确定圆弧的终点

（4）绘制完成后，双击需要设置属性的圆弧，弹出 Edit Graphic（编辑图形）对话框，如图 7.33 所示。

（5）圆弧的属性设置与椭圆弧的属性设置基本相同。区别在于圆弧设置的是其半径的大小，而椭圆弧设置的是其宽度和高度。图 7.34 所示为设置后的圆弧。

图 7.33　Edit Graphic（编辑图形）对话框　　　　图 7.34　设置后的圆弧

7.1.7　绘制贝塞尔曲线

贝塞尔曲线在电路原理图中的应用比较多，可以用于绘制正弦波、抛物线等。

【执行方式】

> 菜单栏：执行 Place（放置）→Bezier Curve（贝塞尔曲线）命令。
> 工具栏：单击 Draw Graphical 工具栏中的 Place Bezier（放置贝塞尔曲线）按钮 。
> 快捷键：Shift+Q。

【操作步骤】

（1）启动绘制贝塞尔曲线命令后，光标变成十字形。将光标移到指定位置，单击确定贝塞尔曲线的起点。然后移动光标，再次单击确定第二点，绘制一条直线，如图 7.35 所示。

（2）继续移动光标，在合适位置单击确定第三点，生成一条弧线，如图 7.36 所示。

图 7.35　绘制一条直线　　　　　　　　　图 7.36　生成一条弧线

（3）继续移动光标，曲线将随光标的移动而变化，单击确定此段贝塞尔曲线，如图 7.37 所示。

（4）继续移动光标，重复操作，绘制出一条完整的贝塞尔曲线，如图 7.38 所示。

（5）此时系统仍处于绘制贝塞尔曲线状态，若需要继续绘制，则按上面的步骤绘制；若要退出绘制，则右击，在弹出的快捷菜单中选择 End Mode（结束模式）命令或者按 Esc 键即可。

图 7.37　确定一段贝塞尔曲线　　　　　　　图 7.38　完整的贝塞尔曲线

（6）贝塞尔曲线属性设置。双击绘制完成的贝塞尔曲线，弹出 Edit Graphic（编辑图形）对话框，如图 7.39 所示。此对话框用来设置贝塞尔曲线的线宽、线型和颜色，设置后的贝塞尔曲线如图 7.40 所示。

图 7.39　Edit Graphic（编辑图形）对话框

图 7.40　设置后的贝塞尔曲线

7.1.8　放置文本

在绘制电路原理图时，为了提高原理图的可读性，设计者会在原理图的关键位置添加文字说明，即添加文本。

【执行方式】

➢ 菜单栏：执行 Place（放置）→Text（文本）命令。

➢ 工具栏：单击 Draw Graphical 工具栏中的 Place text（放置文本）按钮　。

➢ 快捷键：T 键。

【操作步骤】

启动放置文本命令后，弹出如图 7.41 所示的 Place Text（放置文本）对话框，单击 OK 按钮，光标上带有一个矩形方框。移动光标至需要添加文字说明处，单击即可放置文本框，如图 7.42 所示。

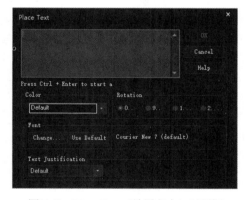

图 7.41　Place Text（放置文本）对话框

图 7.42　文本的放置

【选项说明】

在放置状态下或者放置完成后，双击需要设置属性的文本，弹出 Place Text（放置文本）对话框。下面对部分选项进行介绍。

➢ 文本框：用于输入文本内容。可以自动换行，若需要强制换行，则按组合键 Ctrl+Enter。

➢ Color：颜色，用于设置文字的颜色。

➢ Rotation：定位，用于设置文字的放置方向。有 4 个选项：0°、90°、180°和 270°。

➢ Font：字体，用于调整字体。

➢ 单击 Change（改变）按钮，弹出"字体"对话框，如图 7.43 所示，可以在该对话框中设置文字样式；单击 Use Default（使用默认）按钮，将设置的字体返回系统设定值。

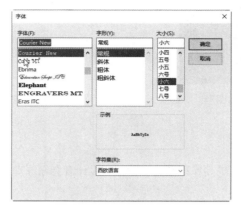

图 7.43　"字体"对话框

扫一扫，看视频

轻松动手学——放置监控器电路中的文本

源文件：yuanwenjian\7\Bug.opj

【操作步骤】

（1）打开下载资源包中的 yuanwenjian\7\Bug.opj 文件。

（2）选择菜单栏中的 Place（放置）→Text（文本）命令，或单击 Draw Graphical 工具栏中的 Place text（放置文本）按钮 ![ABC]，启动放置文本命令后，弹出如图 7.44 所示的 Place Text（放置文本）对话框。

（3）在空白栏中输入要标注的文字，单击下方的 Change（改变）按钮，弹出"字体"对话框，如图 7.45 所示。

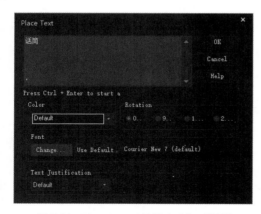

图 7.44　Place Text（放置文本）对话框

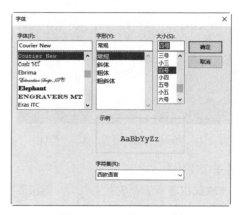

图 7.45　"字体"对话框

（4）单击"确定"按钮，完成字体设置。

（5）单击 OK 按钮后，光标上带有一个矩形方框。移动光标至需要添加文字说明处，单击即可放置文本框。最终结果如图 7.46 所示。

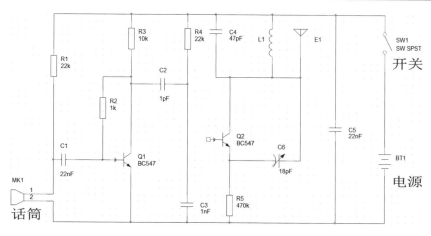

图 7.46 文本的放置

7.1.9 放置图片

在电路原理图的设计过程中，有时需要添加一些图片文件，如元件的外观、厂家标志等，这样有助于提高设计页的可读性和打印质量。

【执行方式】

菜单栏：执行 Place（放置）→Picture（图片）命令。

【操作步骤】

（1）启动放置图片命令后，弹出 Place Picture（放置图片）对话框，选择图片路径，如图 7.47 所示。选择好以后，单击"打开"按钮即可将图片添加到原理图中。

（2）光标附有一个浮动的图片，如图 7.48 所示，移动光标到指定位置，单击确定放置位置，如图 7.49 所示。

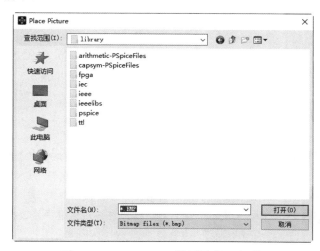

图 7.47 Place Picture（放置图片）对话框

图 7.48 选择图片

图 7.49 确定放置位置

扫一扫，看视频

轻松动手学——放置监控器电路中的图片

在"放置监控器电路中的文本"实例的基础上完成本实例。

源文件： yuanwenjian\7\Bug.opj

【操作步骤】

（1）选择菜单栏中的 Place（放置）→Picture（图片）命令，弹出 Place Picture（放置图片）对话框，选择图片 TITLE.jpg，单击"打开"按钮，将图片添加到原理图中。

（2）光标附有一个浮动的图片，移动光标到指定位置，单击确定放置位置，如图 7.50 所示。

图 7.50　放置图片

（3）选中图片，在图片四周显示可调整的夹点，适当缩放图片，结果如图 7.51 所示。

图 7.51　缩放图片

7.2　标题栏的设置

图纸标题栏（明细表）是对设计图纸的附加说明，可以在该标题栏中对图纸进行简单的描述，也可以作为以后图纸标准化时的信息。

Capture 在 CAPSYM 库中提供了 16 种预先定义好的标题栏格式，即 Standard（标准格式）和 ANSI（美国国家标准协会格式）。这个标题栏模板是可以进行选择修改的，下面介绍修改标题栏的步骤。

【执行方式】

菜单栏：执行 Place（放置）→Title Block（标题栏）命令。

【操作步骤】

（1）执行上述操作，弹出如图 7.52 所示的 Place Title Block（放置标题栏）对话框，在该对话框中选择所需的标题栏模板。

（2）在图纸右下角放置选中的标题栏 TitleBlock0，如图 7.53 所示，下面进行手工修改。

（3）双击 Title，弹出如图 7.54 所示的 Display Properties（显示属性）对话框，在该对话框中修改标题名称。

（4）在 Size（大小）栏中根据当前图纸大小自动填入图纸大小，在 Date（日期）栏中输入系统日期，在 Sheet（图纸）栏中根据项目中电路图的数量级确定电路图的顺序。

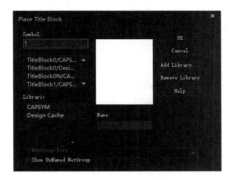

图 7.52　Place Title Block（放置标题栏）对话框

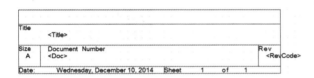

图 7.53　放置标题栏　　　　　图 7.54　Display Properties（显示属性）对话框

7.3　原 理 图 库

7.3.1　新建元件库

【执行方式】

菜单栏：执行 File（文件）→New（新建）→Library（库）命令。

【操作步骤】

执行上述操作，空白元件库将被自动加入到工程中，在项目管理器窗口的 Library 文件夹下显示新建的库文件，默认名称为 Library1，依次类推，其后缀名为.olb，如图 7.55 所示。

轻松动手学——新建 IC 元件库

源文件：yuanwenjian\7\IC.olb

图 7.55　添加元件库文件

扫一扫，看视频

【操作步骤】

（1）在 Cadence 17.4 主界面中，选择菜单栏中的 File（文件）→New（新建）→Project（工程）命令或单击 Capture 工具栏中的 Create document（新建文件）按钮 ▐，弹出 New Project（新建工程）对话框，创建工程文件 Music Flash Light.dsn。

（2）选择菜单栏中的 File（文件）→New（新建）→Library（库）命令，在项目管理器窗口的 Library 文件夹下新建库文件 Library1。

（3）选择菜单栏中的 File（文件）→Save As（保存为）命令，弹出 Save As（保存为）对话框，如图 7.56 所示，将新建的原理图库文件保存为 IC.olb，如图 7.57 所示。

图 7.56　Save As（保存为）对话框

图 7.57　新建库文件

7.3.2　新建库元件

在执行新建库元件命令时，需要先选中新建的库文件 Library1。

【执行方式】

➢ 菜单栏：执行 Design（设计）→New Part（新建元件）命令。

➢ 快捷菜单：右击，在弹出的快捷菜单中选择 New Part（新建元件）命令。

扫一扫，看视频

轻松动手学——新建 SH868 元件

在"新建 IC 元件库"实例的基础上完成本实例。

源文件：yuanwenjian\7\IC.olb

【操作步骤】

（1）选中新建的库文件 IC.olb。

（2）选择菜单栏中的 Design（设计）→New Part（新建元件）命令，或右击，在弹出的快捷菜单中选择 New Part（新建元件）命令，弹出如图 7.58 所示的 New Part Properties（新建元件属性）对话框，输入元件名为 SH868。

在该对话框中可以添加元件名称、索引标识、封装名称。下面简单介绍对话框中参数的意义。

➢ Name：在该文本框中输入新建元件的名称。

➢ Part Reference：在该文本框中输入元件标识符前缀，图 7.58 中显示为 U，元件放置到原理图中显示的标识符为 U1、U2 等。

➢ **PCB Footprint**：在该文本框中输入元件封装名称，如果没有创建对应的封装库，可以暂时忽略，可随时进行编辑。

➢ **Multiple-Part Package**：在该选项组中设置含有子部件的元件。

➢ **Parts per**：选择元件分几部分创建。若创建的元件较大，如有些 FPGA 有 1000 多个管脚，不可能都绘制在一个图形内，必须分成多个部分绘制，与层次电路原理类似。在该文本框中输入 8，则该元件被分成 8 个部分。默认值为 1，绘制单个独立元件。

➢ **Package Type**：分裂元件数据类型，包括 Homogeneous（相同的）与 Heterogeneous（不同的）两个选项。

➢ **Part Numbering**：分裂元件排列方式，包括 Alphabetic（按照字母）与 Numeric（按照数字）两个选项。

➢ **Pin Number Visible**：勾选此复选框，元件管脚号可见。

➢ [Part Aliases...]：单击此按钮，弹出如图 7.59 所示的 Part Aliases（元件别名）对话框，设置元件别名。

图 7.58　New Part Properties（新建元件属性）对话框

图 7.59　Part Aliases（元件别名）对话框

（3）单击 OK 按钮，关闭对话框，进入元件编辑环境，如图 7.60 所示，在该界面中可以进行元件的绘制。

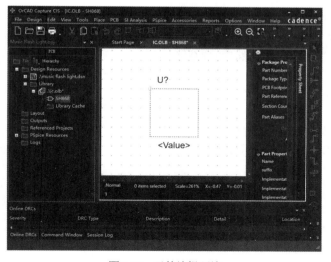

图 7.60　元件编辑环境

7.3.3　绘制库元件外形

在元件编辑界面显示的虚线框很小，选中虚线框，在虚线框四角显示夹点，拖动夹点调整图框大小，如图 7.61 所示，设置放置图形实体的边界线。

【执行方式】

➢ 菜单栏：执行 Place（放置）→Rectangle（矩形）命令。

➢ 工具栏：单击 Draw Graphical 工具栏中的 Place rectangle（放置矩形）按钮 ▣。

【操作步骤】

执行上述操作，在边界线内绘制适当大小的元件外形，如图 7.62 所示。

图 7.61　调整虚线框　　　　　　图 7.62　绘制元件外形

【选项说明】

图 7.62 中的矩形框用来作为库元件的原理图符号外形，其大小应根据要绘制的库元件管脚数的多少来决定。绘制的外形框应大一些，以便于放置管脚，管脚放置完毕后，可以再调整到合适的尺寸。

7.3.4　添加管脚

添加管脚主要有两种方法：逐次放置和一次放置。

（1）逐次放置：逐个添加管脚，每次添加都能设定管脚的属性。

（2）一次放置：一次添加所有管脚，再逐个修改属性。

1. 逐次放置

【执行方式】

➢ 菜单栏：执行 Place（放置）→Pin（管脚）命令。

➢ 工具栏：单击 Draw Electrical（绘图）工具栏中的 Place pin（放置管脚）按钮 ▣。

【操作步骤】

（1）执行上述操作，弹出如图 7.63 所示的 Place Pin（放置管脚）对话框，设置管脚属性。

Place Pin（放置管脚）对话框中部分属性的含义如下。

1）Name：在该文本框中输入设置库元件管脚的名称。

2）Number：设置库元件管脚的编号，应该与实际的管脚编号相对应。

3）Shape：设置管脚线型，在图 7.64 所示的下拉列表中显示类型。

4）Type：设置库元件管脚的电气特性，如图 7.65 所示。这里选择 Passive（无源），表示不设置电气特性。

图 7.63 Place Pin（放置管脚）对话框　　图 7.64 设置管脚线型　　图 7.65 显示电气特性

5）User Properties...：单击该按钮，弹出 User Properties（用户属性）对话框，如图 7.66 所示，在该对话框中可设置该管脚的属性。

（2）单击 OK 按钮，完成参数设置，光标上附有一个管脚符号，移动该管脚到矩形边框处，单击完成放置，继续显示管脚符号，可继续单击放置，如图 7.67 所示。

（3）图中显示放置的管脚名称为数字，若继续放置，则后续管脚名称与编号依次递增，绘制的元件 CON6 管脚的放置情况如图 7.68 所示。

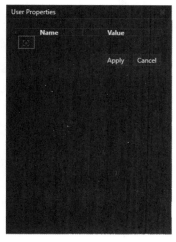

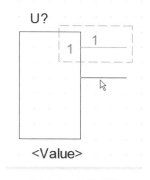

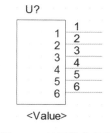

图 7.66 User Properties（用户属性）对话框　　图 7.67 放置管脚　　图 7.68 放置数字管脚

（4）由于元件 CON6 管脚名称不显示，因此需要将矩形框中的管脚名称设置为不可见，在右侧 Property Sheet（属性表）面板中取消勾选 Pin Name Visible（管脚名称可见性）后的复选框，如图 7.69 所示，设置后的元件图形如图 7.70 所示。

（5）若管脚名称为其他，则完成该管脚放置后，按 Esc 键结束操作，继续执行上述操作，设置管脚属性，然后放置管脚，结果如图 7.71 所示。

图7.69　设置可见性

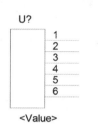

图7.70　隐藏管脚名称

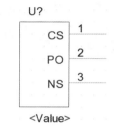

图7.71　放置不同管脚

📢 提示：

> 因为某些元件的管脚名称过长，导致名称叠加在一起，所以需要隐藏显示，这时也可以采用取消勾选 Pin Name Visible（管脚名称）复选框的方法来取消名称显示，如图7.72和图7.73所示。

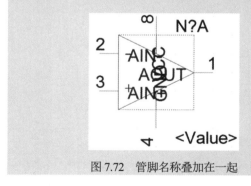

图7.72　管脚名称叠加在一起

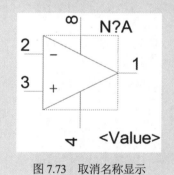

图7.73　取消名称显示

2. 一次放置

【执行方式】

菜单栏：执行 Place（放置）→Pin Array（阵列管脚）命令。

【操作步骤】

（1）执行上述操作，弹出如图7.74所示的 Place Pin Array（放置阵列管脚）对话框，设置阵列管脚属性。Place Pin Array（放置阵列管脚）对话框中部分属性的含义如下。

1）Starting Name：在该文本框中输入设置库元件起始管脚的名称。

2）Starting Number：设置库元件管脚的起始编号。

3）Number of Pins：设置管脚个数。

4）Pin Spacing：设置放置的管脚间隔距离。

5）Shape：设置管脚线型。

6）Type：设置库元件管脚的电气特性。

（2）单击 OK 按钮，此时 6 个管脚附着在光标上，如图 7.75 所示。在合适位置单击，放置阵列管脚，选择一半的管脚直接拖到实体框的右边，调整管脚位置，结果如图 7.76 所示。

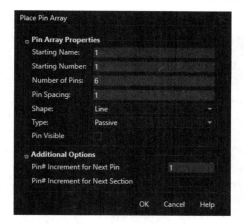

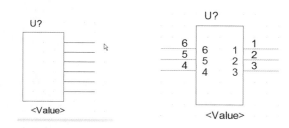

图 7.74　Place Pin Array（放置阵列管脚）对话框　　图 7.75　显示附着的阵列管脚　　图 7.76　调整管脚位置

（3）单击某个管脚，打开 Property Sheet（属性表）面板，在这里可以设置名称、编号、线型、类型等，如图 7.77 所示。

（4）使用同样的方法将所有管脚属性全部设定完成后如图 7.78 所示。这样就建好了一个库元件 55453/LCC。在绘制电路原理图时，只需将该元件所在的库文件打开，就可以随时取用该元件了。

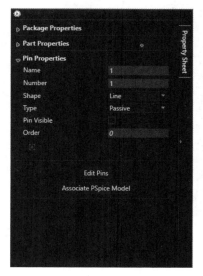

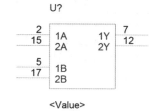

图 7.77　Pin Properties（管脚属性）面板　　　　　　　图 7.78　设置完成的元件

7.3.5　编辑管脚

当管脚数很多时，在元件图形上逐个选择管脚并编辑属性很浪费时间，这里介绍统一编辑的方法。

（1）框选所有管脚，如图 7.79 所示，显示选中所有管脚，选择菜单栏中的 Edit（编辑）→Edit Pins（编辑管脚）命令，弹出 Edit Pins（编辑管脚）对话框，如图 7.80 所示，可以对该元件所有管脚进行一次性的设置。

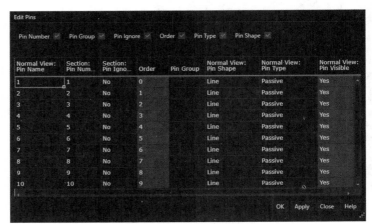

图 7.79　框选所有管脚　　　　　　　图 7.80　Edit Pins（编辑管脚）对话框（1）

（2）在 Normal View:Pin Type（标准视图：管脚类型）下拉列表中显示可供选择的 8 种类型，如图 7.81 所示。

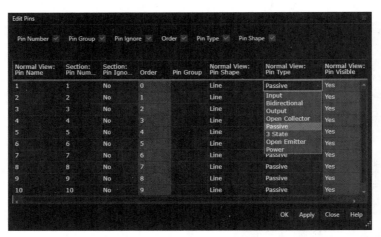

图 7.81　Edit Pins（编辑管脚）对话框（2）

扫一扫，看视频

轻松动手学——绘制 SH868 元件

在"新建 SH868 元件"实例的基础上完成本实例。

源文件：yuanwenjian\7\IC.olb

【操作步骤】

（1）进入 SH868 元件编辑环境。

（2）适当调整虚线框，将其调大，选择菜单栏中的 Place（放置）→Rectangle（矩形）命令，沿虚线边界线绘制矩形作为元件外形，如图 7.82 所示。

（3）放置管脚。选择菜单栏中的 Place（放置）→Pin Array（阵列管脚）命令，弹出如图 7.83 所示的 Place Pin Array（放置阵列管脚）对话框，设置阵列管脚属性。

（4）单击 OK 按钮，保持默认设置，关闭对话框。

（5）此时光标上带有一组管脚的浮动虚影，移动光标到目标位置，单击即可将该管脚放置到图纸上，结果如图 7.84 所示。按照要求将阵列的管脚放置到矩形外框两侧，结果如图 7.85 所示。

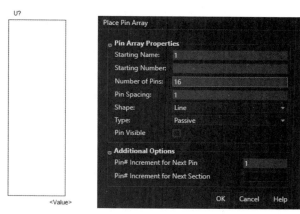

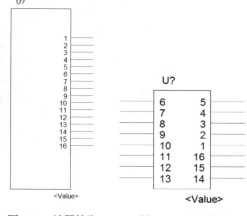

图 7.82　绘制元件外形　　图 7.83　Place Pin Array（放置阵列管脚）对话框　　图 7.84　放置管脚　　图 7.85　所有管脚放置完成

（6）双击管脚 14，在弹出的 Property Sheet（属性表）面板中设置其属性，如图 7.86 所示。最后得到如图 7.87 所示的元件符号图。

图 7.86　设置管脚属性

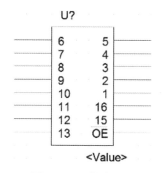

图 7.87　元件符号图

📢 **提示：**

> 在 Cadence 17.4 中，管脚名称上的横线表示该管脚负电平有效。在管脚名称上添加横线的方法是在输入管脚名称时，每输入一个字符，紧跟着输入一个"\"字符。例如，要在 OE 上加一条横线，就可以将其管脚名称设置为"O\E\"。

（7）编辑元件参数。在工作区中双击 Value，弹出 Property Sheet（属性表）面板，将元件的 Value（值）设置为 SH868，如图 7.88 所示。

（8）按 Enter 键，完成元件属性设置，这样，SH868 元件便设计完成了，如图 7.89 所示。

图 7.88　编辑元件参数

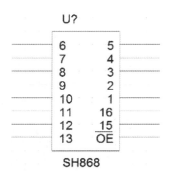

图 7.89　SH868 元件

扫一扫，看视频

轻松动手学——编辑 NE555 元件

源文件：yuanwenjian\7\Power Switch.opj

【操作步骤】

（1）打开下载资源包中的 yuanwenjian\7\Power Switch.opj。

（2）双击 Switch 原理图页，进入原理图编辑环境，选中 NE555 元件，如图 7.90 所示，右击，在弹出的快捷菜单中选择 Edit Part（编辑元件）命令，进入元件编辑环境，对该元件所有管脚位置进行移动，如图 7.91 所示。

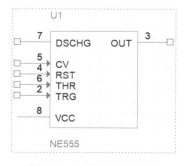

图 7.90　选中 NE555 元件

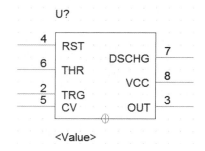

图 7.91　移动管脚位置

（3）选中所有管脚，右击，在弹出的快捷菜单中选择 Edit Pins（编辑管脚）命令，弹出 Edit Pins（编辑管脚）对话框，修改每个管脚的 Name 属性，把管脚名称改成与 NE555 一致，如图 7.92 所示。

（4）修改后的 NE555 如图 7.93 所示。

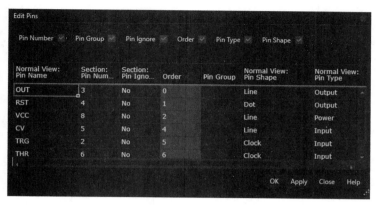

图 7.92 Edit Pins（编辑管脚）对话框

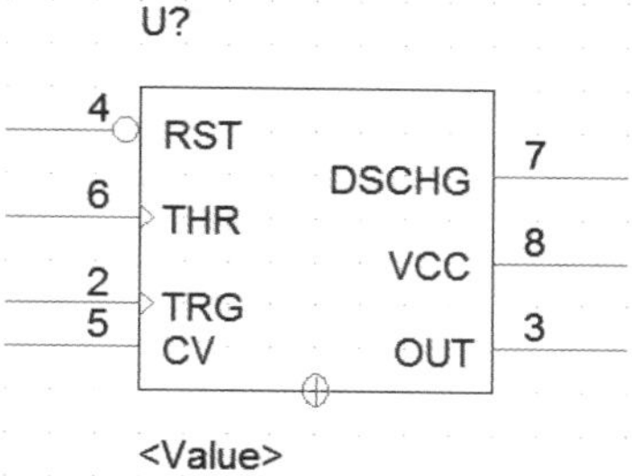

图 7.93 修改后的 NE555

（5）退出元件编辑环境，进入原理图绘制环境，双击元件名称 NE555，在弹出的对话框中输入 NE555N，修改元件名称，如图 7.94 所示。至此，在现有元件的基础上完整地创建了一个新的元件，该元件只适用于当前设计项目。元件最终结果如图 7.95 所示。

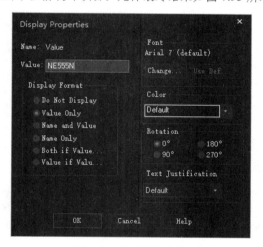

图 7.94 修改元件名称

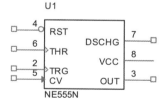

图 7.95 元件最终结果

7.3.6 绘制含有子部件的库元件

在图 7.96 中显示了含有 4 个子部件的库元件，绘制的子部件细节如图 7.97 所示。

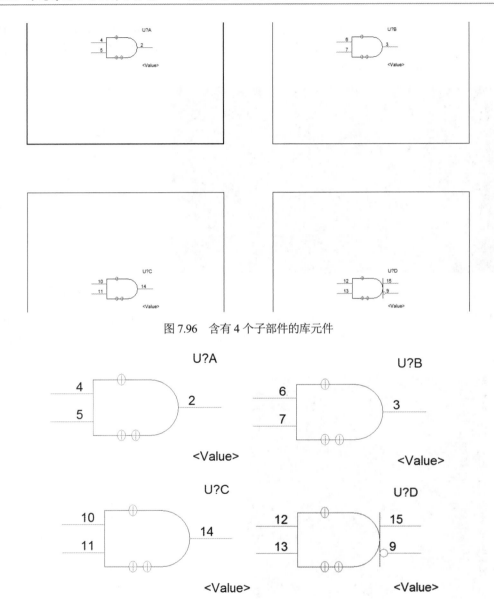

图 7.96　含有 4 个子部件的库元件

图 7.97　绘制的子部件细节

【操作步骤】

（1）选中新建的库文件 Library，选择菜单栏中的 Design（设计）→New Part（新建元件）命令，或右击，在弹出的快捷菜单中选择 New Part（新建元件）命令，弹出如图 7.98 所示的 New Part Properties（新建元件属性）对话框。

（2）在该对话框的 Parts per 文本框中输入 2，即新建包含 2 个部件的库元件，单击 OK 按钮，弹出如图 7.99 所示的 OrCAD Capture CIS 窗口，在该窗口中可以进行元件的绘制。

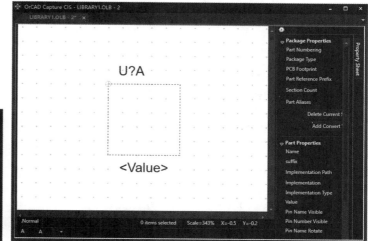

图 7.98　New Part Properties
（新建元件属性）对话框

图 7.99　OrCAD Capture CIS 窗口

（3）选择菜单栏中的 View（视图）→Package（部件）命令，可以在工作界面显示整个元件库内的所有部件，如图 7.100 所示。

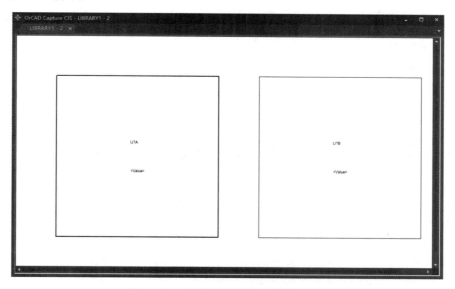

图 7.100　显示整个元件库内的所有部件

在该窗口中绘制库元件，具体绘制方法与上面单个部件的元件相同，这里不再赘述。

动手练一练——绘制 Z80ASIO0 元件

绘制如图 7.101 所示的 Z80ASIO0 元件。

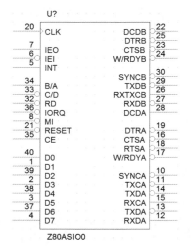

图 7.101 绘制 Z80ASIO0 元件

📝 **思路点拨：**

源文件：yuanwenjian\7\动手练一练\CPU.olb

（1）新建一个原理图元件库。

（2）新建 Z80ASIO0 元件。

（3）绘制元件外框。

（4）放置管脚。

（5）编辑管脚。

（6）编辑元件参数。

7.4 操作实例——串行显示驱动器 PS7219 及单片机的 SPI 接口

源文件：yuanwenjian\7\Serial display driver PS7219 and MCU SPI interface.opj

在单片机的应用系统中，为了便于人们观察和监视单片机的运行情况，常常需要用显示器显示运行的中间结果及状态等。因此，显示器往往是单片机系统必不可少的外部设备之一。PS7219 是一种新型的串行接口的 8 位数字静态显示芯片，是武汉力源公司新推出的 24 脚双列直插式芯片，采用流行的同步串行外设接口（Serial Peripheral Interface，SPI），可与任何一种单片机轻松实现连接，并且可以同时驱动 8 位 LED。本节就以串行显示驱动器 PS7219 及单片机的 SPI 接口电路为例，继续介绍电路原理图的绘制。

在本实例中，将主要学习总线和总线分支的放置方法。总线就是由若干条性质相同的线组成的一组线束，如平时经常接触的数据总线、地址总线等，如图 7.102 所示。

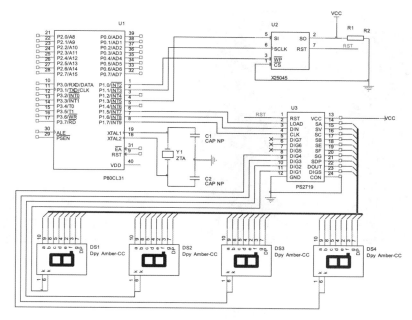

图 7.102　串行显示驱动器 PS7219 及单片机的 SPI 接口

【操作步骤】

1．建立工作环境

在 Cadence 17.4 主界面中，选择菜单栏中的 File（文件）→New（新建）→Project（工程）命令或单击 Capture 工具栏中的 Create document（新建文件）按钮 ，弹出如图 7.103 所示的 New Project（新建工程）对话框，创建工程文件 Serial display driver PS7219 and MCU SPI interface.dsn。在该工程文件夹下，默认创建图纸文件 SCHEMATIC1，在该图纸子目录下自动创建原理图页 PAGE1。

图 7.103　New Project（新建工程）对话框

2．设置图纸参数

（1）选择菜单栏中的 Options（选项）→Design Template（设计向导）命令，弹出 Design Template（设计向导）对话框，如图 7.104 所示。

（2）在此对话框中对图纸参数进行设置。在 Units（单位）选项组中选择单位为 Millimeters（公制），页面大小选择 A4。单击"确定"按钮，完成图纸属性设置。

3．加载元件库

选择菜单栏中的 Place（放置）→Part（元件）命令或单击 Draw Electrical 工具栏中的 Place part（放置元件）按钮 ，打开 Place Part（放置元件）面板，在 Libraries（库）选项组中加载需要的元件库 CONNECTOR.olb、DISCRETE.olb、LINEDRIVERRECEIVER.olb 和 ATOD.olb。本实例中需要加载的元件库如图 7.105 所示。

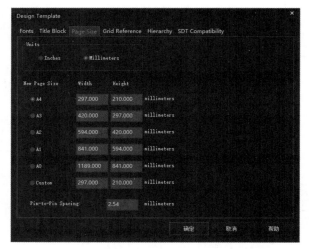

图 7.104　Design Template（设计向导）对话框

图 7.105　需要加载的元件库

4. 查找元件

（1）单击 Place Part（放置元件）面板中的 Search for（查找）按钮 ，显示搜索操作，在 Search For（搜索）文本框中输入"*P80*"。单击 Part Search（搜索路径）按钮 ，系统开始搜索，在 Libraries（库）列表框中显示符合搜索条件的元件名、所属库文件，如图 7.106 所示。

（2）选中需要的元件 P80CL31，单击 Add 按钮，在系统中加载该元件所在的库文件 MicroController.olb，在 Libraries（库）列表框中显示已加载的元件库，在 Part（元件）列表框中显示该元件库中的元件，选中搜索的元件 P80CL31，在浏览窗口中显示元件符号的预览。

（3）单击 Place Part（放置元件）按钮 或双击元件名称，将选择的元件 P80CL31 放置在原理图纸上。

（4）使用同样的方法搜索元件 X25045，如图 7.107 所示，然后将其放在原理图纸上。

图 7.106　显示搜索结果

图 7.107　搜索元件 X25045

5. 绘制元件 Dpy Amber-CC

Dpy Amber-CC 为数码管元件，在 Cadence 17.4 所带的元件库中找不到它的原理图符号，所以需要自己绘制一个 Dpy Amber-CC 的原理图符号。

（1）新建一个原理图元件库。

1）选择菜单栏中的 File（文件）→New（新建）→Library（库）命令，空白元件库被自动加入到工程中，在项目管理器窗口的 Library 文件夹下显示新建的库文件，默认名称为 Library1，以此类推，库文件的后缀名为.olb。

2）选择菜单栏中的 File（文件）→Save As（保存为）命令，将新建的原理图库文件保存为 DPY.olb①，如图 7.108 所示。

3）选择菜单栏中的 Design（设计）→New Part（新建元件）命令，或右击，在弹出的快捷菜单中选择 New Part（新建元件）命令，弹出如图 7.109 所示的 New Part Properties（新建元件属性）对话框，输入元件名为 Dpy Amber-CC，在该对话框中可以添加元件名称、索引标识、封装名称，并设置参数。

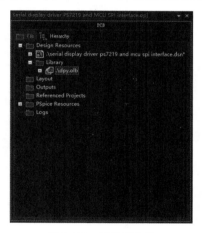

图 7.108　新建库文件

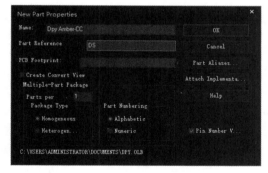

图 7.109　New Part Properties（新建元件属性）对话框

4）单击 OK 按钮，关闭对话框，进入元件编辑环境，如图 7.110 所示。

（2）绘制元件外框。首先适当调整虚线框，适当调大，选择菜单栏中的 Place（放置）→Rectangle（矩形）命令或单击 Draw Graphical 工具栏中的 Place rectangle（放置矩形）按钮 ，沿虚线边界线绘制矩形，如图 7.111 所示。

（3）绘制七段发光二极管。

1）选择菜单栏中的 Place（放置）→Line（线）命令或单击 Draw Graphical 工具栏中的 Place line（放置线）按钮 ，这时光标变成十字形。系统处于绘制直线状态，在图纸上绘制如图 7.112 所示的"日"字形发光二极管，在原理图符号中用直线来代替发光二极管。

2）选择直线，在如图 7.113 所示的 Property Sheet（属性表）面板中将直线的宽度设置为 Medium，结果如图 7.114 所示。

---

① 编者注：此类文件名在保存时为大写字母，但保存后显示在项目管理器窗口中时为小写字母，读者须注意这一变化，全书余同。

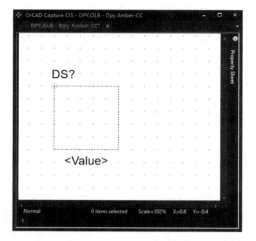

图 7.110　元件编辑环境

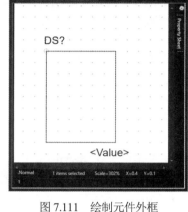

图 7.111　绘制元件外框

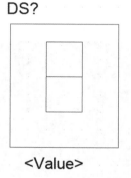

图 7.112　在图纸上绘制二极管

图 7.113　设置直线属性

（4）设置栅格。选择菜单栏中的 Options（选项）→Preferences（优先设置）命令，弹出 Preferences（优先设置）对话框，选择 Grid Display（网格显示）选项卡，取消勾选 Pointer snap to grid（捕捉栅格）复选框，如图 7.115 所示，取消栅格捕捉。

（5）绘制小数点。

1）选择菜单栏中的 Place（放置）→Rectangle（矩形）命令或单击 Draw Graphical 工具栏中的 Place rectangle（放置矩形）按钮 ▭，在二极管右侧绘制大小适当的小矩形，如图 7.116 所示。

2）选择小矩形，在如图 7.117 所示的 Property Sheet（属性表）面板中设置矩形的填充样式为 Solid，填充效果如图 7.118 所示。

（6）放置管脚。

1）选择菜单栏中的 Place（放置）→Pin Array（阵列管脚）命令，弹出如图 7.119 所示的 Place Pin Array（放置阵列管脚）对话框，设置阵列管脚属性。

2）单击 OK 按钮，保持默认设置。

（7）此时光标上带有一组管脚的浮动虚影，移动光标到目标位置，单击即可将该管脚放置到图纸上，按照要求将阵列的管脚放置到矩形外框两侧，结果如图 7.120 所示。

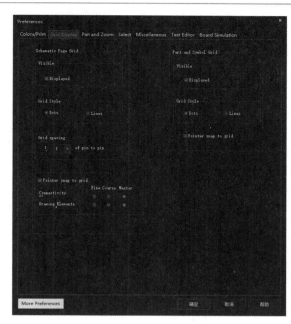

图 7.114 设置线宽结果

图 7.115 Grid Display（网格显示）选项卡

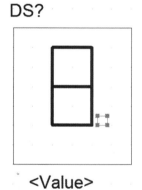

图 7.116 绘制小矩形

图 7.117 设置填充样式

图 7.118 矩形填充效果

图 7.119 Place Pin Array（放置阵列管脚）对话框

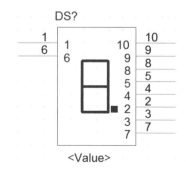

图 7.120 所有管脚布局完成

（8）编辑管脚属性。选择管脚，在如图 7.121 所示的 Property Sheet（属性表）面板中进行设置，同理设置其余管脚属性，最后得到图 7.122 所示的元件符号图。

图 7.121　设置管脚属性

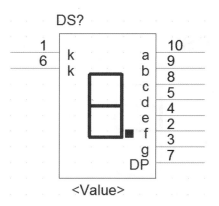

图 7.122　元件符号图

（9）编辑元件参数。在工作区选择 Value，弹出 Property Sheet（属性表）面板，将元件的 Value（值）设置为 Dpy Amber-CC，如图 7.123 所示。

（10）按 Enter 键，完成元件属性设置，这样 Dpy Amber-CC 元件便设计完成了，如图 7.124 所示。

图 7.123　编辑元件参数

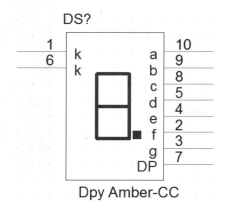

图 7.124　完成元件属性设置

（11）绘制元件 PS7219。

1）选择菜单栏中的 Design（设计）→New Part（新建元件）命令，或右击，在弹出的快捷菜单中选择 New Part（新建元件）命令，弹出如图 7.125 所示的 New Part Properties（新建元件属性）对话框，输入元件名为 PS7219。

2）单击 OK 按钮，关闭对话框，进入元件编辑环境。

（12）绘制元件外框。首先适当调整虚线框，适当调大，选择菜单栏中的 Place（放置）→Rectangle（矩形）命令或单击 Draw Graphical 工具栏中的 Place rectangle（放置矩形）按钮 ■，沿虚线边界线绘制矩形，如图 7.126 所示。

（13）放置管脚。

1）选择菜单栏中的 Place（放置）→Pin Array（阵列管脚）命令，弹出如图 7.127 所示的 Place Pin Array（放置阵列管脚）对话框，设置阵列管脚属性。

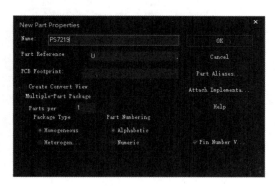

图 7.125 New Part Properties（新建元件属性）对话框

图 7.126 绘制元件外框

图 7.127 Place Pin Array（放置阵列管脚）对话框

2）单击 OK 按钮，保持默认设置。

（14）此时光标上带有一组管脚的浮动虚影，移动光标到矩形左侧，单击即可将该管脚放置到图纸上，在矩形右侧单击放置管脚组，结果如图 7.128 所示。

（15）编辑管脚属性。选择管脚，在 Property Sheet（属性表）面板中进行设置，如图 7.129 所示，同理设置其余管脚属性。最后得到如图 7.130 所示的元件符号图。

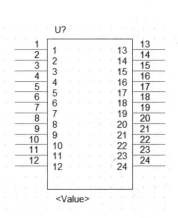

图 7.128 放置管脚

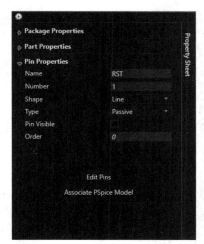

图 7.129 设置管脚属性

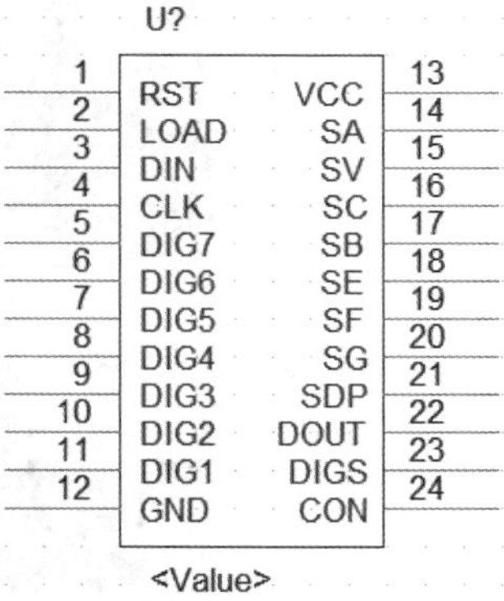

图 7.130 元件符号图

（16）编辑元件参数。在工作区选择 Value，弹出 Property Sheet（属性表）面板，将元件的注释设置为 PS2719，如图 7.131 所示。

（17）按 Enter 键，完成元件属性设置，如图 7.132 所示，保存元件。

打开项目管理器，可见在 dpy.olb 元件库下包含两个元件，如图 7.133 所示。

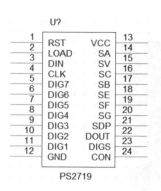

图 7.131　编辑元件参数　　　　图 7.132　完成元件属性设置　　　　图 7.133　项目管理器

6. 放置元件

（1）打开 Place Part（放置元件）面板，在当前元件库名称栏中选择新建的 DPY.olb，在元件列表中选择自己绘制的 Dpy Amber-CC、PS7219 原理图符号，如图 7.134 和图 7.135 所示，并将其放置到原理图纸上。

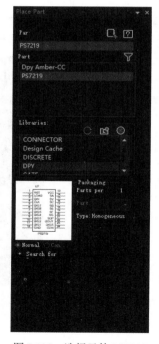

图 7.134　选择元件 Dpy Amber-CC　　　　　　图 7.135　选择元件 PS7219

（2）放置外围元件。在 DISCRETE.olb 元件库中找到 R2、CAP NP、ZTA，然后将它们都放置到原理图上，再对这些元件进行布局，结果如图 7.136 所示。

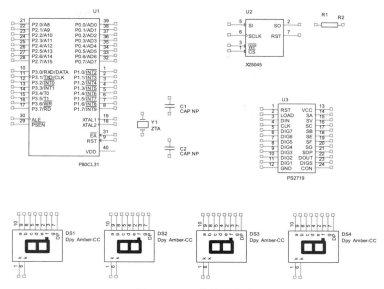

图 7.136　元件放置完成

7．绘制总线

（1）选择菜单栏中的 Place（放置）→Bus（总线）命令或单击 Draw Electrical 工具栏中的 Place bus（放置总线）按钮 ，也可以按快捷键 B 进行操作，这时光标变成十字形，即已激活总线操作。单击确定总线的起点，按住鼠标左键不放，拖动鼠标画出总线，将 DPY.olb 库中的芯片 Dpy Amber-CC 上的管脚与 PS7219 芯片上的管脚连接起来，如图 7.137 所示。

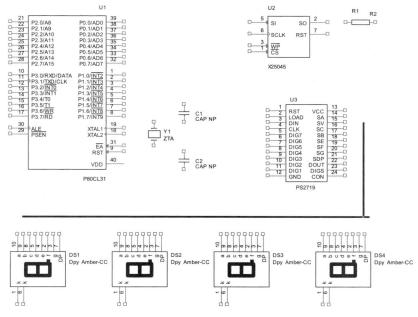

图 7.137　绘制总线

✍ 技巧：

> 在绘制总线时，要使总线离芯片管脚有一段距离，这是因为还要放置总线分支，如果总线放置得过于靠近芯片管脚，则在放置总线分支时就会有困难。

（2）放置总线分支。选择菜单栏中的 Place（放置）→Bus Entry（总线分支）命令或单击 Draw Electrical 工具栏中的 Place bus entry（放置总线分支）按钮 ，用总线分支将芯片管脚和总线连接起来，如图 7.138 所示。

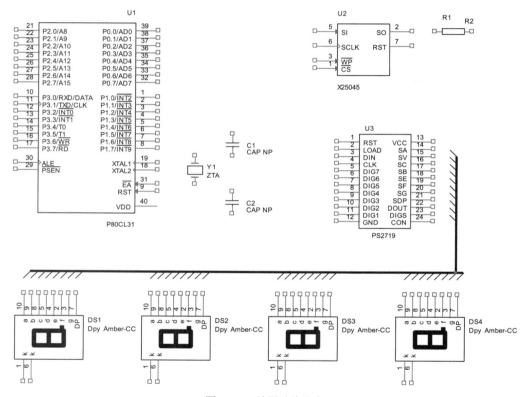

图 7.138 放置总线分支

✍ 技巧：

> 在放置总线分支时，总线分支朝向的方向有时是不一样的。例如，在图 7.138 中，左边的总线分支向右倾斜，而右边的总线分支向左倾斜。在放置时，只需按 R 键就可以改变总线分支的朝向，总线分支一端连接总线，另一端不能直接连接元件管脚，需要经过导线过渡。

8. 绘制导线

选择菜单栏中的 Place（放置）→Wire（导线）命令或单击 Draw Electrical 工具栏中的 Place wire（放置导线）按钮 ，绘制除了总线之外的其他导线，如图 7.139 所示。

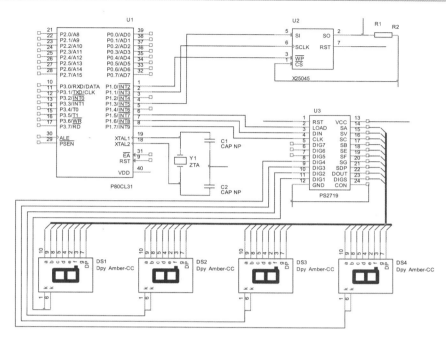

图 7.139　绘制导线

9. 放置网络标签

（1）选择菜单栏中的 Place（放置）→Net Alias（网络名）命令或单击 Draw Electrical 工具栏中的 Place net alias（放置网络名）按钮 ，弹出 Place Net Alias（放置网络名）对话框，如图 7.140 所示。在该对话框中输入标签名称 RST。

图 7.140　Place Net Alias（放置网络名）对话框

（2）单击 OK 按钮，将网络标签放置到导线上，结果如图 7.141 所示。

10. 添加接地和电源符号

选择菜单栏中的 Place（放置）→Ground（接地）命令或单击 Draw Electrical 工具栏中的 Place ground（放置接地）按钮 ，在弹出的对话框中选择接地符号和电源符号，然后向电路中添加接地符号和电源符号，如图 7.142 所示。

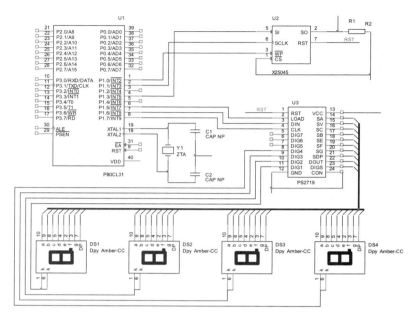

图 7.141　放置网络标签

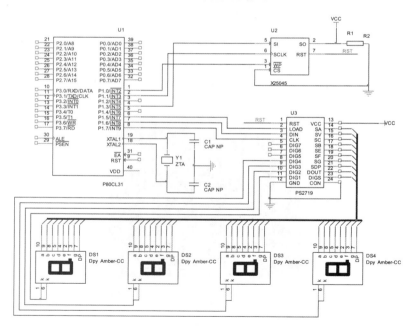

图 7.142　添加接地符号和电源符号

11. 放置忽略 ERC 测试点

　　选择菜单栏中的 Place（放置）→No Connect（不连接）命令或单击 Draw Electrical 工具栏中的 Place no connect（放置不连接符号）按钮 |⨉|，放置忽略 ERC 测试点。最终结果见图 7.102。

第 8 章　原理图的后续处理

内容简介

前文已经学习了原理图绘制的方法和技巧，接下来介绍原理图的后续处理，如设计规则检查、报表文件的生成等。只有经过层层检查，设计出符合需要和规则的电路原理图，才能顺利对其进行仿真分析，最终变为可以用于生产的 PCB 文件。

内容要点

- ↳ 元件编号管理
- ↳ 设计规则检查
- ↳ 报表输出
- ↳ 打印输出
- ↳ 操作实例 —— 打印预览原理图

案例效果

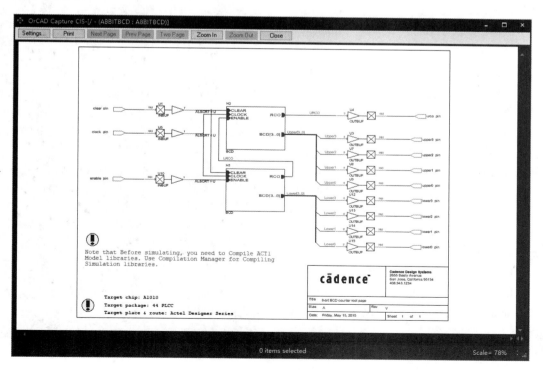

8.1 元件编号管理

在原理图上放置的所有元件都具有自身的特定属性，在放置好每一个元件后，应该对其属性进行正确的编辑和设置，以免使后面的网络表生成及 PCB 的制作产生错误。

通过属性编辑可以清楚地理解该对象的电气特性、网络连接关系、所属类型和属性等。

编辑属性的方法有以下 3 种。

（1）菜单命令：选择菜单栏中的 Edit（编辑）→Properties（属性）命令。

（2）快捷命令：右击，在弹出的快捷菜单中选择 Edit Properties（编辑属性）命令。

（3）双击元件。

8.1.1 自动编号

元件在放置过程中自动按照放置顺序进行编号，但有时这些编号不符合原理图设计规则，Capture 提供重新排序功能，首先把元件的编号更改为"?"的形式，然后再对关键字之后的"?"进行自动编号。自动编号功能可以在设计流程的任何时间执行，一般选择在全部设计完成之后再重新编号，这样才能保证设计电路时不会漏掉任何元件的序号，而且也不会出现两个元件序号重复的情况。

每个元件编号的第一个字母为关键字，表示元件类别，其后为字母和数字组合。元件编号用于区分同一类中的不同个体。

【执行方式】

➤ 菜单栏：执行 Tools（工具）→Annotate（标注）命令。

➤ 工具栏：单击 Capture 工具栏中的 Annotate（标注）按钮 。

【操作步骤】

执行以上操作，弹出如图 8.1 所示的 Annotate（标注）对话框，该对话框包含两个选项卡。

【选项说明】

（1）Packaging 选项卡如图 8.1 所示，设置元件编号参数，下面简单介绍该对话框中部分选项的含义。

1）Scope（范围）选项组：在该选项组中设置需要进行编号的对象范围是全部还是部分。

➤ Update entire design：更新整个设计。

➤ Update selection：更新选择的部分电路。

2）Action（功能）选项组：在该选项组中设置编号功能。

➤ Incremental reference update：在现有的基础

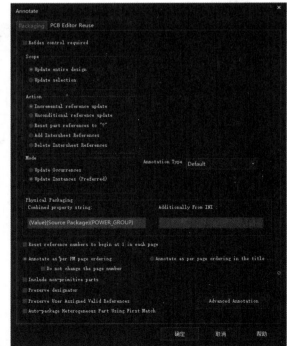

图 8.1 Packaging 选项卡

上递增排序。

➤ Unconditional reference update：无条件进行排序。

➤ Reset part references to "?"：把所有的序号都变成 "?"。

➤ Add Intersheet References：在分页图纸间的端口的序号上加上图纸编号。

➤ Delete Intersheet References：删除分页图纸间的端口的序号上的图纸编号。

3）Combined property string：组合对话框中的属性。

4）Reset reference numbers to begin at 1 in each page：编号时每张图纸都从 1 开始。

5）Do not change the page number：不改变图纸编号。

（2）PCB Editor Reuse 选项卡如图 8.2 所示，该对话框中的选项用于对元件进行重新编号。

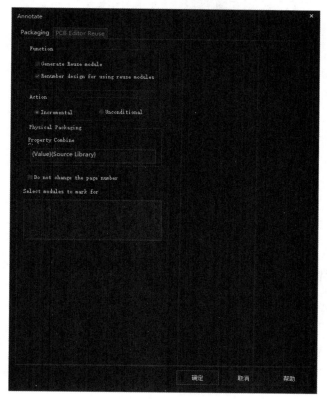

图 8.2　PCB Editor Reuse 选项卡

8.1.2　反向标注

自动编号只能更改关键词后的数字，想要改变其中的序号或对调管脚、对调逻辑门，需要按规则编辑一个 "*.SWP" 文件。

【执行方式】

➤ 菜单栏：执行 Tools（工具）→Back Annotation（反向标注）命令。

➤ 工具栏：单击 Capture 工具栏中的 Back annotate（反向标注）按钮 。

【操作步骤】

执行以上操作，弹出 Backannotate（反向标注）对话框，如图 8.3 所示。

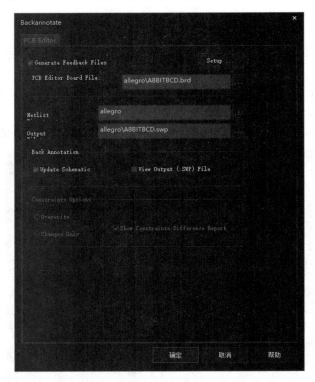

图 8.3　Backannotate（反向标注）对话框

轻松动手学——设置元件编号

源文件：yuanwenjian\8\Transistor.opj

【操作步骤】

（1）打开下载资源包中的 yuanwenjian\8\Transistor.opj 文件，如图 8.4 所示。

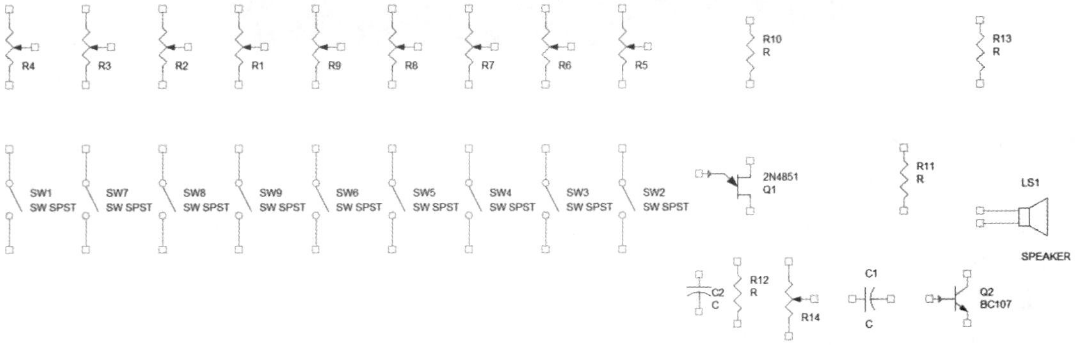

图 8.4　打开 Transistor.dsn 文件

（2）选择菜单栏中的 Tools（工具）→Annotate（标注）命令，弹出如图 8.5 所示的 Annotate（标注）对话框。

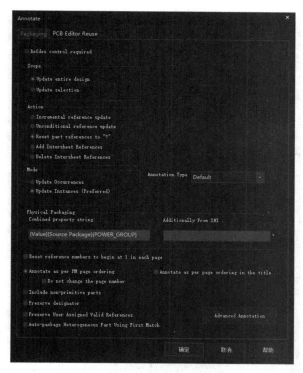

图 8.5　Annotate（标注）对话框（1）

（3）在 Scope（范围）选项组中选中 Update entire design（更新整个设计）单选按钮；在 Action（功能）选项组中选中 Reset part references to"?"（把所有的序号都变成"?"）单选按钮，其余参数保持默认设置。

（4）单击"确定"按钮，完成编号设置，取消编号的原理图如图 8.6 所示。

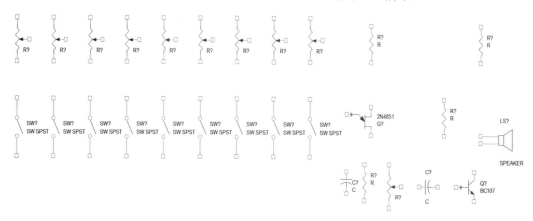

图 8.6　取消编号的原理图

（5）选择菜单栏中的 Tools（工具）→Annotate（标注）命令，弹出如图 8.7 所示的 Annotate（标注）对话框。

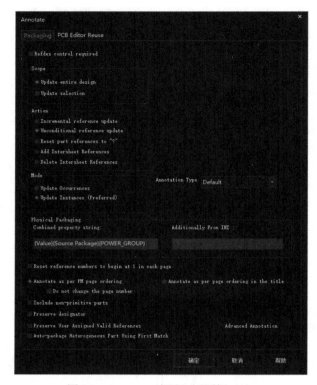

图 8.7　Annotate（标注）对话框（2）

（6）在 Scope（范围）选项组中选中 Update entire design（更新整个设计）单选按钮；在 Action（功能）选项组中选中 Unconditional reference update（无条件进行排序）单选按钮，其余参数保持默认。单击"确定"按钮，完成自动编号，结果如图 8.8 所示。

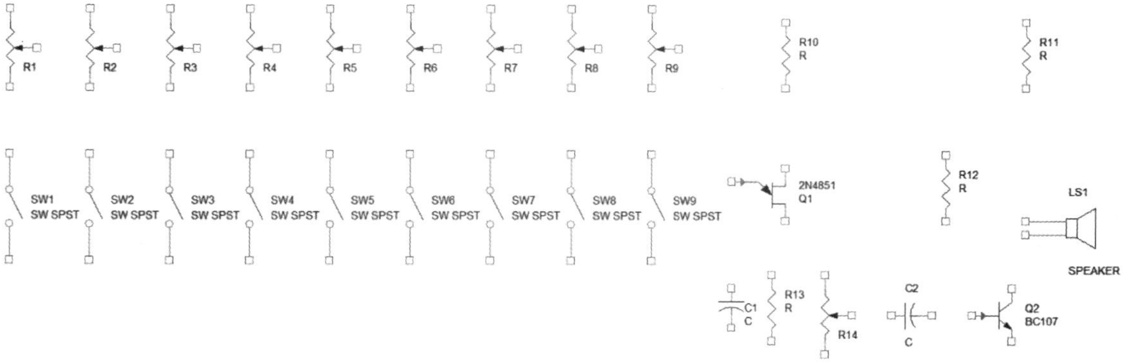

图 8.8　完成自动编号

8.2　设计规则检查

完成原理图绘制后，需要进行 DRC（设计规则检查）。应对原理图进行通篇检查，以确保电气连接正确、逻辑功能正确及电源连接正确。

【执行方式】

➤ 菜单栏：执行 PCB→Design Rules Check（设计规则检查）命令。

➤ 工具栏：单击 Capture 工具栏中的 Design rules check（设计规则检查）按钮 。

【操作步骤】

执行上述操作，打开 Design Rules Check（设计规则检查）对话框，如图 8.9 所示，该对话框包括 Options（选项）选项卡、Rules Setup（规则设置）选项卡、Report Setup（报告设置）选项卡、ERC Matrix（ERC 矩阵）选项卡和 Exception Setup（异常设置）选项卡。

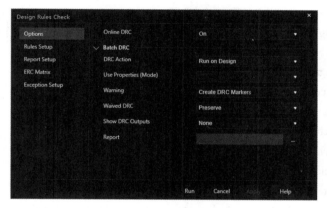

图 8.9　Design Rules Check（设计规则检查）对话框

【选项说明】

下面对部分选项卡进行介绍。

1. Options（选项）选项卡

（1）Online DRC：在该下拉列表中选择 On 选项，即可开启 DRC。

（2）DRC Action：DRC 操作定义在何处运行 DRC，或者删除 DRC 标记。

（3）Use Properties（Mode）：DRC 模式，默认为实例。

（4）Warning：出现警告时处理。

（5）Waived DRC：已放弃的 DRC 处理。

（6）Show DRC Outputs：DRC 的结果输出位置。

（7）Report：DRC 报表输出位置。

2. Rules Setup（规则设置）选项卡

Rules Setup（规则设置）选项卡如图 8.10 所示。

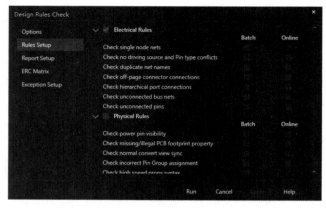

图8.10　Rules Setup（规则设置）选项卡

（1）在 Electrical Rules（电气规则）选项组中设置要检查的电气规则。

1）Check single node nets：用于检查单节点网络。

2）Check no driving source and Pin type conflicts：用于检查驱动接收等管脚类型的特性，在高速仿真时会用到。

3）Check duplicate net names：用于检查重复的网络名称。

4）Check off-page connector connections：用于检查跨页连接的正确性。

5）Check hierarchical port connections：用于检查层次图的连接性。

6）Check unconnected bus nets：用于检查未连接的总线网络。

7）Check unconnected pins：用于检查未连接的管脚。

（2）在 Physical Rules（物理规则）选项组中设置要检查的物理规则。

1）Check power pin visibility：用于检查电源管脚的可视性。

2）Check missing/illegal PCB footprint property：用于检查缺失或者不符合规则的 PCB 封装库定义。

3）Check normal convert view sync：用于检查不同视图下的管脚编号的一致性。

4）Check incorrect Pin Group assignment：用于检查管脚组属性的正确性。

5）Check high speed props syntax：用于检查高速 props 语法有无错误。

6）Check missing pin numbers：用于检查是否有丢失的管脚编号。

7）Check device with zero pins：用于检查零管脚装置。

8）Check power ground short：用于检查电源、地短接。

9）Check name prop consisrency：用于检查名称属性的一致性。

（3）在 Custom DRC（自定义 DRC）选项组中设置自定义的 DRC。

1）Device Pin Mismatch：设备管脚不匹配。

2）Hanging Wires：悬挂导线。

3）Overlapping Wires：重叠导线。

4）Part Reference Prefix Mismatch：零件参考前缀不匹配。

5）Port Pin Mismatch：端口管脚不匹配。

6）Shorted Discrete Part：短路的分立器件。

7）Invalid Pin Number：无效的个人识别码。

8）Physically Shorted PACK-SHORT：物理短路组件-短路。

3. Report Setup（报告设置）选项卡

Report Setup（报告设置）选项卡如图 8.11 所示。

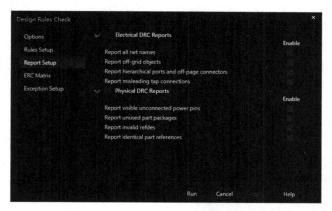

图 8.11　Report Setup（报告设置）选项卡

（1）在 Electrical DRC Reports（电气 DRC 报告）选项组中设置电气 DRC 报告。

1）Report all net names：用于列出所有网络的名称。

2）Report off-grid objects：用于列出未放置在格点上的图件。

3）Report hierarchical ports and off-page connectors：要求程序列出所有的电路端口连接器及电路图 I/O 端口。

4）Report misleading tap connections：导出误导的分接连接。

（2）在 Physical DRC Reports（物理 DRC 报告）选项组中设置物理 DRC 报告。

1）Report visible unconnected power pins：导出可见的未连接电源管脚。

2）Report unused part packages：导出未使用的部分封装。

3）Report invalid refdes：导出无效的参考编号。

4）Report identical part references：导出相同元件的编号。

8.3　报　表　输　出

Cadence 17.4 具有丰富的报表功能，可以方便地生成各种不同类型的报表。创建元件报表的操作均是在项目管理器窗口中进行的。

8.3.1　生成网络表

网络报表（以下称为网络表）有多种格式，通常为一个由 ASCII 码组成的文本文件，网络表用于记录和描述电路中各个元件的数据以及各个元件之间的连接关系。

　　绘制原理图的目的不止是按照电路要求连接元件，最终目的是要设计出电路板。要设计电路板，就必须建立网络表，对于 Capture 来说，生成网络表是它的一项特殊功能。在 Capture 中可以生成多种格式的网络表，在 Allegro 中，网络表是进行 PCB 设计的基础。

　　只有正确的原理图才可以创建完整无误的网络表，从而进行 PCB 设计。而原理图绘制完成后，无法用肉眼直观地检查出错误，需要进行 DRC 检查、元件自动编号、属性更新等操作，完成这些步骤后，才可以进行网络表的创建。

　　（1）打开项目管理器窗口，并将其置为当前窗口，选中需要创建网络表的电路图文件。

　　（2）选择菜单栏中的 Tools（工具）→Create Netlist（创建网络表）命令或单击 Capture 工具栏中的 Create netlist（生成网络表）按钮 📖，弹出如图 8.12 所示的 Create Netlist（创建网络表）对话框。该对话框中有 8 个选项卡，在不同的选项卡中会生成不同的网络表。打开 PCB 选项卡，设置网络表属性。

　　下面重点介绍 PCB Footprint 选项组。

　　（1）在 Combined property string（组合属性）文本框中显示封装默认名 PCB Footprint，单击 `Setup...` 按钮，弹出如图 8.13 所示的 Setup（设置）对话框，在该对话框中可以修改、编辑、查看配置文件的路径，以及设置输出参数。

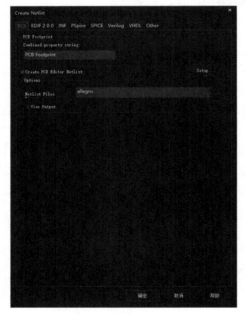

图 8.12　Create Netlist（创建网络表）对话框

图 8.13　Setup（设置）对话框

　　（2）Configuration（配置）文本框中显示的是文件路径。在 Backup（备份）文本框中默认显示为 3。勾选 Output Warnings（输出警告）复选框，若原理图有误，在输出的网络表中显示错误警告信息；若不勾选，则当原理图检查有误时，也不显示错误信息。勾选 Ignore Electrical constraints（忽略电气约束）复选框，则在输出的网络表中布线时需要遵循特定的电气约束信息；在 Suppress Warnings（抑制警告）选项组中显示网络表中不显示的警告信息，在文本框中输入警告名称，单击 Add（添加）按钮，将该警告添加到列表框中，则在网络表输出时不显示该类型的警告信息，单击 Remove（移除）按钮，删除选中的警告类型。

（3）勾选 Create PCB Editor Netlist（创建 PCB 网络表）复选框，可导出包含原理图中所有信息的 3 个网络表文件，即 pstchip.dat、pstxnet.dat 和 pstxprt.dat；在 Options（选项）选项组中显示参数设置。

在 Netlist Files（网络表文件）文本框中显示默认名称 allegro，单击右侧的 ▆ 按钮，弹出如图 8.14 所示的 Select Folder（选择文件夹）对话框。

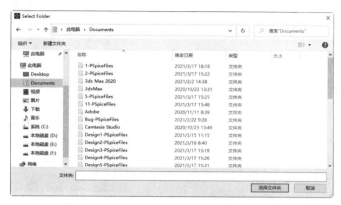

图 8.14　Select Folder（选择文件夹）对话框

（4）勾选 View Output（显示输出）复选框，将自动打开 3 个网络表文件，并独立地显示在 Capture 窗口中。

8.3.2　元件报表

元件报表主要用来列出当前工程中用到的所有元件的标识、封装形式、库参考等，相当于一份元件清单。依据这份报表，用户可以详细查看工程中元件的各类信息，同时，在制作 PCB 时，也可以作为采购元件的参考。

【执行方式】

➢ 菜单栏：执行 Tools（工具）→Bill of Materials（材料报表）命令。

➢ 工具栏：单击 Capture 工具栏中的 Bill of materials（材料报表）按钮 ▦。

【操作步骤】

执行上述操作，弹出如图 8.15 所示的 Bill of Materials（材料报表）对话框，在该对话框中可以设置元件清单参数。

【选项说明】

下面介绍该对话框中的部分参数设置。

1．Scope（范围）选项组

（1）Process entire design：生成整个设计的元件清单。

（2）Process selection：生成所选部分的元件清单。

图 8.15　Bill of Materials（材料报表）对话框

2．Mode（模式）选项组

（1）Use instances(Preferred)：使用当前属性。

（2）Use occurrences：使用事件属性（推荐）。

3．Line Item Definition（定义元件清单内容）选项组

Place each part entry on a separate line：勾选此复选框，元件清单中每个元件信息占一行。

4．Include File（包含文件）选项组

Merge an include file with report：勾选此复选框，在元件清单中加入其他文件。

5．Report（报告）选项组

View Output：勾选此复选框，输出检查结果。

单击 OK 按钮，即可创建完成元件清单，同时在项目管理器中的 Outputs 目录下生成 template.bom 文件。

取消勾选 View Output（显示输出）复选框，勾选 Open in Excel（用表格打开）复选框，如图 8.16 所示，单击 OK 按钮，创建元件清单。

图 8.16　Bill of Materials（材料报表）对话框

扫一扫，看视频

轻松动手学——生成元件清单

源文件：yuanwenjian\8\Artificial Circuit.opj

【操作步骤】

（1）打开下载资源包中的 yuanwenjian\8\Artificial Circuit.opj 文件，如图 8.17 所示。

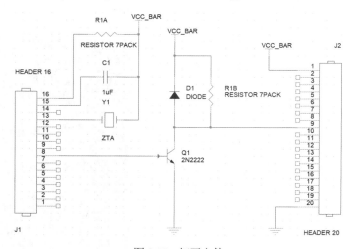

图 8.17　打开文件

（2）打开项目管理器窗口，选择菜单栏中的 Tools（工具）→Bill of Materials（材料报表）命令，弹出如图 8.18 所示的 Bill of Materials（材料报表）对话框，设置元件清单参数。

（3）单击 OK 按钮，即可创建完成元件清单。同时在项目管理器中的 Outputs 目录下生成 artificial circuit.bom 文件，如图 8.19 所示。

图 8.18 Bill of Materials（材料报表）对话框

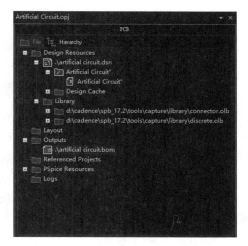

图 8.19 加载到项目管理器

（4）双击打开该报表，显示如图 8.20 所示的信息。

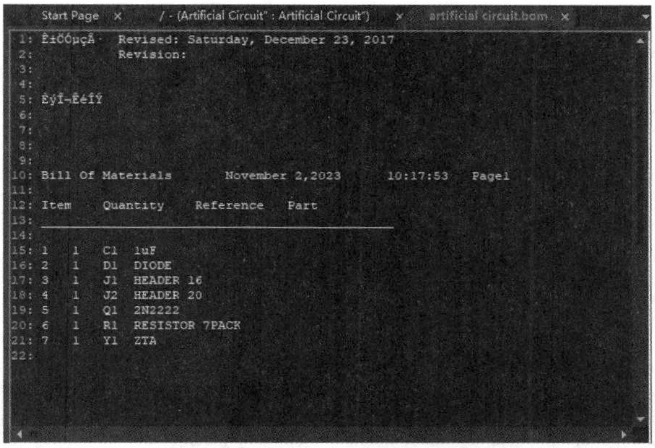

图 8.20 打开报表

8.3.3 交叉引用元件报表

交叉引用元件报表显示元件所在元件库及元件库路径等详细信息。

【执行方式】

➢ 菜单栏：执行 Tools（工具）→Cross reference Parts（交叉引用元件）命令。

➢ 工具栏：单击 Capture 工具栏中的 Cross reference parts（交叉引用元件）按钮 。

【操作步骤】

执行上述操作，弹出如图 8.21 所示的 Cross Reference Parts（交叉引用元件）对话框，设置交叉引用元件报表参数。

【选项说明】

下面介绍该对话框中的部分参数设置。

1. Scope（范围）选项组

（1）Cross reference entire design：选中此单选按钮，会生成整个设计的交叉引用元件报表。

（2）Cross reference selection：选中此单选按钮，会生成所选部分电路图的交叉引用元件报表。

2. Mode（模式）选项组

（1）Use instances（Preferred）：选中此单选按钮，会使用当前属性。

（2）Use occurrences：选中此单选按钮，会使用事件属性（推荐）。

3. Sorting（排序）选项组

图 8.21　Cross Reference Parts（交叉引用元件）对话框

（1）Sort output by part value,then by reference designator：选中此单选按钮，先报告 value 后报告 reference，并按 value 排序。

（2）Sort output by reference designator,then by part value：选中此单选按钮，先报告 reference 后报告 value，并按 reference 排序。

4. Report（报告）选项组

（1）Report the X and Y coordinates of all parts：选中此单选按钮，报告元件的 X、Y 坐标。

（2）Report unused parts in multiple part packages：选中此单选按钮，报告一个封装里没有使用的元件。

单击 OK 按钮，即可生成交叉引用元件报表，选中 Save as XRF 或 Save as CSV 单选按钮，分别将生成的报表文件保存为.xrf 或.csv 格式，如图 8.22 和图 8.23 所示，系统分别产生.xrf 和.csv 两个文件，并加入到项目中。

图 8.22　myproject.xrf 文件　　　　图 8.23　myproject.csv 文件

8.3.4 属性参数文件

在 Capture 中还可以通过属性参数文件来更新元件的属性参数,即将电路图中元件的属性参数输出到一个属性参数文件中,对该文件进行编辑修改后,再将其输入到电路图中,更新元件属性参数。

1. 元件属性参数文件的输出

【执行方式】
菜单栏:在项目管理器中选择原理图文件,执行 Tools(工具)→Export Properties(输出属性)命令。

【操作步骤】
执行上述操作,弹出如图 8.24 所示的 Export Properties(输出属性)对话框。

【选项说明】
下面介绍该对话框中的部分参数设置。

(1) Scope(范围)选项组。

➤ Export entire design or Library:输出整个设计或库。

➤ Export selection:输出选择的设计或库。

(2) Contents(内容)选项组。

➤ Part Properties:输出元件属性。

➤ Part and Pin Properties:输出元件和管脚的属性。

➤ Flat Net Properties:输出 Flat 网络的属性。

(3) Mode(模式)选项组。

➤ Export Instance Properties:输出实体的属性。

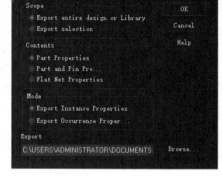

图 8.24 Export Properties(输出属性)对话框

➤ Export Occurrence Properties:输出事件的属性。

(4) Export:设置输出文件的位置,单击 Browse... 按钮,在弹出的对话框中选择路径。
单击 OK 按钮,在项目管理器中生成后缀名为.exp 的属性文件,如图 8.25 所示。

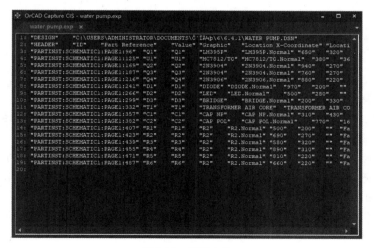

图 8.25 属性文件

2. 元件属性参数文件的输入

【执行方式】

菜单栏：在项目管理器中选择原理图文件，执行 Tools（工具）→Import Properties（输入属性）命令。

【操作步骤】

（1）执行上述操作，弹出如图 8.26 所示的 Import Properties（输入属性）对话框。

（2）选择.exp 文件，单击"打开"按钮，输入属性文件。在原理图中显示经过修改的属性文件生成的改变。

轻松动手学——生成网络表文件

在"设置元件编号"实例的基础上完成本实例。

源文件： yuanwenjian\8\生成网络表文件\Transistor.opj

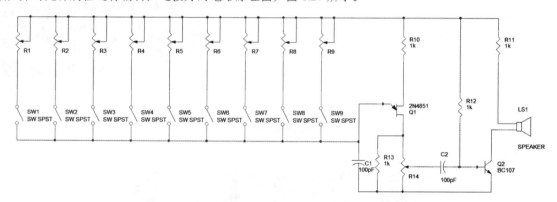

图 8.26 Import Properties（输入属性）对话框

【操作步骤】

（1）对原理图进行布线。选择菜单栏中的 Place（放置）→Wire（导线）命令完成元件之间的电气连接，并对元件属性进行编辑，连接好的电路原理图如图 8.27 所示。

图 8.27 连接好的电路原理图

（2）选择菜单栏中的 Place（放置）→Power（电源）命令，弹出如图 8.28 所示的 Place Power（放置电源）对话框，在原理图的合适位置放置电源。

（3）选择菜单栏中的 Place（放置）→Ground（接地）命令，弹出如图 8.29 所示的 Place Ground（放置接地）对话框，放置接地符号，完成整个原理图的设计，如图 8.30 所示。

（4）选择菜单栏中的 Tools（工具）→Create Netlist（创建网络表）命令，弹出 Create Netlist（创建网络表）对话框，打开 INF 选项卡，保持默认设置，如图 8.31 所示。单击"确定"按钮，在项目管理器中的 Outputs 目录下自动加载后缀名为.inf 的网络表，如图 8.32 所示。

（5）选择菜单栏中的 Tools（工具）→Cross Reference Parts（交叉引用元件）命令，弹出如图 8.33 所示的 Cross Reference Parts（交叉引用元件）对话框，设置交叉引用元件报表参数。分别生成如图 8.34 和图 8.35 所示的 Transistor.xrf 和 Transistor.csv 文件，并加入到项目中，如图 8.36 所示。

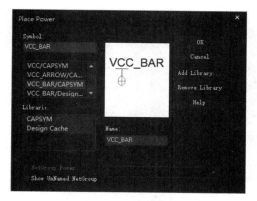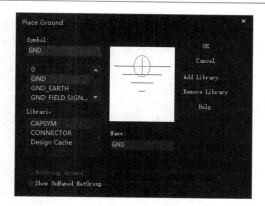

图 8.28　Place Power（设置电源）对话框　　　　图 8.29　Place Ground（放置接地）对话框

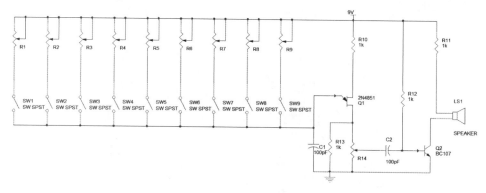

图 8.30　放置接地符号后的电路图

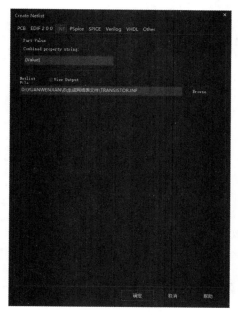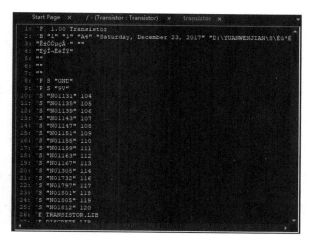

图 8.31　INF 选项卡　　　　　　　　图 8.32　生成网络表

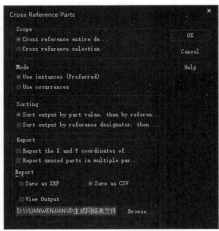

图 8.33 Cross Reference Parts（交叉引用元件）对话框

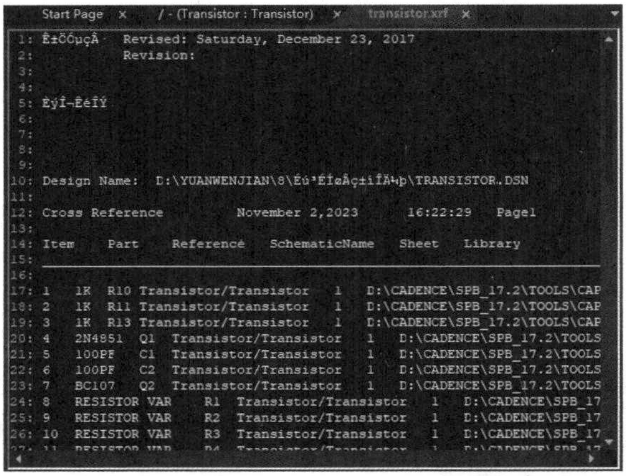

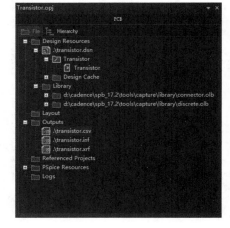

图 8.34 Transistor.xrf 文件

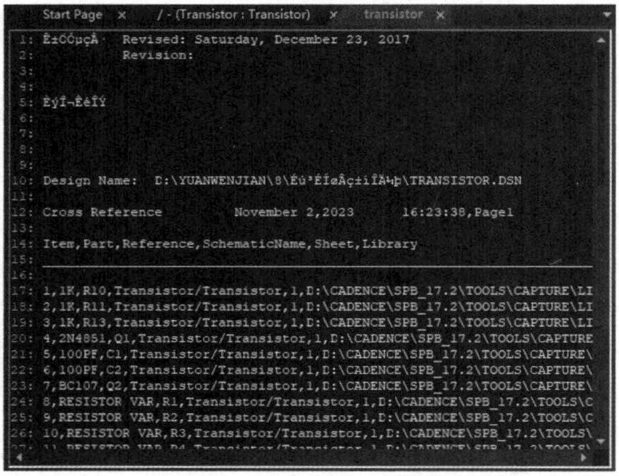

图 8.35 Transistor.csv 文件

图 8.36 加载网络表文件

8.4　打　印　输　出

为方便原理图的浏览、交流，经常需要将原理图打印到图纸上。Cadence 17.4 提供了直接将原理图打印输出的功能。

8.4.1　设置打印属性

在打印之前首先进行页面设置，同时要确认一下打印机的相关设置是否适当。

选择菜单栏中的 File（文件）→Print Setup（打印设置）命令，弹出如图 8.37 所示的"打印设置"对话框，下面介绍该对话框中的选项。

（1）"打印机"选项组：在该选项组中设置打印机信息。

（2）"纸张"选项组：在该选项组中设置打印所需纸张信息，包括大小及来源。

（3）"属性"按钮：单击该按钮，弹出页面设置相关对话框，如图 8.38 所示。

图 8.37　"打印设置"对话框

图 8.38　"布局"选项卡

8.4.2　打印区域

若想打印局部电路图，则需要提前选择打印区域，该命令必须在原理图编辑窗口中才能激活，选择完特定区域后，直接执行打印命令则只打印选定区域。

（1）选择菜单栏中的 File（文件）→Print Area（打印区域）→Set（选择）命令，在原理图中拖动出适当大小区域，在需要打印的对象外围显示黑色虚线框，如图 8.39 所示。

（2）完成打印区域的选择，若需要重新选择打印区域，则选择菜单栏中的 File（文件）→Print Area（打印区域）→Clear（清除）命令，取消打印区域的选择。

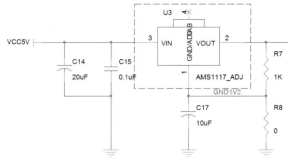

图 8.39　选择区域

8.4.3　打印预览

在打印设置完后，为了保证打印效果，应先预览输出结果，减少成本浪费。

【执行方式】

菜单栏：执行 File（文件）→Print Preview（打印预览）命令。

【操作步骤】

执行上述操作，弹出如图 8.40 所示的 Print Preview（打印预览）对话框，在该对话框中可以进行打印预览设置，以查看打印效果，如图 8.40 所示。

【选项说明】

（1）Scale 选项组：设置打印比例。

1）Scale to paper size：Capture 将电路图按照 Schematic Page Properties（原理图页属性）对话框的 Page Size 选项组中设置的尺寸打印，将数页电路图打印输出到 1 页打印纸上。

2）Scale to page size：Capture 将电路图按照图 8.40 所示的 Paper size 选项组中设置的尺寸打印，若 Paper size 选用的幅面尺寸大于设置的打印尺寸，则需要用多张打印纸输出 1 幅电路图。

3）Scaling：设置打印图的缩放比例。

（2）Print offsets：设置打印纸的偏移量。

偏移量是指打印的电路图左上角与打印纸左上角的距离；若 1 幅电路图需要采用多张打印纸，则是指电路图与第 1 张打印纸左上角的距离。

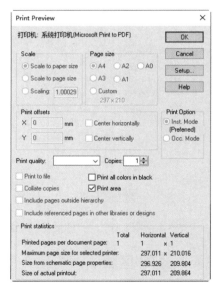

图 8.40　Print Preview（打印预览）对话框

（3）Print quality：以每英寸打印的点数（dpi：Dots Per Inch）来衡量打印质量。

（4）Copies：在该文本框中输入打印份数。

（5）Print to file：勾选此复选框，将打印图送至.prn 文件中存储起来。

（6）Print all colors in black：勾选此复选框，强调要采用黑白两色。

（7）Collate Copies：勾选此复选框，设置按照页码的顺序打印。

单击 Setup... 按钮，弹出"打印设置"对话框，设置打印机相关参数，前面已经详细讲解过，这里不再赘述。

单击 OK 按钮，显示原理图预览结果，如图 8.41 所示。

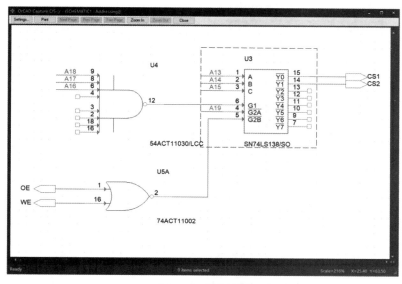

图 8.41 预览结果

8.4.4 打印

切换到项目管理器，选择要打印的某个绘图页文件夹或绘图页文件。

【执行方式】

菜单栏：执行 File（文件）→Print（打印）命令。

【操作步骤】

执行上述操作，弹出 Print（打印）对话框，如图 8.42 所示。

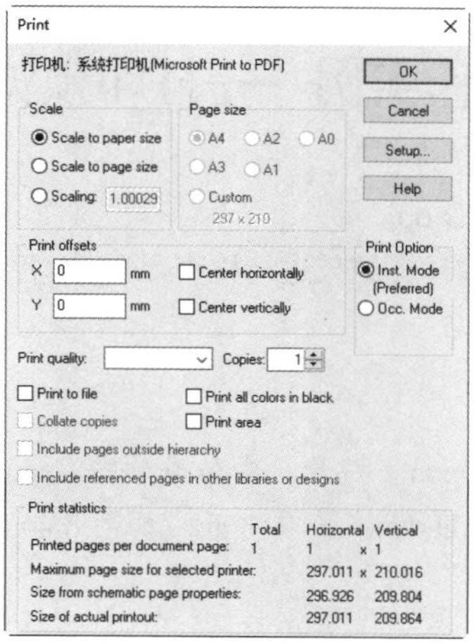

图 8.42 Print（打印）对话框

动手练一练——查看打印效果

在"生成网络表文件"实例的基础上查看如图 8.43 所示的打印效果。

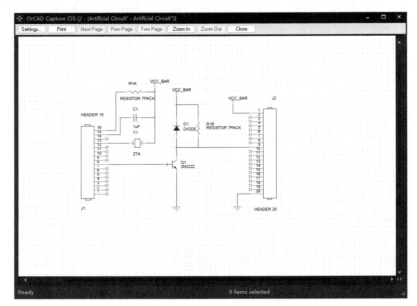

图 8.43　打印效果

思路点拨：

> 源文件：yuanwenjian\8\Artificial Circuit.opj
> （1）进入原理图编辑环境。
> （2）执行"打印预览"操作，查看打印效果。

8.5　操作实例——打印预览原理图

源文件：yuanwenjian\8\A8BITBCD.opj

本实例在原理图绘制的基础上对原理图结果进行检查，通过对各种报表的分析达到检测原理图的目的。

【操作步骤】

1．打开文件

选择菜单栏中的 File（文件）→Open（打开）命令或单击 Capture 工具栏中的 Open document（打开文件）按钮 📂，选择文件 A8BITBCD.dsn，将其打开，如图 8.44 所示。

2．选择设计对象

打开项目管理器窗口，并将其置为当前窗口，选中需要创建网络表的电路图文件 A8BITBCD.dsn。

3. 生成元件清单

（1）打开项目管理器窗口，选择菜单栏中的 Tools（工具）→Bill of Materials（材料报表）命令或单击 Capture 工具栏中的 Bill of materials（材料报表）按钮 ，弹出如图 8.45 所示的 Bill of Materials（材料报表）对话框，设置元件清单参数。

（2）单击 OK 按钮，则元件清单创建完成。同时在项目管理器的 Outputs 目录下会生成.bom 文件，如图 8.46 所示。

图 8.44　项目管理器

图 8.45　Bill of Materials（材料报表）对话框

图 8.46　加载到项目管理器

（3）双击打开该报表，显示如图 8.47 所示的信息。

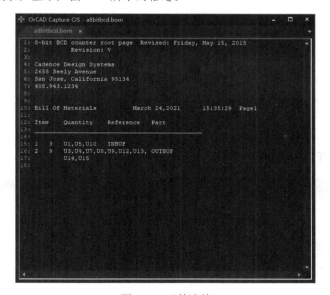

图 8.47　元件清单

（4）选择菜单栏中的 File（文件）→Print Preview（打印预览）命令，弹出如图 8.48 所示的 Print Preview（打印预览）对话框，在该对话框中可以打印预览设置，以查看打印效果，如图 8.49 所示。

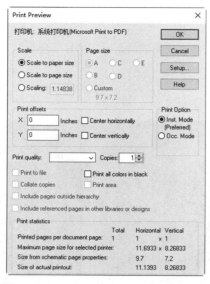

图 8.48　Print Preview（打印预览）对话框

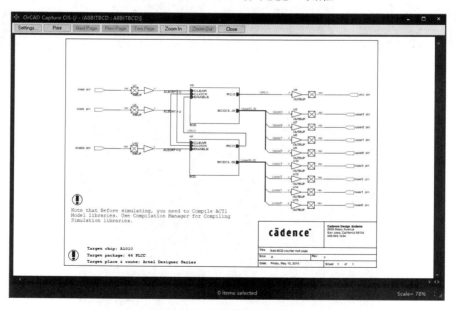

图 8.49　原理图预览结果

如检查无误，可连接打印机执行打印操作，这里不再赘述。

第 9 章 高级原理图设计

内容简介

在前面已经学习了在一张图纸上绘制一般电路原理图的方法，这种方法只适应于规模较小、逻辑结构比较简单的系统电路设计。在进行电路图设计时，有时电路图无法在一张页面上完成，需要几页的图纸才能构成完整的电路图；还有一些电路由于结构复杂，在同一层次上也无法完成，需要几个层次的电路图配合才可以。

因此，对于大规模的复杂系统，应该采用另外两种设计方法：平坦式和层次式。将整体系统按照功能分解成若干个电路模块，每个电路模块能够完成一定的独立功能，具有相对的独立性，可以由不同的设计者分别绘制在不同的原理图纸上。这样操作，电路结构会更清晰，同时也便于多人共同参与设计，从而加快工作进程。

内容要点

- ➥ 原理图分类
- ➥ 图纸的电气连接
- ➥ 层次式电路的设计方法
- ➥ 操作实例 —— 存储器接口电路

案例效果

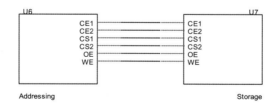

9.1 原理图分类

在进行电路原理图设计时，鉴于有些图纸过于复杂，无法在一张图纸上完成，于是衍生出两种电路（即平坦式电路和层次式电路）来解决这个问题。因此，原理图可以分为以下三种。

（1）简单的电路原理图（由单张图纸构成）。

（2）平坦式电路原理图（由多张图纸拼接而成）。

（3）层次式电路原理图（由多张图纸按一定层次关系构成）。

平坦式电路中各图页间是左右关系、层次式电路中各图页间是上下关系。

按照功能的不同，原理图可分为一般电路与仿真电路。

9.1.1　平坦式电路

平坦式电路是相互平行的电路，其在空间结构上属于同一个层次，只是分布在不同的电路图纸上，每张图纸通过页间连接符连接起来。

平坦式电路表示不同图页间的电路连接，每张图页上均有页间连接符，不同图页依靠相同名称的页间连接符进行电气连接。如果图纸够大，平坦式电路也可以绘制在同一张电路图上，但电路图结构过于复杂，不易理解，在绘制过程中也容易出错。采用平坦式电路虽然不在一张图页上，但相当于在同一个电路图的文件夹中。

Flat Design　即平坦式设计，在电路规模较大时，将图纸按功能分成几部分，每部分绘制在一页图纸上，每张电路图之间的信号连接关系用 **Off-Page Connector**（页间连接符）表示。

Capture 中平坦式电路结构的特点如下：

（1）每张电路图上都有 **Off-Page Connector**（页间连接器），表示不同页面电路间的连接。不同电路上名称相同的 **Off-Page Connector**（页间连接器）在电学上是相连的。

（2）平坦式电路之间不同页面都属于同一层次，相当于在一个电路图文件夹中。如图 9.1 所示，三张电路图都位于一个文件夹中。

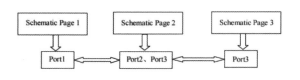

图 9.1　平坦式电路图结构

9.1.2　层次式电路

层次式电路在空间结构上属于不同层次，一般是先在一张图纸上用方框图的形式设置顶层电路，在另外的图纸上设计每个方框图所代表的子原理图。

如果电路规模过大，即使幅面最大的页面图纸也容纳不了整个电路设计，就必须采用特殊设计——平坦式或层次式电路结构。但是在以下几种情况下，即使电路的规模不是很大，完全可以放置在一页图纸上，也往往采用平坦式或层次式电路结构。

（1）将一个复杂的电路设计分为几个部分，分配给几个工程技术人员同时进行设计。

（2）按功能将电路设计分成几个部分，让具有不同特长的设计人员负责不同部分的设计。

（3）采用的打印输出设备不支持幅面过大的电路图页面。

（4）目前自上而下的设计策略已成为电路和系统设计的主流，这种设计策略与层次式电路结构一致，因此相对复杂的电路和系统设计，大多采用层次式电路结构，使用平坦式电路结构的情况已相对减少。

对于层次式电路结构，首先在一张图纸上用框图的形式设计总体结构，然后在另外一张图纸上设计每个子电路框图代表的结构。在实际设计中，下一层次电路还可以包含有子电路框图，按层次关系将子电路框图逐级细分，直到最后一层完全为某一个子电路的具体电路图，不再含有子电路框图。

层次式电路图的基本结构如图 9.2 所示。

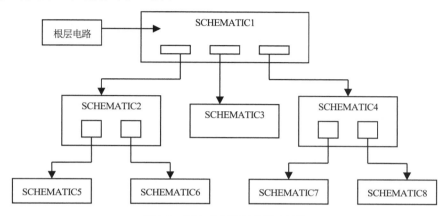

图 9.2　层次式电路图的基本结构

9.2　图纸的电气连接

不管是平坦式连接还是层次式连接，原理图的高级连接都包含多张原理图页，图纸间使用输入/输出端口或页间连接符进行电气连接，下面介绍这两种连接方式的使用方法。

9.2.1　放置电路端口

通过以上的介绍可知，在设计原理图时，两点之间可以直接使用导线进行连接，也可以通过设置相同的网络标签来完成。还有一种方法，即使用电路的输入/输出端口同样能实现两点之间（一般是两个电路之间）的电气连接。相同名称的输入/输出端口在电气关系上是连接在一起的，一般情况下在一张图纸中是不使用端口连接的，层次电路原理图的绘制过程中常用到这种电气连接方式。

【执行方式】

➤ 菜单栏：执行 Place（放置）→Hierarchical Port（电路端口）命令。

➤ 工具栏：单击 Draw Electrical 工具栏中的 Place port（放置电路端口）按钮 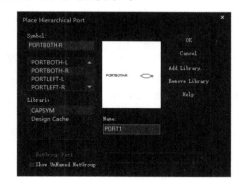。

【操作步骤】

（1）执行上述操作，弹出 Place Hierarchical Port（放置电路端口）对话框，如图 9.3 所示。在该对话框中可以选择不同类型的层次端口。

下面介绍该对话框中显示的 CAPSYM 库中的

图 9.3　Place Hierarchical Port（放置电路端口）对话框

I/O 端口类型。

1）PORTBOTH-L：设置双向箭头、节点在左的 I/O 端口符号 <PORTBOTH-L。

2）PORTBOTH-R：设置双向箭头、节点在右的 I/O 端口符号 PORTBOTH-R。

3）PORTLEFT-L：设置左向箭头、节点在左的 I/O 端口符号 PORTLEFT-L。

4）PORTLEFT-R：设置左向箭头、节点在右的 I/O 端口符号 PORTLEFT-R。

5）PORTNO-L：设置无向箭头、节点在左的 I/O 端口符号 PORTNO-L。

6）PORTNO-R：设置无向箭头、节点在右的 I/O 端口符号 PORTNO-R。

7）PORTRIGHT-L：设置右向箭头、节点在左的 I/O 端口符号 PORTRIGHT-L。

8）PORTRIGHT-R：设置右向箭头、节点在右的 I/O 端口符号 PORTRIGHT-R。

（2）在 Libraries（库）列表框中显示已加载的元件库，在 Symbol（符号）文本框中显示所选元件库中包含的端口符号，在 Name（名称）文本框中编辑端口名称，在右侧显示端口符号缩略图。

（3）单击 Add Library. 按钮，弹出 Browse File（搜索库）对话框，选择要添加的库文件。

（4）单击 Remove Library 按钮，删除 Libraries（库）列表框中加载的元件库。

（5）单击 OK 按钮，关闭对话框，在光标上显示浮动的端口符号，移动光标到需要放置端口的地方，单击即可完成放置，如图 9.4 所示。此时光标仍处于放置端口符号的状态，重复操作即可放置其他的端口符号。

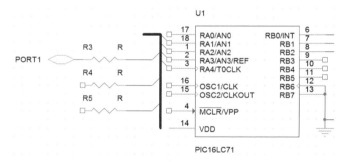

图 9.4　放置输入/输出端口符号

（6）选中电路图端口，右击，弹出如图 9.5 所示的快捷菜单，下面简单介绍部分常用的菜单命令。

1）Mirror Horizontally：电路端口符号左右翻转。

2）Mirror Vertically：电路端口符号上下翻转。

3）Rotate：电路端口符号逆时针旋转 90°。

4）Edit Properties：编辑电路端口符号的属性。

5）Fisheye view：鱼眼视图。

6）Zoom In：放大窗口。

7）Zoom Out：缩小窗口。

8）Go To …：跳转到指定位置。

9）Cut：剪切端口符号。

10）Copy：复制端口符号。

11）Delete：删除端口符号。

（7）端口名称的编辑还可以采用元件参数编辑的方法，在原理图中双击端口名称，弹出如图 9.6 所示的 Display Properties（显示属性）对话框，在该对话框中修改端口名称。

图 9.5　快捷菜单

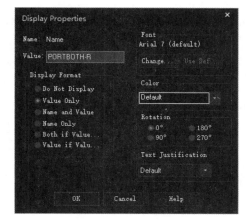

图 9.6　Display Properties（显示属性）对话框

9.2.2　放置页间连接符

在原理图设计中添加页间连接符，用于 Page1 与 Page2 间的电气连接。在上下两页连接的端口处放置页间连接符，平坦式电路页与页之间完成了完美的电气连接。

在使用页间连接符时，为确保电路图页之间正确的连接，这些电路图页必须在同一个电路文件夹下，并且页间连接符要有相同的名称，这样才能确保电路图页之间的电路连接名称清晰明确，同时避免在电路上造成混淆或错误的连接。

【执行方式】

➢ 菜单栏：执行 Place（放置）→Off-Page Connector（页间连接符）命令。

➢ 工具栏：单击 Draw Electrical 工具栏中的 Place off-page connector（放置页间连接符）按钮 。

【操作步骤】

（1）执行上述操作，弹出如图 9.7 所示的 Place Off-Page Connector（放置页间连接符）对话框。

下面介绍该对话框中显示的 CAPSYM 库中的页间连接符类型。

图 9.7　Place Off-Page Connector（放置页间连接符）对话框

1）OFFPAGELEFT-L：设置采用双向箭头、节点在左的页间连接符 ≪**OFFPAGELEFT-L** 。

2）OFFPAGELEFT-R：设置采用双向箭头、节点在右的页间连接符 **OFFPAGELEFT-R**≪ 。

（2）在 Libraries（库）列表框中显示已加载的元件库，在 Symbol（符号）文本框中显示所选元件库中包含的页间连接符，在 Name（名称）文本框中编辑页间连接符名称，在右侧显示页间连接符缩略图。

1）单击 Add Library... 按钮，弹出 Browse File（搜索库）对话框，在该对话框中可以选择要添加的库文件。

2）单击 Remove Library 按钮，删除 Libraries（库）列表框中加载的元件库。

3）单击 OK 按钮，关闭对话框。在光标上显示浮动的页间连接符，移动光标到需要放置页间连接符的位置，单击即可完成放置，如图 9.8 所示。此时光标仍处于放置页间连接符的状态，重复操作即可放置其他的页间连接符。

（3）双击页间连接符，弹出 Edit Off-Page Connector（编辑页间连接符）对话框，在 Name（名称）文本框中输入需要修改的页间连接符名称，如图 9.9 所示。

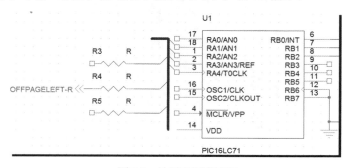

图 9.8　放置页间连接符

图 9.9　Edit Off-Page Connector
（编辑页间连接符）对话框

扫一扫，看视频

轻松动手学——放置 Switch 原理图的页间连接符

源文件：yuanwenjian\9\Power Switch.opj

【操作步骤】

（1）打开下载资源包中的 yuanwenjian\9\Power Switch.opj。

（2）双击 Switch 原理图页，进入原理图编辑环境，选择菜单栏中的 Place（放置）→Wire（导线）命令或单击 Draw Electrical 工具栏中的 Place wire（放置导线）按钮 📐，在原理图上布线，结果如图 9.10 所示。

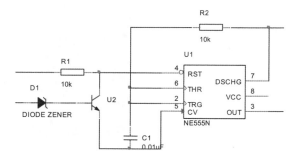

图 9.10　布线结果

（3）选择菜单栏中的 Place（放置）→Power（电源）命令或单击 Draw Electrical 工具栏中的 Place power（放置电源）按钮 ，弹出如图 9.11 所示的 Place Power（放置电源）对话框，在该对话框中选择普通电源符号，修改显示名称，在原理图中放置电源符号，如图 9.12 所示。

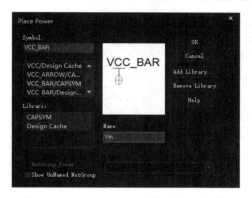

图 9.11　Place Power（放置电源）对话框

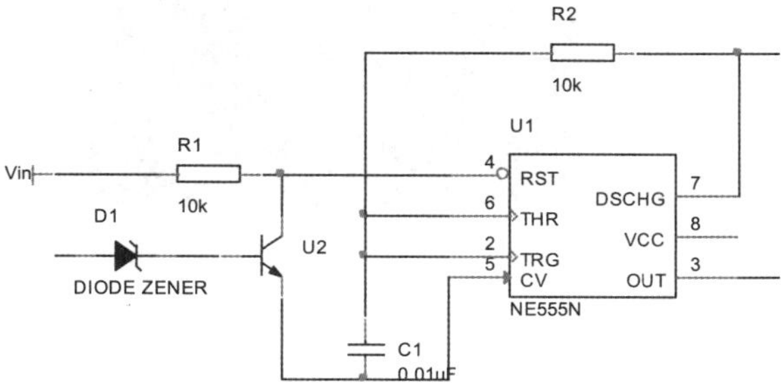

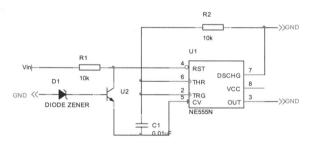

图 9.12　放置电源符号

（4）选择菜单栏中的 Place（放置）→Off-Page Connector（页间连接符）命令，或单击 Draw Electrical 工具栏中的 Place off-page connector（放置页间连接符）按钮 ，弹出如图 9.13 所示的 Place Off-Page Connector（放置页间连接符）对话框。

（5）选择节点在右的页间连接符，在 Name 文本框中输入名称 GND，单击 OK 按钮，关闭对话框。单击完成页间连接符放置，此时光标仍处于放置页间连接符的状态，重复操作，放置其他的页间连接符，按 R 键旋转页间连接符，结果如图 9.14 所示。

图 9.13　Place Off-Page Connector
（放置页间连接符）对话框

图 9.14　放置页间连接符

（6）双击右侧连接符名称，弹出 Display Properties（显示属性）对话框，分别修改页间连接符名称为 DISCHG、OUT，如图 9.15 所示。

（7）至此，完成原理图设计，最终结果如图 9.16 所示。

图9.15 Display Properties（显示属性）对话框

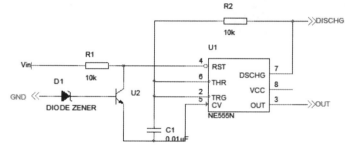

图9.16 原理图绘制结果

动手练一练——放置 Power 原理图的页间连接符

放置如图 9.17 所示的 Power 原理图的页间连接符。

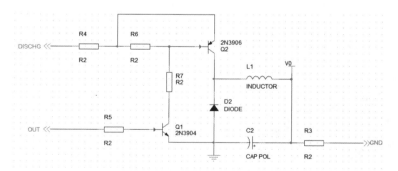

图9.17 放置页间连接符

思路点拨：

源文件：yuanwenjian\9\Power Switch.opj

（1）进入原理图编辑环境。

（2）放置页间连接符。

（3）设置属性。

9.2.3　放置层次块

放置的层次块并没有具体的意义，只是层次式电路的转接枢纽，需要进一步进行设置，包括其标识符、所表示的子原理图文件，以及一些相关的参数等。

【执行方式】

➤ 菜单栏：执行 Place（放置）→Hierarchical Block（层次块）命令。

➤ 工具栏：单击 Draw Electrical 工具栏中的 Place hierarchical block（放置层次块）按钮 ▥。

【操作步骤】

（1）执行上述操作，弹出如图 9.18 所示的 Place Hierarchical Block（放置层次块）对话框。

图 9.18　Place Hierarchical Block（放置层次块）对话框

下面介绍该对话框中的部分选项。

1）Reference：该文本框用来输入相应层次块电路图（又称方块电路图）的名称，其作用与普通电路原理图中的元件标识符相似，是层次式电路图中用来表示方块电路图的唯一标识，不同的方块电路图应该有不同的标识符。

2）Implementation Type：该电路图所连接的内层电路图类型，其下拉列表中共有 8 个选项，如图 9.19 所示。选择除<none>外的其余选项后，将激活相应选项，如图 9.20 所示。

➤ <none>：不附加任何工具参数。

➤ Schematic View：与电路图连接。

➤ VHDL：与 VHDL 硬件描述语言文件连接。

➤ EDIF：与 EDIF 格式的网络表连接。

➤ Project：与可编辑逻辑设计项目连接。

➤ PSpice Model：与 PSpice 模型连接。

➤ PSpice Stimulus：与 PSpice 仿真连接。

➤ Verilog：与 Verilog 硬件描述语言文件。

3）Implementation name：该文本框用来输入该方块电路图所代表的下层子原理图的文件名。

4）Path and filename：指定电路的存盘路径，可以不指定，默认选择电路图选择的路径。

5）　User Properties...　：单击此按钮，弹出如图 9.21 所示的对话框，增加和修改相关参数。

图 9.19　Implementation Type 菜单选项

图 9.20　激活相应选项

（2）单击 OK 按钮，关闭对话框。

（3）此时，光标变成了十字形，移动光标到需要放置方块电路图的地方，单击确定方块电路图的一个顶点，如图 9.22 所示，移动光标到合适的位置再一次单击确定其对角顶点，即可完成方块电路图的放置，设置完属性的方块电路图如图 9.23 所示。

图 9.21　User Properties（用户属性）对话框

图 9.22　放置方块电路图

图 9.23　设置完属性的方块电路图

9.2.4　放置图纸入口

在放置图纸入口时，应先选中方块电路图。

【执行方式】

➢ 菜单栏：执行 Place（放置）→Hierarchical Pin（图纸入口）命令。

➢ 工具栏：单击 Draw Electrical 工具栏中的 Place H Pin（放置图纸入口）按钮 ▦。

【操作步骤】

（1）执行上述操作，弹出如图 9.24 所示的对话框。

下面介绍该对话框中的部分选项。

1）Name：输入图纸入口的名称，与层次原理图子图中的图纸入口名称对应，只有这样才能完成层次原理图的电气连接。

2）Type：类型下拉列表，包含 8 种端口类型，如图 9.25 所示，这是图纸入口最重要的属性。

3）Width：设置管脚类型，有两个选项：Scalar（普通）、Bus（总线）。

4）User Propert...：单击此按钮，弹出如图 9.26 所示的对话框，增加和修改相关参数。

（2）属性设置完毕后，单击 OK 按钮，关闭对话框。

（3）此时，在工作区出现一个随着光标移动的图纸入口，附着图纸入口的光标只能在方块电路图内部移动，选择要放置的位置，单击，将管脚放在方块电路图的矩形框里，如图 9.27 所示。

（4）此时，光标仍处于放置图纸入口的状态，重复该操作即可放置其他的图纸入口，如图 9.28 所示。完成放置后，右击或者按下 Esc 键便可退出放置操作，结果如图 9.29 所示。

图 9.24　Place Hierarchical Pin
（放置图纸入口）对话框

图 9.25　类型下拉列表

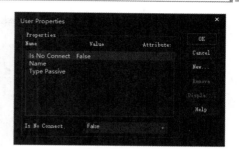

图 9.26　User Properties
（用户属性）对话框

图 9.27　移动图纸入口

图 9.28　继续放置图纸入口

图 9.29　图纸入口

9.3　层次式电路的设计方法

层次式电路的设计方法按照设计顺序可以分为自上而下和自下而上两种，本节详细讲述这两种设计方法。

9.3.1　自上而下的层次式电路设计

采用自上而下的层次式电路的设计方法，首先创建顶层图，在顶层图中添加层次块以代表每个模块，再将这些模块转换成子原理图，完成每个模块代表的下一层原理图并保存。这些原理图应该与上一层那些模块有同样的名称，这些名称应确保能将原理图和模块连接起来。

自上而下的层次式电路以一般原理图绘图方法进行设计，并采用了特有的转换命令，下面详细介绍该命令。

（1）选中如图 9.30 所示的层次块，右击，弹出快捷菜单，如图 9.31 所示，选择 Descend Hierarchy（生成下层电路层）命令，弹出如图 9.32 所示的对话框，在该对话框中可以修改创建电路图文件夹的名称。在 Name（名称）文本框中输入 AD。

（2）单击 OK 按钮，系统会自动创建一个电路图文件夹，这样层次块对应的下层电路就创建完成了，如图 9.33 所示。

（3）同时，在项目管理器中自动创建一个新的原理图文件夹 AD.SCH，在该文件夹下显示创建的子原理图 AD，如图 9.34 所示。

按照一般的绘图方法绘制子原理图，并用同样的方法绘制其余模块。这样就完成了自上而下的层次式电路的设计。

图 9.30　在原理图中选择层次块　　　图 9.31　快捷菜单　　　图 9.32　修改下层电路图名称

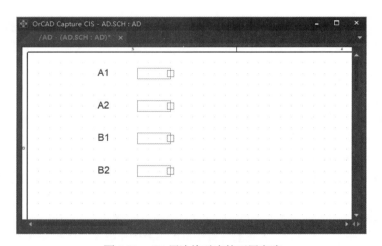

图 9.33　AD 层次块对应的下层电路　　　图 9.34　项目管理器窗口

轻松动手学——声控变频器电路

源文件：yuanwenjian\9\Transducer.opj

【操作步骤】

1．新建原理图页

（1）在 Cadence 17.4 主界面中，选择菜单栏中的 File（文件）→New（新建）→Project（工程）命令

或单击 Capture 工具栏中的 Create document（新建文件）按钮 ，弹出 New Project（新建工程）对话框，创建工程文件 Transducer.dsn，如图 9.35 所示。在该工程文件夹下，默认创建图纸文件 SCHEMATIC1，并在该图纸子目录下自动创建原理图页 PAGE1。

（2）选中图纸页文件 PAGE1，选择菜单栏中的 Design（设计）→Rename（重命名）命令，或右击，在弹出的快捷菜单中选择 Rename（重命名）命令，弹出 Rename Page（重命名图页）对话框，保存图页文件名称为 Top，完成原理图页文件的重命名操作，如图 9.36 所示。

图 9.35　New Project（新建工程）对话框　　　图 9.36　Rename Page（重命名图页）对话框

2. 放置层次块

（1）选择菜单栏中的 Place（放置）→Hierarchical Block（层次块）命令，弹出如图 9.37 所示的对话框，在 Reference（参考）文本框中输入 Power，在 Implementation Type（内层电路类型）下拉列表中选择 Schematic View，在 Implementation name（内层电路图名）文本框中输入 Power.SCH。

（2）单击 OK 按钮，关闭对话框，放置图表符 Power。

（3）选择菜单栏中的 Place（放置）→Hierarchical Block（层次块）命令，弹出如图 9.38 所示的对话框，在 Reference（参考）文本框中输入 FC，在 Implementation Type（内层电路类型）下拉列表中选择 Schematic View 命令，在 Implementation name（内层电路图名）文本框中输入 FC.SCH。

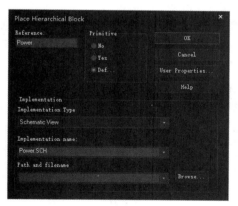
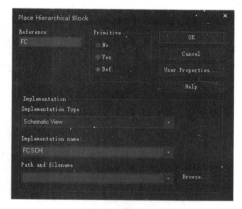

图 9.37　Place Hierarchical Block（放置层次块）　　　图 9.38　Place Hierarchical Block（放置层次块）
　　　　　对话框（1）　　　　　　　　　　　　　　　　　　对话框（2）

（4）单击 OK 按钮，关闭对话框，放置层次块 FC，如图 9.39 所示。

（5）选中 Power 层次块，选择菜单栏中的 Place（放置）→Hierarchical Pin（图纸入口）命令或者单击 Draw Electrical 工具栏中的 Place H Pin（放置图纸入口）按钮 ，弹出如图 9.40 所示的对话框，在 Name（名称）文本框中输入图纸入口名称，单击 OK 按钮，在 Power 层次块内放置图纸入口。

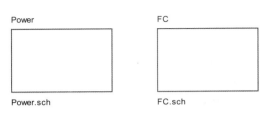

图9.39　放置层次块　　　　　　图9.40　Place Hierarchical Pin（放置图纸入口）对话框

（6）使用同样的方法放置其余图纸入口，结果如图9.41所示。

3. 原理图设计

选择菜单栏中的Place（放置）→Wire（导线）命令或者单击Draw Electrical工具栏中的Place wire（放置导线）按钮，对原理图进行布线操作，结果如图9.42所示。

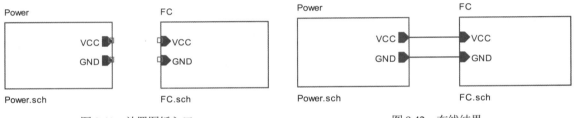

图9.41　放置图纸入口　　　　　　　　图9.42　布线结果

4. 生成子原理图

（1）选中Power层次块，右击，在弹出的快捷菜单中选择Descend Hierarchy（生成下层电路层）命令，弹出如图9.43所示的对话框，系统会自动创建一个电路图文件夹，在弹出的对话框中可以修改创建电路图文件夹的名称，在Name（名称）文本框中输入Power，单击OK按钮，创建Power层次块对应的子原理图，如图9.44所示。

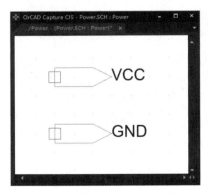

图9.43　修改下层电路图名称　　　　　　图9.44　Power层次块对应的子原理图

（2）使用同样的方法创建FC层次块对应的子原理图，如图9.45所示。

（3）与此同时，在项目管理器中产生了新的电路图Power.SCH:Power和FC.SCH:FC，如图9.46所示。

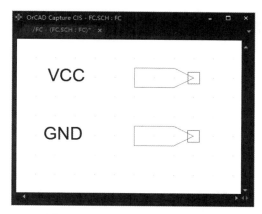

图 9.45　FC 层次块对应的子原理图　　　　　　图 9.46　项目管理器窗口

5. 绘制子原理图 Power

（1）在项目管理器中的图页 Power 上双击，进入原理图编辑环境，按照前面讲解的方法摆放元件，如图 9.47 所示。

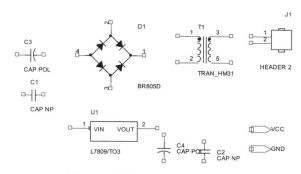

图 9.47　在图页 Power 上摆放元件

（2）选择菜单栏中的 Place（放置）→Wire（导线）命令或者单击 Draw Electrical 工具栏中的 Place wire（放置导线）按钮 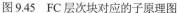，连接接地符号与对应接线端，至此完成子原理图 Power 的绘制，如图 9.48 所示。

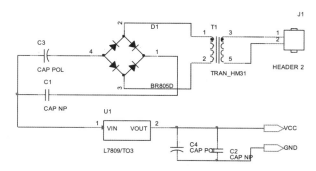

图 9.48　子原理图 Power

6. 绘制子原理图FC

（1）在项目管理器中的图页FC上双击，进入原理图编辑环境，按照前面讲解的方法摆放元件，如图9.49所示。

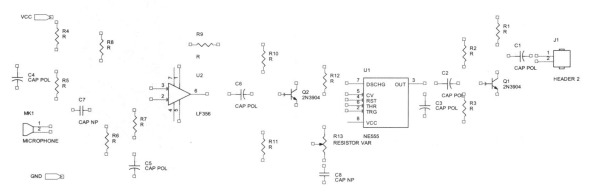

图9.49　在图页FC上摆放元件

（2）选择菜单栏中的Place（放置）→Wire（导线）命令或者单击Draw Electrical工具栏中的Place wire（放置导线）按钮 ，连接接地符号与对应接线端，至此完成子原理图FC的绘制，如图9.50所示。

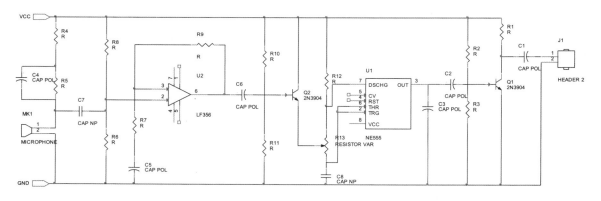

图9.50　子原理图FC

9.3.2　自下而上的层次式电路设计

所谓自下而上的层次式电路设计，就是先根据各个电路模块的功能，首先创建低层次的原理图，将低层次的原理图转换成层次式电路特有的层次块元件，然后利用该层次块元件创建高层次的原理图，最后完成高层次原理图的绘制。

自下而上绘制层次原理图的方法主要依靠Generate Part（生成层次块元件）命令，具体步骤如下。

（1）先绘制完成需要转换模块的子原理图，打开项目管理器窗口，选择菜单栏中的Tools（工具）→Generate Part（生成层次块元件）命令，弹出如图9.51所示的Generate Part（生成层次块元件）对话框，设置要生成的层次块元件参数。

（2）单击 Netlist/source files（资源文件）选项右侧的 Browse... 按钮，选择当前项目文件，在 Part name（元件名称）文本框中输入层次块名称，其余选项保持默认，单击 OK 按钮，弹出如图 9.52 所示的 Split Part Section Input Spreadsheet（分割部分输入电子表格）对话框，设置层次块元件的管脚信息。

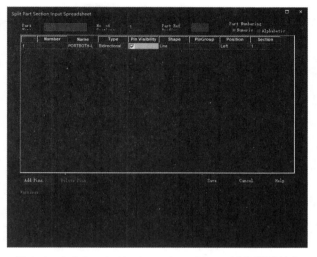

图 9.51　Generate Part（生成层次块元件）对话框

图 9.52　Split Part Section Input Spreadsheet（分割部分输入电子表格）对话框

单击 Save 按钮，关闭对话框，完成子原理图到层次块的转换。

（3）在 Place Part（放置元件）面板的 Libraries（库）选项组中显示系统自动加载的转换的层次块元件 DATE，并保存在与当前项目文件同名的元件库中，如图 9.53 所示。

（4）将该层次块元件放置到原理图中，结果如图 9.54 所示。

图 9.53　Place Part（放置元件）面板

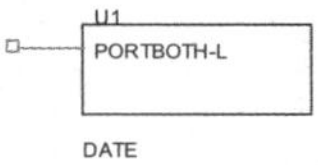

图 9.54　放置层次块元件

按照同样的方法设置其余子原理图，将生成的层次块元件放置到顶层原理图中，完成顶层原理图的绘制，这样就完成了自下而上层次式电路的设计。

9.4　操作实例——存储器接口电路

扫一扫，看视频

源文件：yuanwenjian\9\USB.PrjPcb

本实例通过设计存储器接口电路讲述自下而上的层次原理图设计，如图 9.55 所示。在电路的设计过程中，有时会出现一种情况，即事先不能确定端口，此时将整个工程的母图绘制出来是不切实际的，因此自上而下的方法就不能用了。

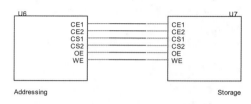

图 9.55　存储器接口电路

【操作步骤】

1. 新建原理图页

（1）在 Cadence 17.4 主界面中，选择菜单栏中的 File（文件）→New（新建）→Project（工程）命令或者单击 Capture 工具栏中的 Create document（新建文件）按钮 📄，弹出 New Project（新建工程）对话框，创建工程文件 USB.dsn，如图 9.56 所示。在该工程文件夹下，默认创建图纸文件 SCHEMATIC1，并在该图纸子目录下自动创建原理图页 PAGE1。

（2）选中图页文件 PAGE1，选择菜单栏中的 Design（设计）→Rename（重命名）命令，或右击，在弹出的快捷菜单中选择 Rename（重命名）命令，弹出 Rename Page（重命名图页）对话框，保存图页文件名称为 Storage，完成原理图页文件的重命名操作。

（3）在项目管理器上选中 SCHEMATIC1，右击，在弹出的快捷菜单中选择 New Page（新建图页）命令，弹出对话框，在 Name（名称）文本框中显示新建页的名称 Addressing，单击 OK 按钮，完成第 2 页原理图的创建，创建完成后的项目管理器窗口如图 9.57 所示。

图 9.56　New Project（新建工程）对话框

图 9.57　项目管理器窗口

2. 绘制子原理图 Storage

（1）在项目管理器中双击图页 Storage，进入原理图编辑环境，按照前面讲解的方法摆放元件，如图 9.58 所示。

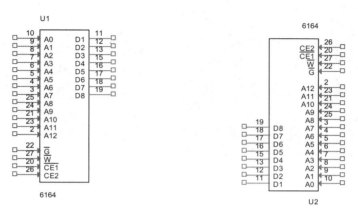

图 9.58　在 Storage 图页上摆放元件

（2）选择菜单栏中的 Place（放置）→Hierarchical Port（电路端口）命令或者单击 Draw Electrical 工具栏中的 Place port（放置电路端口）按钮 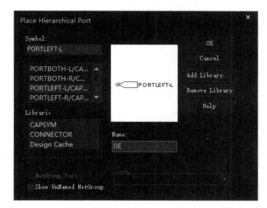，弹出如图 9.59 所示的对话框，选择左向端口，并将其放置到原理图中，输入名称 OE，在图纸中放置端口，按 R 键旋转端口，在对应位置单击，完成放置。

图 9.59　Place Hierarchical Port（放置电路端口）对话框

📢 提示：

  可继续放置端口，在放置下一个端口的过程中，需要修改端口名称，右击，在弹出的快捷菜单中选择 Edit Properties（编辑属性）命令，弹出 OrCAD Capture CIS 窗口，如图 9.60 所示，在该窗口的 Property Editor（属性编辑器）选项卡中修改端口参数。

（3）使用同样的方法放置其余端口，最终结果如图 9.61 所示。

（4）绘制导线。选择菜单栏中的 Place（放置）→Wire（导线）命令或者单击 Draw Electrical 工具栏中的 Place wire（放置导线）按钮 ，绘制除了总线之外的其他导线，如图 9.62 所示。

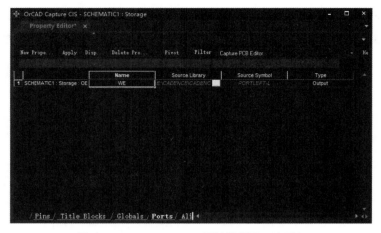

图 9.60 Property Editor（属性编辑器）选项卡

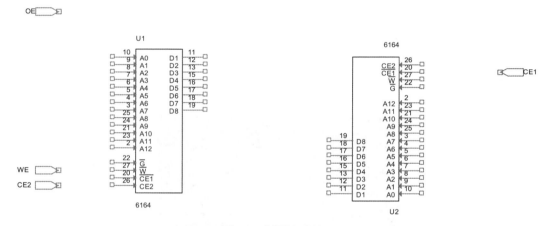

图 9.61 放置电路端口

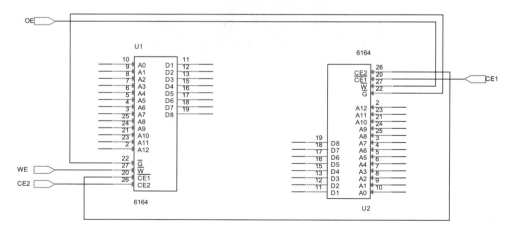

图 9.62 绘制导线

（5）放置总线。选择菜单栏中的 Place（放置）→Bus（总线）命令或者单击 Draw Electrical 工具栏中的 Place bus（放置总线）按钮 ，也可以按下快捷键操作，这时光标变成十字形，即已激活总线操作，放置的总线如图 9.63 所示。

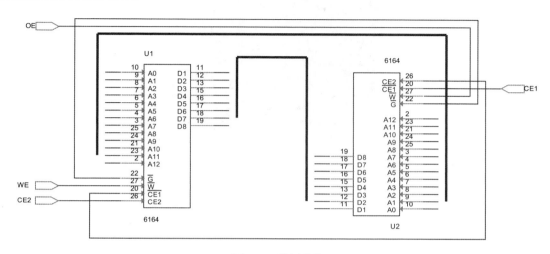

图 9.63　放置总线

（6）放置总线分支。选择菜单栏中的 Place（放置）→Bus Entry（总线分支）命令或者单击 Draw Electrical 工具栏中的 Place bus entry（放置总线分支）按钮 ，用总线分支将芯片管脚和总线连接起来，在放置过程中按 R 键旋转总线分支，如图 9.64 所示。

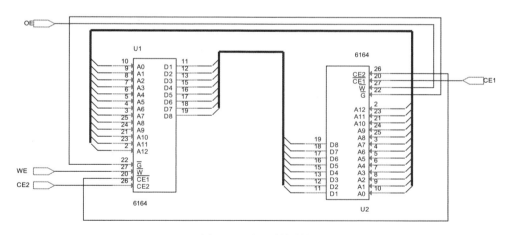

图 9.64　放置总线分支

（7）放置网络标签。选择菜单栏中的 Place（放置）→Net Alias（网络名）命令或者单击 Draw Electrical 工具栏中的 Place net alias（放置网络名）按钮 ，弹出 Place Net Alias（放置网络名）对话框，如图 9.65 所示。在该对话框中输入标签名称 A0。

单击 OK 按钮，这时光标上带有一个初始标号，移动光标，将网络标签放置到总线分支上，依次放置递增的网络标签，结果如图 9.66 所示。

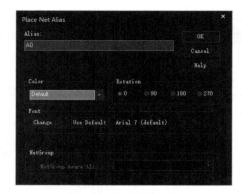

图 9.65　编辑网络标签

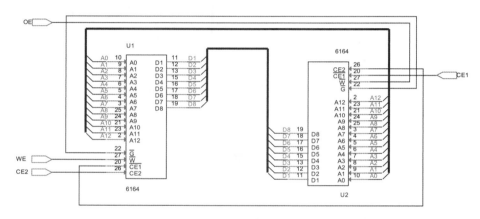

图 9.66　放置网络标签

3．绘制子原理图 Addressing

（1）在项目管理器中的图页 Addressing 上双击，进入原理图编辑环境，按照前面讲解的方法摆放元件，如图 9.67 所示。

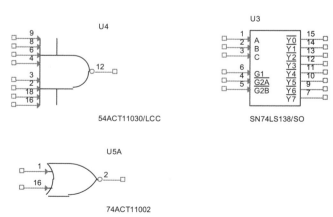

图 9.67　在图页 Addressing 上摆放元件

（2）选择菜单栏中的 Place（放置）→Hierarchical Port（电路端口）命令或者单击 Draw Electrical 工具栏中的 Place port（放置电路端口）按钮 ，弹出 Place Hierarchical Port（放置电路端口）对话框，并将选择的端口放置到原理图中，使用同样的方法放置其余端口，最终结果如图 9.68 所示。

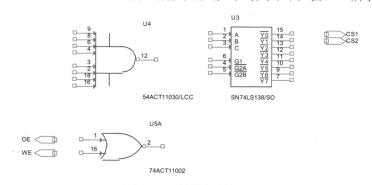

图 9.68　放置电路端口

（3）选择菜单栏中的 Place（放置）→Wire（导线）命令或者单击 Draw Electrical 工具栏中的 Place wire（放置导线）按钮 ，连接接地符号与对应接线端，至此完成原理图的绘制，如图 9.69 所示。

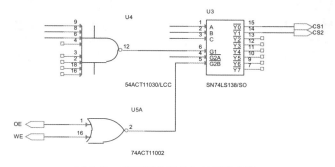

图 9.69　连接接地符号与对应接线端

（4）选择菜单栏中的 Place（放置）→Net Alias（网络名）命令或者单击 Draw Electrical 工具栏中的 Place net alias（放置网络名）按钮 ，弹出 Place Net Alias（放置网络名）对话框，将网络标签放置到导线上，依次放置递增的网络标签，结果如图 9.70 所示。

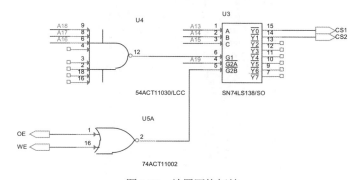

图 9.70　放置网络标签

4. 生成层次块元件

（1）打开项目管理器窗口，选中图页文件 Addressing，选择菜单栏中的 Tools（工具）→Generate Part（生成层次块元件）命令，弹出如图 9.71 所示的 Generate Part（生成层次块元件）对话框，在 Part name（元件名称）文本框中输入层次块名称 Addressing，其余选项保持默认，完成层次块的设置。

（2）单击 OK 按钮，弹出如图 9.72 所示的对话框，设置层次块元件的管脚信息，单击 Save 按钮，关闭对话框，完成子原理图到层次块的转换。

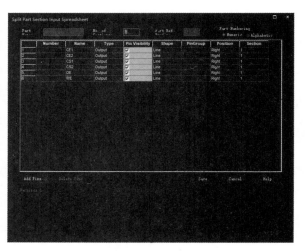

图 9.71　Generate Part（生成层次块元件）　　　图 9.72　Split Part Section Input Spreadsheet（分割部分
对话框　　　　　　　　　　　　　　　　　　　输入电子表格）对话框

（3）选中图页文件 Storage，选择菜单栏中的 Tools（工具）→Generate Part（生成层次块元件）命令，弹出如图 9.73 所示的 Generate Part（生成层次块元件）对话框，在 Part name（元件名称）文本框中输入层次块名称 Storage，其余选项保持默认，完成层次块的设置。

图 9.73　Generate Part（生成层次块元件）对话框

（4）单击 OK 按钮，弹出如图 9.74 所示的对话框，设置层次块元件的管脚信息，单击 **Save** 按钮，关闭对话框，完成子原理图到层次块的转换。

在项目管理器中显示生成的元件库中的两个层次块元件，如图 9.75 所示。

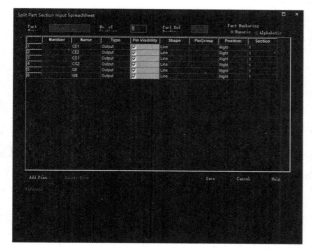

图 9.74 Split Part Section Input Spreadsheet（分割部分
输入电子表格）对话框

图 9.75 项目管理器

5．绘制顶层电路图

（1）在项目管理器中选中 SCHEMATIC1，右击，在弹出的快捷菜单中选择 New Page（新建图页）命令，弹出如图 9.76 所示的对话框，在 Name（名称）文本框中输入新建图页的名称 TOP，单击 OK 按钮，完成第 3 页原理图的创建。

（2）双击图页 TOP，进入原理图编辑环境。在 Place Part（放置元件）面板的 Libraries（库）选项组中显示系统自动加载的转换的层次块元件，并保存在与当前项目文件名称同名的元件库中，如图 9.77 所示。

图 9.76 新建页名称修改对话框

图 9.77 Place Part（放置元件）面板

（3）将该库中的层次块放置到原理图中，结果如图 9.78 所示。

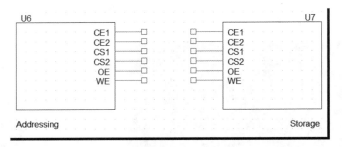

图 9.78　放置层次块元件

（4）选择菜单栏中的 Place（放置）→Wire（导线）命令或者单击 Draw Electrical 工具栏中的 Place wire（放置导线）按钮 ，连接原理图，最终结果见图 9.55。

第 10 章　原理图库设计

内容简介

大多数情况下，在同一个工程的电路原理图中，由于性能、类型等诸多因素的不同，所用到的元件可能来自很多不同的库文件。在这些库文件中，有系统提供的若干个集成库文件，也有用户自己建立的原理图库文件，非常不便于管理，更不便于用户之间的交流。

基于这一点，可以使用 Cadence 17.4 中提供的专用的原理图库管理工具——Library Explorer，为自己的工程创建一个独有的原理图元件库，把工程电路原理图中所用到的元件原理图符号都汇总到该元件库中，并脱离其他的库文件而独立存在，从而为工程的统一管理提供方便。

本章将对元件库的创建进行详细介绍，读者可在本章学习如何管理自己的元件库，从而更好地为设计服务。

内容要点

- ❑ 库文件管理器
- ❑ 元件库编辑器
- ❑ 库元件的创建
- ❑ 操作实例 —— 绘制简单元件

案例效果

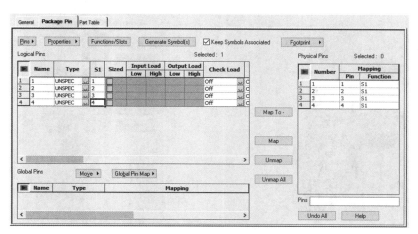

10.1 库文件管理器

除了可以直接在 OrCAD Capture CIS 图形界面中创建元件库文件和绘制库文件外，Cadence 17.4 还提供了一个独立的编辑器——Library Explorer，用来创建和维护构建区的库及库的分类元件，也可以进行元件的校验，在构建区可以导入/导出文件、元件和库，也可以创建库和元件。

10.1.1 库管理工具

有别于 Cadence 17.4 其余模块双击图标即可启动编辑器的方法，Library Explorer 的启动比较烦琐，下面详细介绍两种启动 Library Explorer 模块并进入元件库编辑图形界面的方法。

1. 按照菜单命令创建库文件

轻松动手学——间接启动 Library Explorer

【操作步骤】

（1）执行"开始"→"程序"→Cadence PCB 17.4-2019→Project Manager 17.4 命令，弹出 Cadence Product Choices（Cadence 产品选择）对话框。

（2）在 Cadence Product Choices（Cadence 产品选择）对话框中选择 Allegro PCB Librarian XL(PCB Librarian Expert)选项。

（3）单击 OK 按钮，进入库管理工具界面，如图 10.1 所示。

（4）选择菜单栏中的 File（文件）→Open（打开）命令，在弹出的 Open Project（打开项目文件）对话框中选择一个.cpm 文件，双击后打开，原理图的库管理工具界面将刷新，如图 10.2 所示。

图 10.1 库管理工具界面（1）

图 10.2 库管理工具界面（2）

（5）选择菜单栏中的 Tools（工具）→Library Tools（库工具）→Library Explorer（库搜索）命令，进入 Library Explorer 图形界面，如图 10.3 所示。

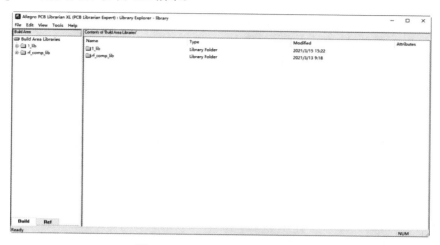

图 10.3　Library Explorer 图形界面

2．按照向导创建库文件

轻松动手学——直接启动 Library Explorer

【操作步骤】

（1）执行"开始"→"程序"→Cadence PCB Utilities 17.4-2019→Library Explorer 17.4 命令，弹出 Cadence Product Choices（Cadence 产品选择）对话框，如图 10.4 所示。

（2）在 Cadence Product Choices（Cadence 产品选择）对话框中选择 Allegro PCB Librarian XL (PCB Librarian Expert)选项。

（3）单击 OK 按钮，在弹出的 Getting Started（开始工作）对话框中选中 Create a new Managed Library Project（创建一个新的元件库项目）单选按钮，如图 10.5 所示。

图 10.4　Cadence Product Choices
（Cadence 产品选择）对话框

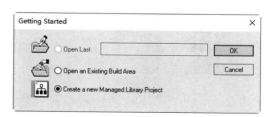

图 10.5　Getting Started（开始工作）对话框

通过新建一个原理图库文件，或者通过打开一个已有的原理图库文件，都可以进入原理图库文件编辑环境。

（4）单击 OK 按钮，弹出 New Project Wizard-Project Name and Location（新建项目向导-项目名称和位置）对话框，如图 10.6 所示。

（5）单击"下一步"按钮，弹出 New Project Wizard-Libraries（新建项目向导-库）对话框，如图 10.7 所示。

1）Add... ：单击此按钮，可以添加参考库。

2）Import... ：单击此按钮，可以导入参考库。

3）Remove ：单击此按钮，可以移走参考库。

图 10.6　New Project Wizard-Project Name and Location（新建项目向导-项目名称和位置）对话框

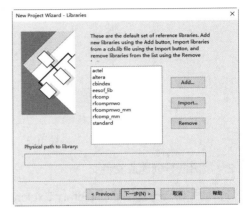

图 10.7　New Project Wizard-Libraries（新建项目向导-库）对话框

（6）单击"下一步"按钮，弹出 New Project Wizard-Summary（新建项目向导-摘要）对话框，如图 10.8 所示。在此对话框内显示项目的名称和路径等内容。

（7）单击"完成"按钮，弹出 Library Explorer（库搜索）对话框，如图 10.9 所示，提示新的库项目创建成功。

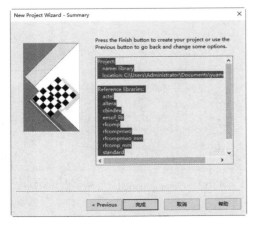

图 10.8　New Project Wizard-Summary（新建项目向导-摘要）对话框

图 10.9　Library Explorer（库搜索）对话框

（8）单击"确定"按钮，弹出 Library Explorer 图形界面，可见一个新的库项目已创建成功，如图 10.10 所示。

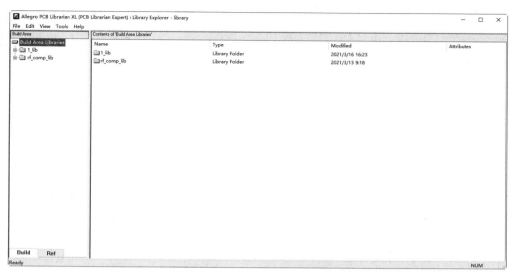

图 10.10　Library Explorer 图形界面

10.1.2　手动创建库文件

在 Library Explorer 图形界面中，选择菜单栏中的 File（文件）→New（新建）→Build Library（新建库）命令，在左侧构建区的 Build Area（构建区）选项卡中显示生成一个名为 new_library 的新文件夹，如图 10.11 所示，根据需要修改新库文件的名称，创建新库文件，在右侧显示区显示创建的库文件包含的信息。

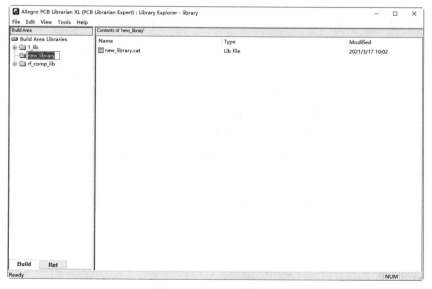

图 10.11　创建新库文件

10.1.3　Library Explorer 图形界面

Library Explorer 图形界面可分为标题栏、构建区、显示区、菜单栏和状态栏 5 部分。下面重点对前 4 个部分进行介绍。

1. 标题栏

标题栏显示软件名称及所打开文件的路径及名称，如图 10.12 所示。

Allegro PCB Librarian XL (PCB Librarian Expert) : Library Explorer - library

图 10.12　标题栏

2. 构建区

左侧的构建区内又分为 Build 构建区（图 10.13）和 Ref 参考区（图 10.14）。

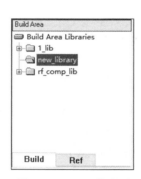

图 10.13　Build 构建区

图 10.14　Ref 参考区

（1）Build 构建区主要显示 cds.lib 指定的库，可以在 Build 构建区对库进行创建和修改，系统会自动更新创建或重命名操作的 cds.lib 项目文件，通过在菜单栏中执行 View/Refresh 命令进行 Build 构建区内的更新显示。在 Build 构建区内创建成功的库经过校验后可以导入 Ref 参考区。

（2）Ref 参考区主要显示 refcds.lib 中显示的库。Ref 参考区中的库都是经过校验确认的，在 Ref 参考区中不能对库进行编辑修改；如果需要修改，可以导入到 Build 构建区内进行修改编辑，确定后再导回 Ref 参考区。Ref 参考区中的库是通过导入 Build 构建区中的库得到的。

3. 显示区

右侧的显示区显示左边库中选中的内容（图 10.15），显示区内可以显示选中库中的内容，包括名称、类型、修改日期及属性。

4. 菜单栏

在 Library Explorer 图形界面中，菜单栏由 File（文件）、Edit（编辑）、View（视图）、Tools（工具）和 Help（帮助）5 个菜单组成，如图 10.16 所示。

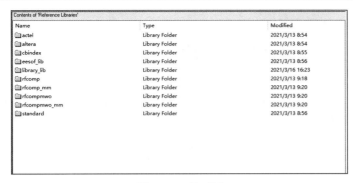

图 10.15　显示区

图 10.16　菜单栏

10.1.4　添加元件

在左侧构建区 Build Area（构建区）选项卡中选中添加的元件库文件，选择菜单栏中的 File（文件）→ New→Part（新建元件）命令，或右击，弹出如图 10.17 所示的快捷菜单，选择 New Part（新建元件）命令，在选中库的文件夹下生成一个名为 new_cell 的新文件夹，如图 10.18 所示，可以修改新建元件的名称。

图 10.17　快捷菜单

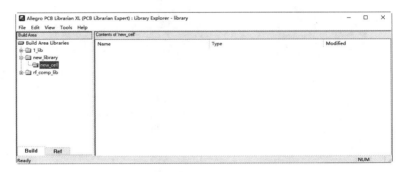

图 10.18　新建元件

在左侧构建区 Build Area（构建区）选项卡中选中添加的元件库文件，在右侧显示所选库文件的详细信息，如图 10.19 所示。

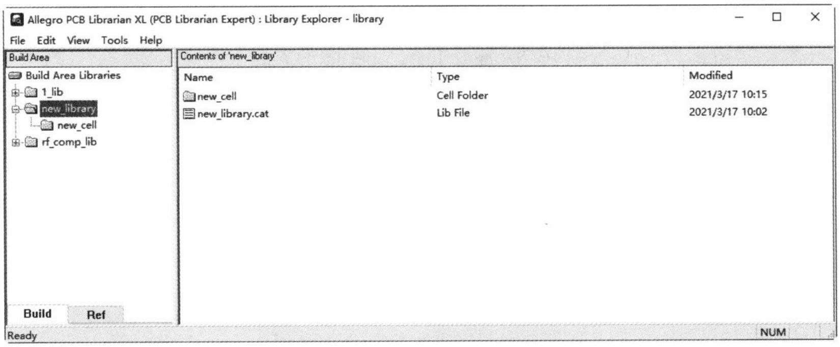

图 10.19　显示库文件的详细信息

10.2　元件库编辑器

对元件进行编辑，还需要进入一个新的图形界面——Part Developer，有别于一般的直接绘制元件外形的方法，在该图形界面中通过参数设置从系统调入设置参数对应的外形，下面介绍如何修改界面中的元件设置。

10.2.1　启动元件编辑器

在 Library Explorer 图形界面中，选择菜单栏中的 Tools（工具）→Part Developer 命令，弹出 Part Developer 图形界面，如图 10.20 所示。

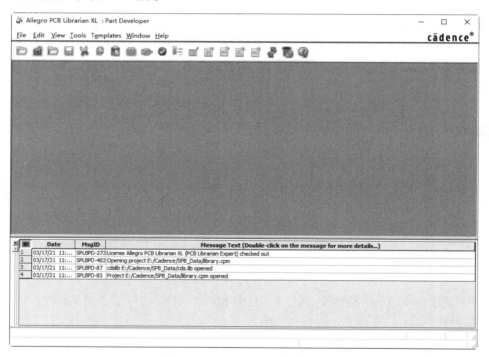

图 10.20　Part Developer 图形界面

Cadence 17.4 提供 Part Developer 库开发工具供原理图库使用，Cadence 17.4 的原理图库由数据文件构成，如图 10.21 所示。Part Developer 图形界面可分为标题栏、菜单栏、工具栏、项目管理器、输出窗口、信息栏和状态栏 7 部分。

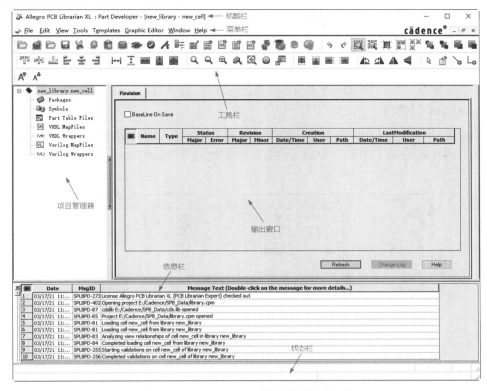

图 10.21　Part Developer 图形界面组成部分

10.2.2　编辑器界面

在项目管理器窗口中选中元件名称，在下方信息栏中可以查看元件的日志和版本信息，如图 10.21 所示。在输出窗口的表格中显示以下可以设置的选项。

（1）Name：显示元件和视图的名称。

（2）Type：显示视图的类型。

（3）Status/Major：显示元件的一些主要状态，有 Created、Baseline 和 Modified 3 个值。Created 表示创建新元件或新视图，Baseline 表示第一次启动元件日志或重新开始，Modified 表示修改元件时会显示此值。

（4）Status/Error：显示视图是否有错误。

（5）Revision/Major：显示元件或视图的主要版本。

（6）Revision/Minor：显示元件或视图的小版本。

（7）Creation/Date/Time：显示创建的日期和时间。

（8）Creation/User：显示创建的注册名。

（9）Creation/Path：显示库和元件名称。

（10）LastModification/Date/Time：显示修改视图的日期和时间。

（11）LastModification/User：显示修改者的注册名。

（12）LastModification/Path：显示最后的修改及路径。

元件编辑器提供了 7 种表述元件的方式，分别是 Packages（封装）、Symbols（符号）、Part Table Files（元件列表文件）、VHDL MapFiles（VHDL 映射文件）、VHDL Wrappers（VHDL 包装文件）、Verilog MapFiles（Verilog 映射文件）、Verilog Wrappers（Verilog 包装文件）。

下面重点介绍采用前 3 种方式表述元件时所涉及的选项。

1．Packages（封装）

在项目管理器中单击 Packages（封装）选项，打开封装编辑器。在封装编辑器内可以进行元件封装的创建及修改，共有 General（通用）、Package Pin（封装管脚）和 Part Table（元件列表）3 个选项卡，如图 10.22 所示。

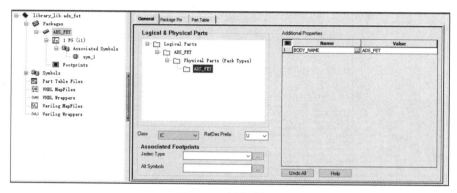

图 10.22　封装编辑器

（1）General（通用）选项卡。打开 General（通用）选项卡，显示如图 10.22 所示的界面，在该选项卡内有以下组成部分。

1）Logical & Physical Parts：逻辑和物理元件。

➢ 逻辑部分的主要作用是定义元件的逻辑管脚并且被映射到一个或者多个物理部分。逻辑部分的名称也可以以物理部分为后缀，在默认情况下，逻辑部分的名称和物理部分的名称是相同的。

➢ 物理部分的主要作用是映射逻辑到物理的管脚和设置物理属性。物理部分的名称可以和逻辑部分相同。

2）Class：提供元件的类型，共有 DISCREIE、IO、IC 和 MECHANICAL 4 种类型可选择。

3）RefDes Prefix：选择元件参考编号的前缀，有 C、D、M、R、T、U、X 等选项。

4）Associated Footprints：此区域内有 Jedec Type 和 Alt Symbols 两栏，可以将元件管脚图信息与元件联系起来。可以手动指定，也可以通过浏览选择，默认选择是来自 Cadence 提供的管脚图。

5）Additional Properties：可以添加其他属性。

（2）Package Pin（封装管脚）选项卡。打开 Package Pin（封装管脚）选项卡，如图 10.23 所示。在该选项卡中可以输入封装的管脚信息，逻辑管脚和物理管脚都在这里输入。

1）Logical Pins：显示封装的逻辑管脚信息。

2）Properties ▶：在下拉菜单中有针对封装管脚的 Add、Rename、Delete 命令。

3）Functions/Slots：单击该按钮，弹出 Edit Functions 对话框。该对话框中的主要功能包括添加封装的通道、删除封装的通道和修改通道的管脚配置。

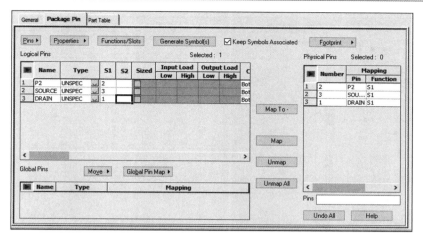

图 10.23　Package Pin（封装管脚）选项卡

4）Generate Symbol(s)：创建封装对应的符号。

5）Keep Symbols Associated：勾选此复选框，当封装的管脚列表变更时，就会同时更新符号的管脚列表，确保封装和符号的对应。

6）Global Pins 栏：显示应用于所有通道的管脚列表。

7）Physical Pins 栏：显示物理管脚号，映射逻辑管脚和通道。

8）Pins 栏：不用通过单击的方法来选择需要的管脚，可以进行多个管脚的选择。

（3）Part Table（元件列表）选项卡。打开 Part Table（元件列表）选项卡，可以显示元件的整体属性以及排列顺序，如图 10.24 所示。

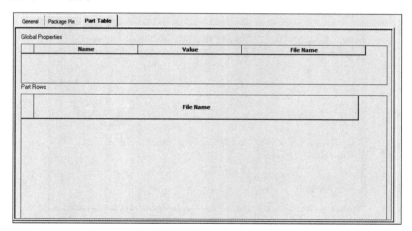

图 10.24　Part Table（元件列表）选项卡

2．Symbols（符号）

在项目管理器中单击 Symbols（符号）选项，打开元件符号编辑器。在元件符号编辑器中可以查看完整的符号信息和符号的图形，共有 General（通用）和 Symbol Pins（符号管脚）两个选项卡，如图 10.25 所示。

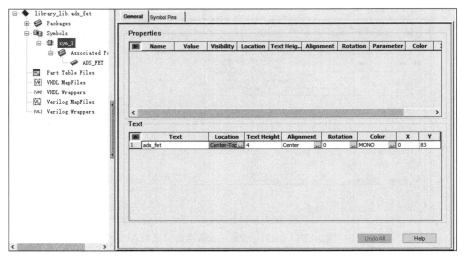

图 10.25　元件符号编辑器

（1）General（通用）选项卡。General（通用）选项卡主要用于描述符号的属性。

在 Properties（属性）选项组中显示元件符号的属性；在 Text（文本）选项组中显示所有符号中的文字。

（2）Symbol Pins（元件符号管脚）选项卡。

1）打开 Symbol Pins（元件符号管脚）选项卡，可以输入符号管脚和确定符号的大小，还可以修改存在的管脚的信息和符号尺寸，如图 10.26 所示。

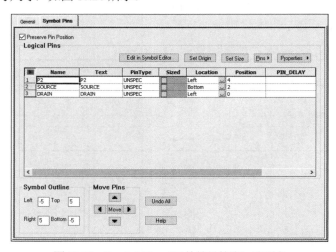

图 10.26　Symbol Pins（元件符号管脚）选项卡

2）Preserve Pin Position：勾选此复选框，当符号外形改变时，管脚的位置以及管脚关联的属性和管脚文字将不会调整；若不勾选，则文字将动态调整，一般默认勾选。

3）Logical Pins 选项组：显示所有符号管脚相关的属性。

4）Symbol Outline 选项组：确定符号相对于原点的长度和宽度。

5）Move Pins 选项组：单击箭头可以移动选择的管脚。一次可以移动一个格。

3. Part Table Files（元件列表文件）

Part Table Files（元件列表文件）是一个 ASCII 文件，如图 10.27 所示。其用于灵活构造部件以满足用户不同的需要。任何文本编辑器均可编写或修改该文件，注意文件内容必须符合图例格式。

该文件在 Ptf Editor-part.ptf 编辑器中进行编辑，如图 10.28 所示。

图 10.27　项目管理器　　　　　　　　　图 10.28　Ptf Editor-part.ptf 编辑器

10.2.3　环境设置

在 Part Developer 编辑环境下，需要根据所要绘制的元件符号、封装等类型对编辑器环境进行相应的设置。主要有用户面值、管脚后缀有效字符、封装属性等。

【执行方式】

菜单栏：执行 Tools（工具）→Setup（设置）命令。

【操作步骤】

执行上述操作，弹出如图 10.29 所示的 Setup（设置）对话框，在此对话框内完成元件编辑器的相关设置。

【选项说明】

Setup（设置）对话框分为两部分，左侧显示的是 Setup Options（设置选项）管理列表，右侧显示的是对应列表中可以设置的选项，下面分别介绍不同选项栏。

1. Setup（设置）选项栏

在左侧 Setup Options（设置选项）管理列表中选择 Setup（设置）选项，设置管脚名后缀的有效字符。设置低有效字符和 Split 元件的默认属性。

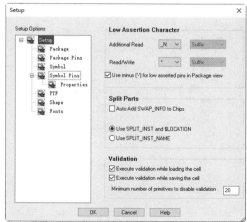

图 10.29　Setup（设置）对话框

（1）Low Assertion Character：设置后缀有效字符，可以判断有效管脚名后缀字符的设置。

1）Additional Read：设置在读元件时，判断有效管脚的后缀是"_N"还是"*"。

2）Read/Write：设置在读写元件时，确定是以后缀"_N"还是后缀"*"作为管脚名的低有效字符。

（2）Split Parts：设置 Split 元件。一个 Split 元件由多个符号代表。在组成符号和 chips.prt 文件中有以下专有的设置属性。

1）Auto Add SWAP_INFO to Chips：勾选此复选框，将多管脚元件的逻辑部分分为几个有着相同逻辑功能的符号，符号间也可能会交换管脚。

2）Use SPLIT_INST and $LOCATION：单击此单选按钮，以确保打包到同一元件中的符号属性 $LOCATION 具有相同的值。

3）Use SPLIT_INST_NAME：单击此单选按钮，以确保打包到同一元件中的符号属性 Use SPLIT_INST_NAME 具有相同的值。

2．Package（封装）选项栏

在左侧 Setup Options（设置选项）管理列表中选择 Package（封装）选项，如图 10.30 所示，设置元件封装，可以进行如下设置。

（1）Class：集，在该下拉列表中选择元件类型，有 IC、IO 和 DISCRETE 3 个选项。

（2）RefDes Prefix：在该下拉列表中设置封装的参考编号的前缀。

（3）Additional Package Properties：输入其他的封装属性。可以在 Name（名称）菜单下选择提供的属性，也可以根据需要添加其他的属性。

3．Package Pins（封装管脚）选项栏

在左侧 Setup Options（设置选项）管理列表中选择 Package Pins（封装管脚）选项，设置默认封装管脚属性，如图 10.31 所示。

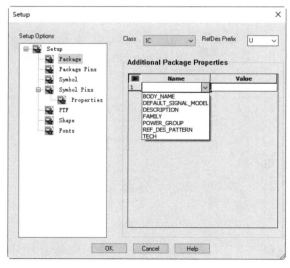

图 10.30　设置元件封装

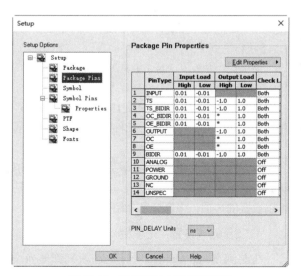

图 10.31　设置默认封装管脚属性

单击  按钮，弹出包含 Add（添加）、Rename（重命名）和 Delete（删除）3 个命令选项的菜单，执行这些命令，可以完成添加、重命名和删除属性的操作。

4．Symbol（符号）选项栏

在左侧 Setup Options（设置选项）管理列表中选择 Symbol（符号）选项，如图 10.32 所示。在对话框中可以创建符号，设置符号的默认值。具体设置内容如下。

（1）System Unit：设置符号的测量单位。

（2）Sheet Size：设置原理图图框大小。如果符号超出图框的范围，就会出现错误报告。

（3）Pin grid size：设置格点大小。在添加符号管脚时，只能将符号管脚放在格点上。

（4）Non-pin grid factor：设置非管脚格点。

（5）Minimum Size (In Grid Units)：设置符号的最小高度和宽度。

（6）Symbol Outline：设置符号外行线的宽度。

（7）Auto Expand Bus：设置总线自动展开。

（8）Text Attributes：设置符号中文字的高度、颜色、角度。

（9）Default Property Height：设置符号属性和属性值的高度。

（10）Symbol Properties：设置系统属性。

5．Symbol Pins（符号管脚）选项栏

在左侧 Setup Options（设置选项）管理列表中选择 Symbol Pins（符号管脚）选项，可以进行管脚文字及管脚属性的设置，如图 10.33 所示。

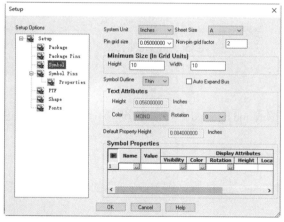

图 10.32　设置符号属性

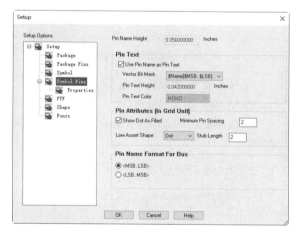

图 10.33　设置符号管脚的默认值

（1）Pin Name Height：设置管脚名称的高度。

（2）Pin Text 选项组：Use Pin Name as Pin Text 选项用于设置是否用管脚名称作为管脚显示的文字；Vector Bit Mask 选项用于设置矢量管脚的管脚文字；Pin Text Height 选项用于设置管脚文字的高度；Pin Text Color 选项用于设置管脚文字的颜色。

（3）Pin Attributes(In Grid Unit)选项组：Show Dot As Filled 选项用于设置符号管脚上的圆点是填充的还是空的；Minimum Pin Spacing 选项用于设置最小管脚间距；Low Assert Shape 选项用于设置低有效管

脚的形状；Stub Length 选项用于设置符号管脚的长度。

（4）Pin Name Format For Bus：设置管脚的显示格式。

在 Symbol Pins（符号管脚）选项栏下选择 Properties 选项，在如图 10.34 所示的界面内可以进行符号管脚的属性和不同类型管脚位置的设置。

（1）Symbol Pin Properties：设置管脚的属性、属性值和显示属性。

（2）Pin Location：设置不同的管脚类型在符号中的显示位置。

6．PTF 选项栏

在左侧 Setup Options（设置选项）管理列表中选择 PTF 选项，如图 10.35 所示，进行默认的元件列表文件属性的设置。

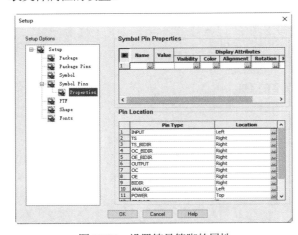

图 10.34　设置符号管脚的属性

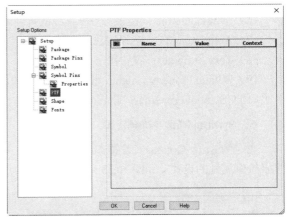

图 10.35　设置元件列表文件属性

（1）Name：设置属性名称。

（2）Value：设置属性值。

（3）Context：该选项内有 Key、Injected、Global、Key and Injected 4 个不同的选项，可以根据需要进行选择。

7．Shape（形状）选项栏

在左侧 Setup Options（设置选项）管理列表中选择 Shape 选项，在如图 10.36 所示的界面内可以设置元件形状。

8．Fonts（字体）选项栏

在左侧 Setup Options（设置选项）管理列表中选择 Fonts（字体）选项，在如图 10.37 所示的界面内可以进行元件字体的设置。

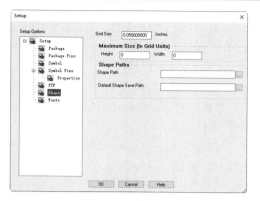
图 10.36 设置元件形状

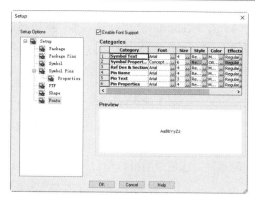
图 10.37 设置元件字体

10.3 库元件的创建

通过元件编辑器建立元件只需按每一个现象中的内容提示设置相应的参数，而且每一个数据产生的结果在窗口右边的阅览框中都可以实时看到。本节主要讲解新元件的建立、封装的建立以及管脚的添加。

10.3.1 新建元件

新建元件的步骤如下：

（1）在项目管理器中选择 Packages（封装）选项，右击，在弹出的快捷菜单中选择 New（新建）命令（图 10.38），将产生一个新的封装，如图 10.39 所示。

图 10.38 快捷菜单

图 10.39 新建封装

（2）选择 General（通用）选项卡，在 Logical & Physical Parts（逻辑和物理元件）选项组中可以看到，元件包含逻辑和物理两大部分。在 Additional Properties（其他属性）选项组中将显示封装的属性，如图 10.40 所示。

（3）在 General（通用）选项卡的树结构中选择 Physical Parts(Pack Types)［物理元件（封装类型）］选项，右击，在弹出的快捷菜单中选择 New（新建）命令，在弹出的 Add Physical Part（新建物理元件）对话框中的 Pack Type（封装类型）文本框中输入 dip，如图 10.41 所示。

（4）在 Add Physical Part（新建物理元件）对话框中单击 OK 按钮，在 Logical & Physical Parts（逻辑和物理元件）选项组的树结构中看到新建的_DIP 封装已经完成，如图 10.42 所示。

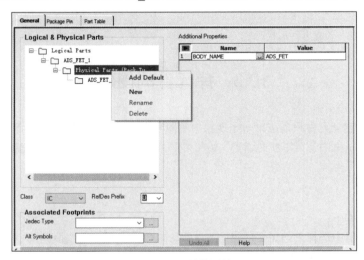

图 10.40　封装属性

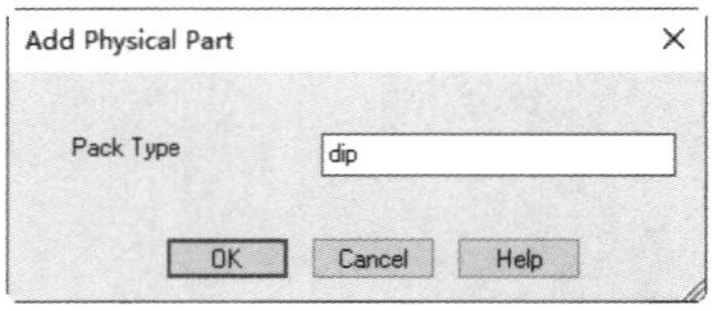

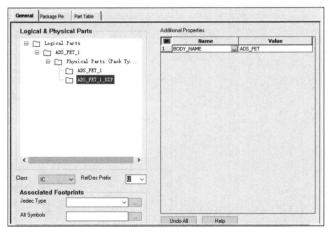

图 10.41　Add Physical Part（新建
物理元件）对话框

图 10.42　新建的_DIP 封装

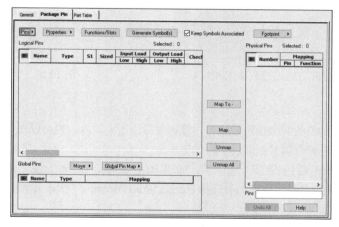

10.3.2　复制元件

在项目管理器中选择 sym_1，右击，在弹出的菜单中选择 Copy（复制）命令，然后选中 Symbols，在其上右击，在弹出的快捷菜单中选择 Paste（粘贴）命令，创建元件符号 sym_2，如图 10.43 所示。

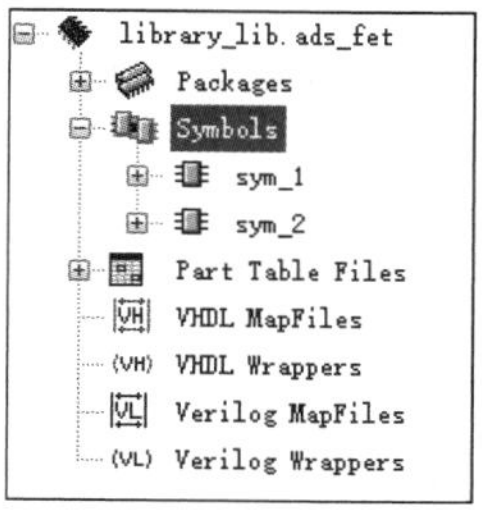

10.3.3　添加元件管脚

图 10.43　创建元件符号 sym_2

管脚是元件的基本组成部分，是元件进行功能实现的关键。管脚的正确分配对元件的性能起着至关重要的作用。

1．管脚设置

（1）在如图 10.44 所示的界面内选择 Package Pin（封装管脚）选项卡。

图 10.44　Package Pin（封装管脚）选项卡

（2）在 Package Pin 选项卡中单击 Pins▶ 按钮，在弹出的下拉菜单中选择 Add（添加）命令，弹出 Add Pin（添加管脚）对话框，如图 10.45 所示。

下面介绍该对话框中部分选项的含义。

1）Add New Pins（添加新管脚）区域。

➤ Vector（矢量）选项。在 Base Name（基极名称）文本框中输入管脚名称；在 MSB（平均速度）文本框中输入个数；在 LSB（最低有效值）文本框中输入 0；在 Type（类型）下拉列表中选择管脚电气特性。

➤ Scalar（标量）选项。在 Prefix（前缀）文本框中输入管脚名称；在 Suffix（后缀）文本框中输入 "*"；在 Type（类型）下拉列表中选择电气特性。

➤ Add ：单击该按钮，添加管脚。

2）管脚显示区域。

在该区域以列表的形式显示管脚添加结果，如图 10.46 所示。

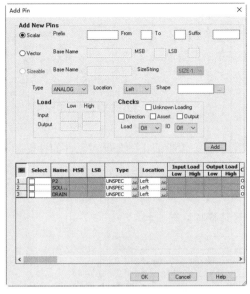

图 10.45　Add Pin（添加管脚）对话框

	Name	Type		S1	Sized	Input Load		Output Load		Check L
						Low	High	Low	High	
1	P2	UNSPEC								Off
2	SOURCE	UNSPEC								Off
3	DRAIN	UNSPEC								Off
4	A	INPUT				-0.01	0.01			Both
5	O	OUTPUT						1.0	-1.0	Both
6	CLK*	INPUT				-0.01	0.01			Both
7	ES*	INPUT				-0.01	0.01			Both
8	E*	INPUT				-0.01	0.01			Both

图 10.46　管脚添加结果

2．指定管脚图

指定管脚图是指给对应的管脚指定管脚号，管脚号可以手动输入，也可以在指定 PCB 管脚图中进行提取。从指定管脚图中进行管脚号提取的步骤如下：

（1）选择 Package Pin（封装管脚）选项卡，如图 10.47 所示。在 Package Pin（封装管脚）选项卡中单击 Footprint 按钮，在弹出的快捷菜单中选择 Extract From Footprint（提取管脚号）命令，如图 10.48 所示，弹出 pdv 对话框，如图 10.49 所示。

（2）在弹出的 pdv 对话框中单击"是"按钮，将在 Number 栏中显示提取的管脚号，如图 10.50 所示。单击 Number 可以对管脚进行排序，可以倒序排列或是顺序排列。

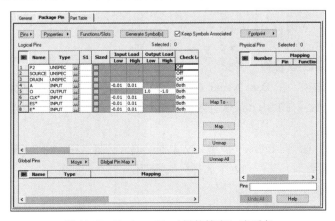

图 10.47　Package Pin（封装管脚）选项卡

图 10.48　选择 Extract From Footprint
（提取管脚号）命令

图 10.49　pdv 对话框

图 10.50　提取的
管脚号

3．处理电源管脚

通常情况下，电源管脚不要求显示在符号中，可以将电源管脚从 Logical Pins 栏移到 Global Pins 栏内。具体操作步骤如下：

（1）选择 Package Pin 选项卡，单击 Logical Pins 选项组中的 Type 标题，按照类型对管脚进行排序，如图 10.51 所示。

（2）选择类型为 POWER 的管脚，单击 Move 按钮，在弹出的下拉菜单中选择 Logical Pins to Global 命令，将管脚移到 Global Pins 选项组中；再选择类型为 GROUND 的管脚，单击 Move 按钮，在弹出的下拉菜单中选择 Logical Pins to Global 命令，将管脚移到 Global Pins 选项组中，如图 10.52 所示。

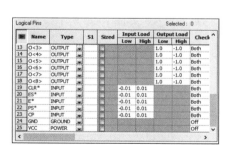

图 10.51　按照类型对管脚进行排序

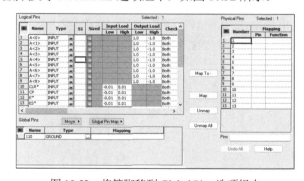

图 10.52　将管脚移到 Global Pins 选项组中

4．映射管脚

逻辑管脚映射需要先选择逻辑管脚，再选择封装管脚，然后单击映射按钮；全局管脚的映射需要先选择全局管脚，再选择对应的封装管脚。映射管脚的具体操作步骤如下：

选择 Package Pins 选项卡，单击 Logical Pins 选项组中的 A<0>行 S1 列对应的表格，然后在 Physical Pins 选项组中的 Number 列中选择 9，单击 Map To 按钮。使用同样的方法将 A<1>到 A<8>的管脚全部映射，如图 10.53 所示。

5．隐藏管脚

分别在 Logical Pins 选项组和 Physical Pins 选项组中右击，在弹出的快捷菜单中选择 Hide Mapped Pins 命令，隐藏所有映射完成的管脚。

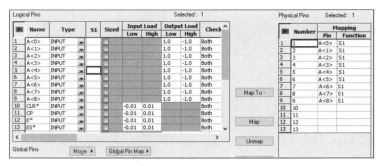

图 10.53　A<1>到 A<8>的管脚映射

10.3.4　创建元件轮廓

创建符号可以在符号编辑器中进行，也可以在封装中进行。这里将讲解如何在封装中进行符号的创建。具体操作步骤如下：

（1）选择 Package Pin 选项卡，在 Physical Pins 选项组中单击 Generate Symbol(s) 按钮，弹出 Generate Symbol(s) for Package ADS_FET_1 对话框，如图 10.54 所示。

（2）设置好后，单击 OK 按钮，系统会自动创建原理图符号，在元件属性的 Symbol1 节点下会生成新的节点。

（3）在 Symbol Pins 选项卡下的 Name 列表中选中选项后，单击 Move Pins 选项组中的 ▲、▼、◄、► 按钮，移动管脚的位置。单击 Move ▶ 按钮，弹出 Move Pin（移动管脚）对话框，如图 10.55 所示，在此对话框内可以进行管脚移动方向及距离的设置，可以将各管脚移动到合适的位置，如图 10.56 所示。

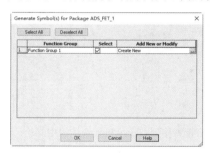

图 10.54　Generate Symbol(s) for Package
ADS_FET_1 对话框

图 10.55　Move Pin（移动管脚）对话框

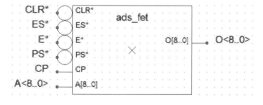

图 10.56　移动管脚位置

（4）选择菜单栏中的 File（文件）→Save（保存）命令，保存设置。

10.3.5　编译库元件

为了检查元件绘制是否正确，在元件编辑器设计系统中提供了与 PCB 设计一样的校验功能。

选择菜单栏中的 Tool（工具）→Verify（验证）命令，在弹出的 Verification（验证）对话框内单击 Verify 按钮进行校验设置，如图 10.57 所示。

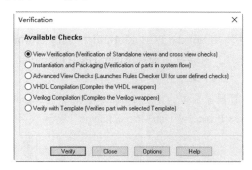

图 10.57　Verification（验证）对话框

10.3.6　查找元件

查找元件的具体操作步骤如下：

（1）在编辑器界面中选择 General 选项卡，单击 Associated Footprints 选项组中 Jedec Type 右边的 ⋯ 按钮，弹出如图 10.58 所示的 Browse Jedec Type 对话框。此对话框显示了所有的元件，可以通过过滤功能进行具体元件的查找。

（2）右击 Browse Jedec Type 对话框中 Name 列表内的任意一项，在弹出的快捷菜单中选择 Filter Rows 命令，弹出如图 10.59 所示的 Filter Rows 对话框。

（3）在文本框中输入所要查找元件的类型，如输入"CAP*"，单击 OK 按钮，则 Browse Jedec Type 对话框中就只会显示双列直插封装的元件，如图 10.60 所示。在刷新后的 Browse Jedec Type 对话框列表中选择想要的元件，如 cap196，单击 OK 按钮即可。

 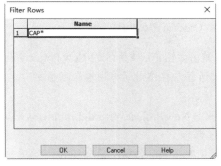 

图 10.58　Browse Jedec Type 对话框　　图 10.59　Filter Rows 对话框　　图 10.60　显示双列直插封装的元件

扫一扫，看视频

10.4 操作实例——绘制简单元件

通过前面的学习，用户对 Cadence 17.4 原理图库的编辑环境、编辑器的使用有了初步的了解，本实例通过绘制简单元件的实例介绍如何使用原理图库编辑器来完成电路的设计工作。

【操作步骤】

（1）选择"开始"→"程序"→Cadence PCB 17.4-2019→Project Manager 17.4 命令，弹出 Cadence Product Choices（Cadence 产品选择）对话框，选择 Allegro PCB Librarian XL (PCB Librarian Expert)选项，如图 10.61 所示。

（2）单击 OK 按钮，打开库管理器窗口，如图 10.62 所示，单击 Create Library Project（创建库项目）按钮，弹出如图 10.63 所示的 New Project Wizard-Project Type（新建项目向导-项目类型）对话框。

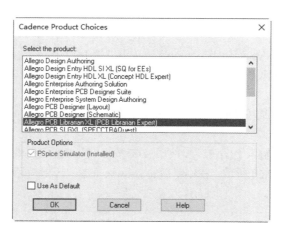

图 10.61 Cadence Product Choices（Cadence 产品选择）对话框

图 10.62 库管理器窗口

（3）单击"下一步"按钮，弹出如图 10.64 所示的 New Project Wizard-Project Name and Location（新建项目向导-项目名称和位置）对话框，在该对话框中输入项目文件名称，单击 Location 文本框后的 ⋯ 按钮，在弹出的对话框中选择文件路径。

（4）单击"下一步"按钮，弹出 New Project Wizard- Libraries（新建项目向导-库）对话框，按住 Shift 键，选中所有库模板，如图 10.65 所示。

（5）单击"下一步"按钮，弹出 New Project Wizard-Summary（新建项目向导-摘要）对话框，如图 10.66 所示。在此对话框中显示项目的名称和路径等内容。

（6）单击"完成"按钮，弹出 Project Manager（项目管理）对话框，并提示新的库项目创建成功的信息。

（7）单击"确定"按钮，在库管理器界面创建一个新的库项目，如图 10.67 所示。在该界面显示元件库操作。

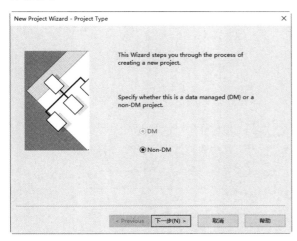

图 10.63　New Project Wizard-Project Type
（新建项目向导-项目类型）对话框

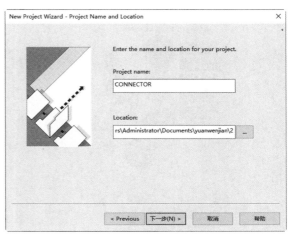

图 10.64　New Project Wizard-Project Name and Location
（新建项目向导-项目名称和位置）对话框

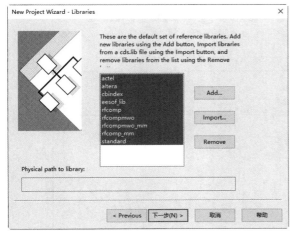

图 10.65　New Project Wizard-Libraries
（新建项目向导-库）对话框

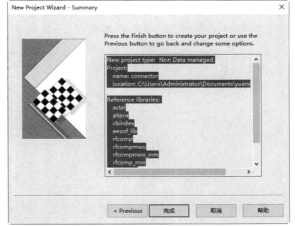

图 10.66　New Project Wizard-Summary
（新建项目向导-摘要）对话框

（8）单击 Part Developer 按钮，进入原理图库编辑界面。

（9）选择菜单栏中的 File（文件）→New（新建）→Cell（元件）命令，或者单击 Cell（元件）工具栏中的 New Cell（新建元件）按钮 ，弹出如图 10.68 所示的 New Cell（新建元件）对话框。

（10）在 Cell（元件）文本框中输入元件库的名称，用元件型号命名，单击 OK 按钮，进入 Part Developer 的图形界面，如图 10.69 所示。

（11）在左侧项目管理器中选择 Symbols 选项，右击，在弹出的快捷菜单中选择 New（新建）命令，新建元件符号，如图 10.70 所示。

图 10.67　库管理器界面

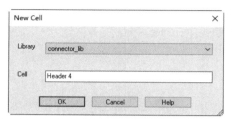

图 10.68　New Cell（新建元件）对话框

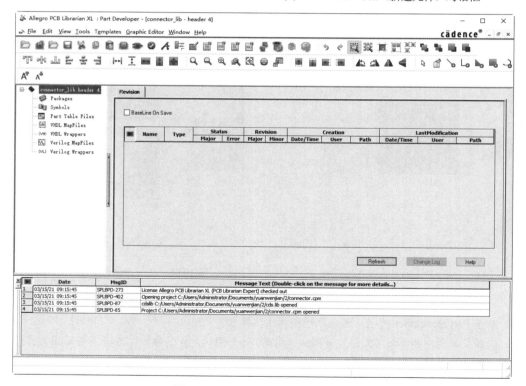

图 10.69　Part Developer 的图形界面

（12）打开 Symbol Pins 选项卡，单击 Pins▶ 按钮，弹出如图 10.71 所示的下拉菜单，选择 Add（添加）命令，弹出如图 10.72 所示的 Add Pin（添加管脚）对话框。

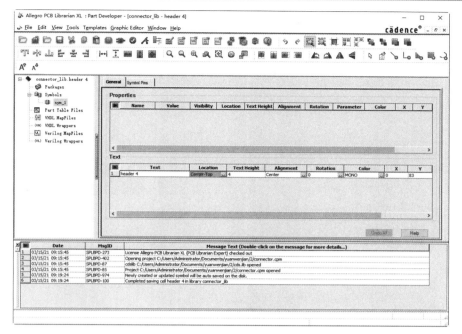

图 10.70　新建元件符号

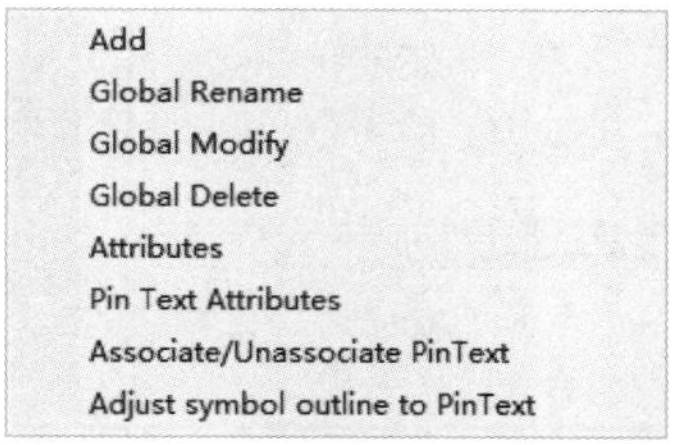

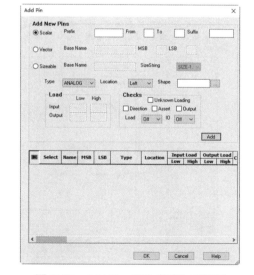

图 10.71　下拉菜单

图 10.72　Add Pin（添加管脚）对话框

（13）在 Add New Pins（添加新管脚）选项组中选择 Scalar（标量）选项；在 Prefix（前缀）文本框中输入 1；在 Type（类型）下拉列表中选择 UNSPEC 选项，在 Location（位置）下拉列表中选择 Left 选项，如图 10.73 所示。然后单击 Add 按钮，添加管脚。

（14）在 Prefix（前缀）文本框中输入 2、3、4，其他设置不变，单击 Add 按钮。添加管脚，如图 10.74 所示。

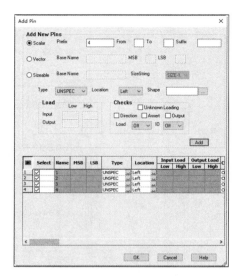

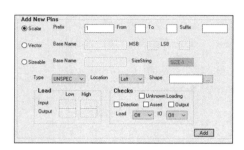

图 10.73　添加管脚 1　　　　　　　　　　　　图 10.74　添加其他管脚

（15）单击 OK 按钮，关闭对话框，Package Pin（封装管脚）选项卡内添加的管脚信息和 Add Pin（添加管脚）对话框内显示的内容完全相同，如图 10.75 所示。

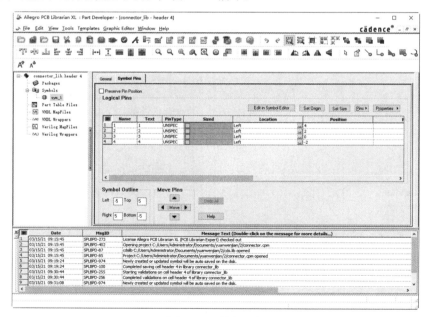

图 10.75　管脚信息

（16）选择菜单栏中的 File（文件）→Save（保存）命令，保存创建元件符号，在左侧项目管理器的 sym_1 下显示 Associated Packages（关联封装），如图 10.76 所示。

（17）右击 sym_1 下的 Associated Packages 选项，弹出如图 10.77 所示的快捷菜单，选择 Generate Package（生成封装）命令，显示如图 10.78 所示的窗口。

图 10.76　项目管理器显示

图 10.77　快捷菜单

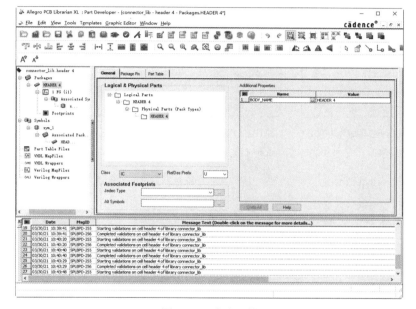

图 10.78　生成元件

（18）打开 Package Pin（封装管脚）选项卡，如图 10.79 所示。

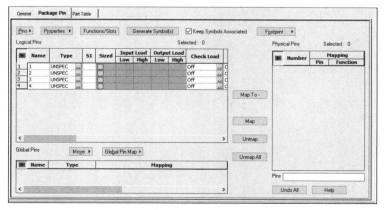

图 10.79　Package Pin（封装管脚）选项卡

（19）单击 Functions/Slots 按钮，弹出 Edit Functions（编辑功能）对话框，显示默认有一个通道，如图 10.80 所示。

（20）单击 Add（添加）按钮，弹出如图 10.81 所示的 Specify the number of slots（指定通道个数）对话框，在 Slot Count（通道个数）文本框中显示添加的通道个数，单击 OK 按钮，完成通道的添加。

（21）返回 Edit Functions（编辑功能）对话框，显示添加的通道 S2，如图 10.82 所示，单击 OK 按钮，关闭对话框。

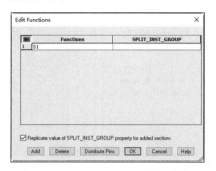 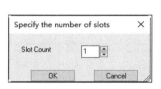 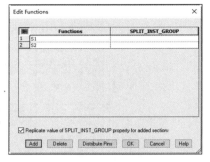

图 10.80　Edit Functions（编辑功能）
对话框（1）

图 10.81　Specify the number
of slots（指定通道个数）对话框

图 10.82　Edit Functions（编辑功能）
对话框（2）

（22）依次在 Logical Pins 选项组的 S1 列表对应的表格从 1 开始排序，同时在 Physical Pins 选项组中的 Number 列表中对应显示排序后的管脚，如图 10.83 所示，完成映射。

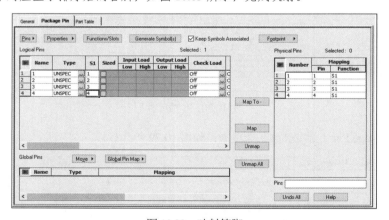

图 10.83　映射管脚

（23）选择菜单栏中的 File（文件）→Save（保存）命令，保存绘制结果。

第 11 章 创建 PCB 封装库

内容简介

由于电子元件技术的不断更新，尽管 Allegro 有丰富的元件封装库资源，但依然无法满足实际的电路设计需求，因此封装库的创建迫在眉睫。

本章着重讲解如何完整地创建元件封装，包括封装设计、焊盘设计和过孔设计。

内容要点

- ⬎ 封装的基本概念
- ⬎ 封装设计
- ⬎ 焊盘设计
- ⬎ 过孔设计
- ⬎ 操作实例——创建 ATF750C 封装

案例效果

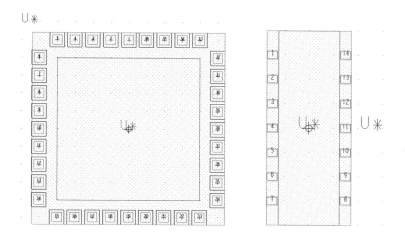

11.1 封装的基本概念

所谓封装，是指安装半导体集成电路芯片用的外壳，它不仅起着安放、固定、密封、保护芯片和增强电热性能的作用，而且还是沟通芯片内部与外部电路的桥梁。随着电子技术的飞速发展，集成电路的封装技术也发生了很大的变化，从开始的 DIP、QFP、PGA、BGA 到 CSP，发展到 MCM，封装技术越来越先进。芯片的管脚数越来越多，间距越来越小，重量越来越轻，适用频率越来越高，可靠性越来越强，耐温性越来越好，使用起来也越来越方便。

芯片的封装在 PCB 上通常表现为一组焊盘、丝印层上的边框及芯片的说明文字。焊盘是封装中最重要的组成部分，用于连接芯片的管脚，并通过 PCB 上的导线连接 PCB 上的其他焊盘，进一步连接焊盘所对应的芯片管脚，完成电路板的功能。在封装中，每个焊盘都有唯一的标号，以区别于封装中的其他焊盘。丝印层上的边框和说明文字主要起指示作用，指明焊盘组所对应的芯片，方便 PCB 的焊接。焊盘的形状和排列是封装的关键组成部分，确保焊盘的形状和排列正确才能正确地建立一个封装。对于安装有特殊要求的封装，边框也需要绝对正确。

元件封装就是元件的外形和管脚分布图。电路原理图中的元件只是表示一个实际元件的电气模型，其尺寸、形状都是无关紧要的。而元件封装是元件在 PCB 设计中采用的，是实际元件的几何模型，其尺寸至关重要。元件封装的作用就是指出实际元件焊接到电路板时所处的位置，并提供焊点。

元件的封装信息主要包括两个部分：外形和焊盘。元件的外形（包括标注信息）一般在 Top Overlay（丝印层）上绘制。而焊盘的情况就要复杂一些，焊盘有两个英文名字，分别是 Land 和 Pad，Land 用于可进行表面贴装的元件，是二维的表面特征；Pad 用于可插件的元件，是三维的特征。两者可以交替使用，但是在功能上是有区别的。若是可插式焊盘，则涉及穿孔所经过的每一层；若是贴片元件的焊盘，一般在顶层 Top Overlay（丝印层）绘制。

11.1.1 常用封装介绍

总体上讲，根据元件采用安装技术的不同，可分为插入式封装（Through Hole Technology，THT）和表贴式封装（Surface Mounted Technology，SMT）。

（1）插入式封装元件安装时，元件安置在板子的一面，将管脚穿过 PCB 焊接在另一面上。插入式元件需要占用较大的空间，并且要为每只管脚钻一个孔，所以它们的管脚会占据两面的空间，而且焊点也比较大。但从另一方面来说，插入式封装元件与 PCB 连接较好，机械性能好。例如，排线的插座、接口板插槽等类似的界面都需要一定的耐压能力。因此，通常采用插入式封装技术。

（2）表贴式封装元件，管脚焊盘与元件在同一面。表贴式封装元件一般比插入式封装元件体积小，而且不必为焊盘钻孔，甚至还能在 PCB 的两面都焊上元件。因此，与使用插入式封装元件的 PCB 相比，使用表贴式封装元件的 PCB 上的元件布局要密集很多，体积也小很多。此外，表贴式封装元件也比插入式封装元件便宜一些，所以现今的 PCB 上广泛采用表贴式封装元件。

（3）元件封装大致可以分为以下几类。

1）BGA（Ball Grid Array）：球栅阵列封装。因封装材料和尺寸的不同还细分成不同的 BGA 封装，如陶瓷球栅阵列封装 CBGA、小型球栅阵列封装 μBGA 等。

2）PGA（Pin Grid Array）：插针栅格阵列封装。采用这种形式封装的芯片内外有多个方阵形的插针，每个方阵形插针沿芯片的四周间隔一定距离排列，根据管脚数目的多少，可以围成 2~5 圈。安装时，将芯片插入专门的 PGA 插座。该技术一般用于插拔操作比较频繁的场合，如个人计算机的 CPU。

3）QFP（Quad Flat Package）：方形扁平封装。其为当前芯片使用较多的一种封装形式。

4）PLCC（Plastic Leaded Chip Carrier）：有引线塑料芯片载体。

5）DIP（Dual In-line Package）：双列直插封装。

6）SIP（Single In-line Package）：单列直插封装。

7）SOP（Small Out-line Package）：小外形封装。

8）SOJ（Small Out-line J-Leaded Package）：J 形管脚小外形封装。

9）CSP（Chip Scale Package）：芯片级封装，较新的封装形式，常用于内存条中。在 CSP 封装形式中，芯片是通过锡球焊接在 PCB 上的，由于焊点和 PCB 的接触面积较大，所以内存芯片在运行中所产生的热量可以很容易地传导到 PCB 上并散发出去。另外，CSP 封装芯片采用中心管脚形式，有效地缩短了信号的传导距离，其衰减随之减少，芯片的抗干扰、抗噪性能也能得到大幅提升。

10）Flip-Chip：倒装焊芯片，也称为覆晶式组装技术，是一种将 IC 与基板相互连接的先进封装技术。在封装过程中，IC 会被翻覆过来，让 IC 上面的焊点与基板的接合点相互连接。由于成本与制造因素，使用 Flip-Chip 接合的产品通常根据 I/O 数分为两种形式，即低 I/O 数的 FCOB（Flip Chip on Board）封装和高 I/O 数的 FCIP（Flip Chip in Package）封装。Flip-Chip 技术应用的基板包括陶瓷、硅芯片、高分子基层板及玻璃等，其应用范围包括计算机、PCMCIA 卡、军事设备、个人通信产品、钟表及液晶显示器等。

11）COB（Chip on Board）：板上芯片封装，即芯片被绑定在 PCB 上，是现在比较流行的生产方式。COB 模块的生产成本比 SMT 低，并且还可以减小模块体积。

11.1.2　封装文件

在 Allegro 设计过程中经常会使用不同的符号文件类型，有元件封装符号和格式图符号等。

（1）元件封装符号。元件封装符号是电子元件的物理表示，如电容、电阻、连接器、晶体管等，每个元件封装符号都包含元件的管脚，可以作为互连时连接线的连接点。

（2）格式图符号。格式图符号是指符号中包含图示大小、版本定义、设计者、设计日期和公司标志等信息，是不同公司用于对设计图例规范化的格式图。

编辑好的图示文件可以转换为以下不同种类的符号文件。

（1）元件封装符号，后缀为.psm。

（2）结构图符号，后缀为.bsm。

（3）格式图符号，后缀为.osm。

（4）填充图示符号，后缀为.ssm。

（5）Flash 符号，后缀为.fsm。

11.2　封　装　设　计

本节将讲述如何在 PCB 库文件编辑环境中创建一个新的元件封装。创建元件封装有两种方式：一种方式是利用封装向导创建元件封装，另一种方式是手工创建元件封装。在绘制元件封装前，应该了解元件的相关参数，如外形尺寸、焊盘类型、管脚排列、安装方式等。

选择"开始"→"程序"→Cadence PCB 17.4-2019→PCB Editor 17.4 命令，弹出如图 11.1 所示的 17.4 Allegro PCB Designer Product Choices 对话框，在该对话框中选择 Allegro PCB Designer 选项，然后单击 OK 按钮，进入设计系统主界面。

图 11.1　17.4 Allegro PCB Designer Product Choices 对话框

11.2.1　设置工作环境

进入 PCB 库编辑器后，同样需要根据所要绘制的元件封装类型对编辑器环境进行相应的设置。PCB库编辑环境设置包括设计参数设置、层叠管理设置、颜色设置和用户属性设置。

1. 设计参数设置

【执行方式】

菜单栏：执行 Setup（设置）→ Design Parameters（设计参数）命令。

【操作步骤】

（1）执行上述操作，弹出 Design Parameter Editor（设计参数编辑器）对话框，打开 Design（设计）选项卡，设置焊盘文件设计参数，如图 11.2 所示。

1）在 User units（用户单位）下拉列表中选择 Mils，设置用户单位为 Mils。

2）在 Size（大小）下拉列表中选择 Other，设置工作区尺寸为自行设定。

3）在 Accuracy（精度）文本框中输入 0，设置小数点后没有小数，即为整数。

4）在 Extents（内容）选项组中设置 Left X 值、Lower Y 值、Width值和 Height 值。

图 11.2　Design（设计）选项卡

（2）单击 OK 按钮，完成设置。

2. 层叠管理设置

【执行方式】

➢ 菜单栏：执行 Setup（设置）→Cross-section（层叠结构）命令。

➢ 工具栏：单击 Setup（设置）工具栏中的 Xsection（层叠结构）按钮 ≋。

【操作步骤】

执行上述操作，弹出如图 11.3 所示的 Cross-section Editor（层叠结构设计）对话框，在该对话框中可以添加删除元件所需的层。

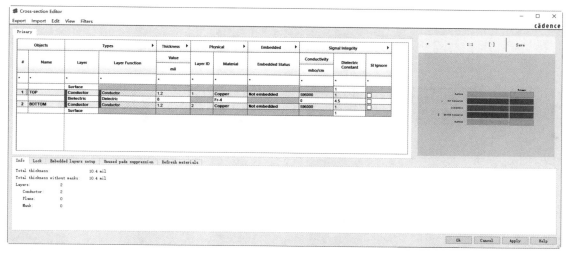

图 11.3　Cross-section Editor（层叠结构设计）对话框

3. 颜色设置

【执行方式】

➢ 菜单栏：执行 Display（显示）→Color/Visibility（颜色可见性）命令。

➢ 工具栏：单击 Setup（设置）工具栏中的 Color（颜色）按钮 ▥。

➢ 快捷键：Ctrl+F5。

【操作步骤】

执行上述操作，弹出如图 11.4 所示的 Color Dialog（颜色系统）对话框，用户可以按照习惯设置编辑器中不同位置的颜色。

4. 用户属性设置

【执行方式】

菜单栏：执行 Setup（设置）→User Preferences（用户属性）命令。

【操作步骤】

执行上述操作，弹出 User Preferences Editor（用户属性编辑）对话框，如图 11.5 所示，系统参数一般保持默认设置。

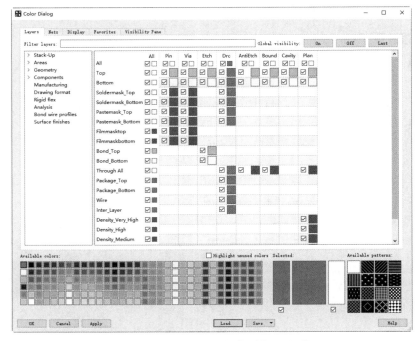

图 11.4　Color Dialog（颜色系统）对话框

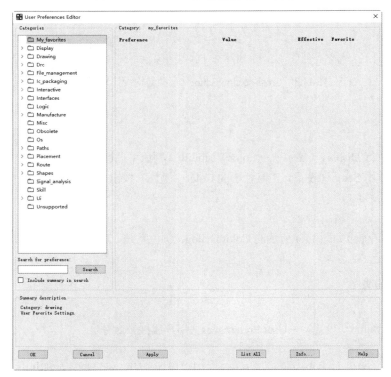

图 11.5　User Preferences Editor（用户属性编辑）对话框

11.2.2　使用向导建立封装元件

使用 Allegro 提供的向导功能可以方便且快速地创建封装元件。PCB 元件向导通过一系列对话框来让用户输入参数，最后根据这些参数自动创建封装。

轻松动手学——创建 DIP28 封装

源文件：yuanwenjian\11\ DIP28.dra

扫一扫，看视频

【操作步骤】

（1）选择菜单栏中的 File（文件）→New（新建）命令，弹出 New Drawing（新建图纸）对话框，如图 11.6 所示。在 Drawing Name（图纸名称）文本框中输入 DIP28，在 Drawing Type（图纸类型）下拉列表中选择 Package symbol(wizard)［封装符号（向导）］选项，单击 Browse... 按钮，设置存储的路径。

（2）完成设置后，单击 OK 按钮，弹出 Package Symbol Wizard-Package Type（封装符号向导-封装类型）对话框，如图 11.7 所示。在 Package Type（封装类型）选项组中显示了 9 种元件封装类型。

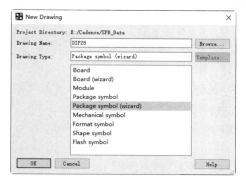

图 11.6　New Drawing（新建图纸）对话框

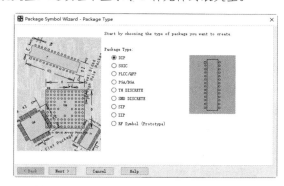

图 11.7　Package Symbol Wizard-Package Type
（封装符号向导-封装类型）对话框

（3）选中 DIP 单选按钮，然后单击 Next > 按钮，弹出 Package Symbol Wizard-Template（封装符号向导-模板）对话框，如图 11.8 所示，选择使用默认模板或加载自定义模板。

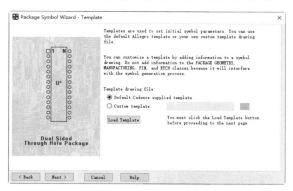

图 11.8　Package Symbol Wizard-Template（封装符号向导-模板）对话框

1）选中 Default Cadence supplied template（使用默认库模板）单选按钮，单击 Load Template 按钮，加载默认模板。

2）选择 Custom template（使用自定义模板）单选按钮，单击 ▒▒ 按钮，加载自定义创建的模板文件。

（4）完成设置后，单击 Next > 按钮，弹出 Package Symbol Wizard-General Parameters（封装符号向导-通用参数）对话框，如图 11.9 所示，在该对话框中定义封装元件的单位及精确度。

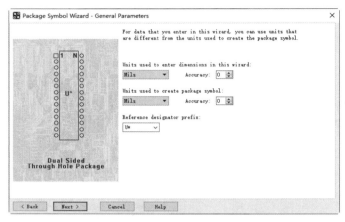

图 11.9　Package Symbol Wizard-General Parameters（封装符号向导-通用参数）对话框

（5）单击 Next > 按钮，弹出如图 11.10 所示的 Package Symbol Wizard-DIP Parameter（封装符号向导-DIP 参数）对话框，通过设置以下参数，定义元件封装管脚数。

1）Number of pins(N)：管脚数，输入的封装元件名称为 DIP28，系统自动调整管脚数为 14。

2）Lead pitch(e)：上下管脚中心间距，默认为 100。

3）Terminal row spacing(el)：左右管脚中心间距，默认为 300。

4）Package width(E)：设置封装宽度，默认为 250。

5）Package length(D)：设置封装长度，默认为 800。

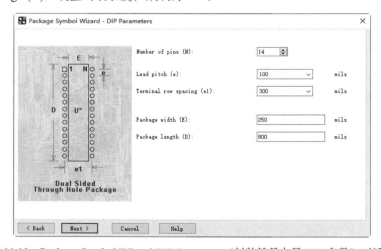

图 11.10　Package Symbol Wizard-DIP Parameter（封装符号向导-DIP 参数）对话框

（6）完成参数设置后，单击 Next > 按钮，弹出 Package Symbol Wizard-Padstacks（封装符号向导-焊盘）对话框，如图 11.11 所示，选择要使用的焊盘类型。

1）Default padstack to use for symbol pins：用于符号管脚的默认焊盘。

2）Padstack to use for pin 1：用于 1 号管脚的焊盘。

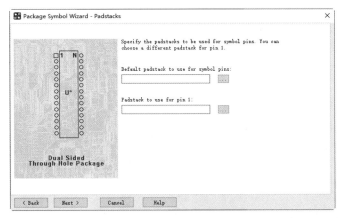

图 11.11　Package Symbol Wizard-Padstacks（封装符号向导-焊盘）对话框

（7）单击选项右侧的 按钮，弹出 Package Symbol Wizard Padstack Browser（封装符号向导焊盘浏览器）对话框，进行焊盘的选择，如图 11.12 所示。

（8）完成焊盘设置后，单击 Next > 按钮，弹出 Package Symbol Wizard-Symbol Compilation（封装符号向导-符号设置）对话框，选择定义封装元件的坐标原点，如图 11.13 所示。

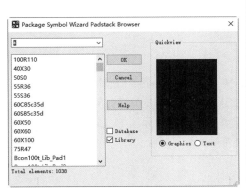

图 11.12　Package Symbol Wizard Padstack Browser
（封装符号向导焊盘浏览器）对话框

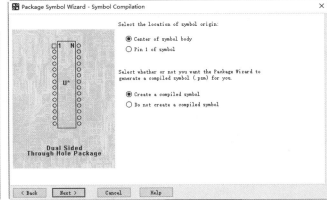

图 11.13　Package Symbol Wizard-Symbol Compilation
（封装符号向导-符号设置）对话框

（9）完成设置后，单击 Next > 按钮，在弹出的 Package Symbol Wizard-Summary（封装符号向导-摘要）对话框中单击 Finish 按钮，如图 11.14 所示。显示生成后缀名为 .dra 和 .psm 的元件封装，完成的封装如图 11.15 所示。

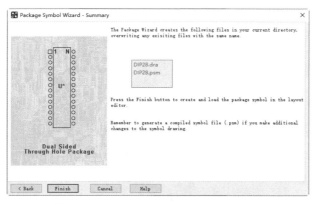

图 11.14　Package Symbol Wizard-Summary

（封装符号向导-摘要）对话框

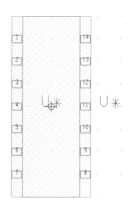

图 11.15　DIP28 封装

11.2.3　手动建立封装元件

使用封装向导来建立封装虽然快捷、方便，但是设计中所用到的封装远不止向导中那几种类型，可能需要设计许多向导中没有的封装类型，手动建立封装元件是不可避免的。手动创建元件管脚封装，需要用直线或曲线来表示元件的外形轮廓，然后添加焊盘来形成管脚连接。元件封装的参数可以放置在 PCB 的任意图层上，但元件的轮廓只能放置在顶端覆盖层上，焊盘则只能放在信号层上。当在 PCB 文件上放置元件时，元件管脚封装的各个部分将分别放置到预先定义的图层上。

轻松动手学——创建 DIP30 封装

源文件：yuanwenjian\11\ DIP30.dra

扫一扫，看视频

【操作步骤】

1. 设置工作环境

（1）选择菜单栏中的 File（文件）→New（新建）命令，弹出 New Drawing（新建图纸）对话框，在 Drawing Name（图纸名称）文本框中输入 DIP30，在 Drawing Type（图纸类型）下拉列表中选择 Package symbol（封装符号）选项，单击 Browse... 按钮，选择新建封装文件的路径，如图 11.16 所示。

（2）完成参数设置后，单击 OK 按钮，进入 Allegro 封装符号的设计界面。

2. 放置管脚

（1）选择菜单栏中的 Setup（设置）→Design Parameters（设计参数）命令，弹出 Design Parameter Editor（设计参数编辑器）对话框，保持默认设置，单击 OK 按钮，完成参数设置。

（2）选择菜单栏中的 Layout（布局）→pins（管脚）命令，打开 Options（选项）面板，设置添加的管脚参数。

（3）选中 Connect（连接）单选按钮，绘制有编号的管脚；单击 ... 按钮，弹出 Select a padstack（选择焊盘）对话框，在列表框中选择焊盘的型号，如图 11.17 所示。

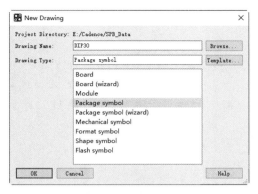

图 11.16 New Drawing（新建图纸）对话框

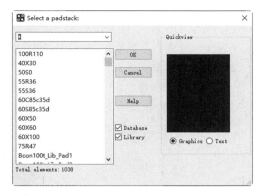

图 11.17 Select a padstack（选择焊盘）对话框

其余选项设置如下。

1）Rotation：管脚旋转角度，默认值为 0，表示不旋转。

2）Spacing：表示输入多个焊盘时，焊盘中心的间距。

3）Order：X 方向和 Y 方向上管脚的递增方向。

4）Pin #：管脚编号。

5）Inc：下个管脚编号与当前管脚编号的差值，默认值为 1。

6）Text block：设置管脚编号的字体。

7）Offset X：管脚编号的文字自管脚的原点默认向右偏移，当输入负值时，文字向左偏移。

8）Offset Y：管脚编号的文字自管脚的原点默认向上偏移，当输入负值时，文字向下偏移。

设置完成的结果如图 11.18 所示。

（4）此时，光标在工作区上显示浮动的绿色焊盘图标，在命令窗口中输入"x 0 0"，按 Enter 键，在坐标（0,0）处放置 Pin 1，如图 11.19 所示。在光标上继续显示浮动的焊盘图标，可以继续在命令行中输入坐标放置焊盘或右击，在弹出的快捷菜单中选择 Done（完成）命令，结束 Pin 1 的添加。

图 11.18 Options（选项）面板设置

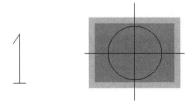

图 11.19 Pin 1 管脚

（5）添加多个管脚。放置好 Pin 1 管脚后，选择菜单栏中的 Layout（布局）→pins（管脚）命令，打开 Options（选项）面板，选中 Connect（连接）单选按钮，放置有编号的管脚。

（6）单击 按钮，弹出 Select a padstack（选择焊盘）对话框，在列表框中选择焊盘的型号，如图 11.20 所示。

（7）设置 Qty X 为 1，Qty Y 为 14，表示放置 14 个管脚。

1）Pin #：自动更新为 2，表示起始管脚编号为 2。

2）Inc：选择默认值 1，表示下个管脚编号在现在的管脚编号基础上加 1。

（8）其余参数保持默认。在命令窗口中输入"x 0 -50"，然后按 Enter 键，即在（0，-50）处放置首个管脚，其余管脚中心依次向下偏移 50，完成 14 个管脚的添加，即一次性放置管脚 2～15，如图 11.21 所示。

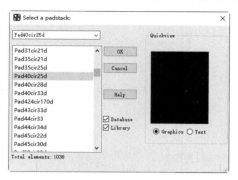

图 11.20 Select a padstack（选择焊盘）对话框

图 11.21 添加 14 个管脚

（9）选择菜单栏中的 Layout（布局）→pins（管脚）命令，打开 Options（选项）面板，在该面板中设置管脚参数。

1）设置 Qty X 为 1，Qty Y 为 15，表示有 15 个管脚。

2）Pin #：自动更新为 16，表示要添加的首个管脚编号为 16。

3）Offset X：管脚编号的文字自管脚的原点默认向右偏移，当输入正值时，文字向右偏移。

4）Offset Y：管脚编号的文字自管脚的原点默认向上偏移，当输入负值时，文字向下偏移。

（10）其余参数保持默认设置，在命令窗口中输入"x 200 0"，然后按 Enter 键，完成 15 个管脚的添加，如图 11.22 所示。

3. 设置元件实体范围和高度

（1）设置元件实体范围。选择菜单栏中的 Setup（设置）→Areas（区域）→Package Boundary（封装界限）命令，设置 Options（选项）面板中的 Active Class and Subclass 选项组中的下拉列表的选项为 Package Geometry 和 Place_Bound_Top，设置 Segment Type 选项组中的 Type 为 Line 45，如图 11.23 所示。

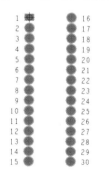

图 11.22 添加其余管脚

图 11.23 Options（选项）面板设置

（2）在命令窗口中输入以下命令。

1）x −30 −730。

2）x 230 −730。

3）x 230 30。

4）x −30 30。

5）x −30 −730。

（3）Allegro 将自动填充所要求区域，完成元件实体范围的加入，如图 11.24 所示。

（4）设置元件高度。选择菜单栏中的 Setup（设置）→Areas（区域）→Package Height（封装高度）命令，设置 Options（选项）面板中的 Active Class and Subclass 选项组中的下拉列表的选项为 Package Geometry 和 Place_Bound_Top。单击元件实体范围的形状，在 Options（选项）面板中的 Max height（高度）文本框中输入 450，表示元件的高度为 450mil，如图 11.25 所示。在工作窗口内右击，在弹出的快捷菜单中选择 Done（完成）命令，完成元件高度的设置。

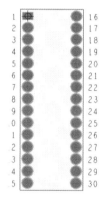

图 11.24　设置元件实体范围

图 11.25　Options（选项）面板设置

扫一扫，看视频

轻松动手学——添加 DIP30 元件外形

元件外形主要用于在电路板上辨识该元件及其方向或大小，在"创建 DIP30 封装"实例的基础上完成本实例。

源文件：yuanwenjian\11\DIP30.dra

【操作步骤】

（1）选择菜单栏中的 Add（添加）→Rectangle（矩形）命令，在 Options（选项）面板中进行如下设置：设置 Active Class and Subclass 选项组中的下拉列表的选项为 Package Geometry 和 Place_Bound_Top，表示元件外形的层面；在 Line font 下拉列表中选择 Solid，表示元件外形为实心的线段，如图 11.26 所示。

（2）在命令窗口中输入"x −30 −730"，按 Enter 键，输入"x 230 30"，再次按 Enter 键。形成一个 260mil×760mil 大小的长方形框，如图 11.27 所示。

（3）选择菜单栏中的 Setup（设置）→Grids（网格）命令，弹出 Define Grid（定义网格）窗口。在 Define Grid（定义网格）窗口中设置 Non-Etch 区域内的 Spacing 的 x 值为 10，y 值为 10，如图 11.28 所示，然后单击 OK 按钮。

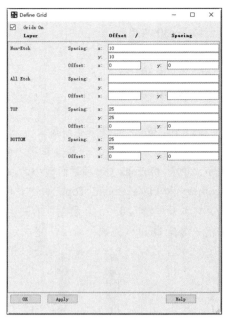

图 11.26　Options（选项）
面板设置

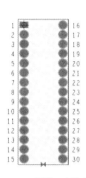

图 11.27　添加元件外形

图 11.28　Define Grid（定义网格）窗口

（4）添加底片用元件序号（RefDes For Artwork）。底片用元件序号在生产文字面底片时参考到元件序号层面，通常放置于管脚 1 附近。

1）选择菜单栏中的 Layout（布局）→Labels→RefDes（元件序号）命令，打开 Options（选项）面板，设置参数，如图 11.29 所示。

> Active Class and Subclass：在选项组中选择元件序号的文字层面为 Ref Des 和 Assembly_Top。
> Mirror：勾选此复选框，会镜像 RefDes 中的文字。
> Rotate：设置 RefDes 的文字旋转角度。
> Text block：设置 RefDes 的文字字体。
> Text just：设置 RefDes 的文字对齐方式。

2）在工作区标签坐标点处单击，将光标靠近 Pin 1 附件，确定 RefDes 文字的输入位置。

3）在命令窗口中输入"U*"，然后右击，在弹出的快捷菜单中选择 Done（完成）命令，完成底片用元件序号的添加，如图 11.30 所示。

图 11.29　Options（选项）面板设置内容（1）

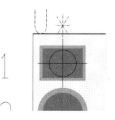

图 11.30　添加底片用元件序号

（5）添加摆放用元件序号（RefDes For Placement）。摆放用元件序号在摆放元件时参考到元件序号层面，通常放置于元件中心点附近。

1）选择菜单栏中的 Layout（布局）→Labels（标签）→Refdes（元件序号）命令，打开 Options（选项）面板，在 Active Class and Subclass 选项组中设置 RefDes 的文字层面为 Ref Des 和 Display_Top，如图 11.31 所示。

2）在工作区标签坐标点处单击，确定 RefDes 文字的输入位置。

3）在命令窗口中输入"U*"，然后右击，在弹出的快捷菜单中选择 Done（完成）命令，完成摆放用元件序号的添加，如图 11.32 所示。

（6）编辑元件标签。选择菜单栏中的 Edit（编辑）→Text（文本）命令，在工作区单击要编辑的元件序号，弹出如图 11.33 所示的 Text Edit（编辑文本）对话框，在文本框中输入新的文本内容，单击 OK 按钮，完成修改。

图 11.31 Options（选项）面板
设置内容（2）

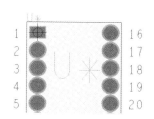

图 11.32 添加摆放用元件序号

图 11.33 Text Edit（编辑文本）
对话框

（7）添加元件类型（Device Type）。

1）选择菜单栏中的 Layout（布局）→Labels（标签）→Device（设备）命令，打开 Options（选项）面板，设置 Active Class and Subclass 选项组中的下拉列表的选项为 Device Type（设备类型）和 Assembly_Top。其余参数保持默认设置，如图 11.34 所示。

2）在工作区域内单击，确定输入位置，在命令窗口中输入 DIP，然后右击，在弹出的快捷菜单中选择 Done（完成）命令，完成元件类型的添加，如图 11.35 所示。

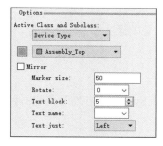

图 11.34 Options（选项）面板设置内容（3）

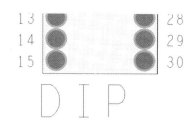

图 11.35 添加元件类型

（8）添加元件中心（Body Center）。元件中心用来指定元件中心点的位置。

1）选择菜单栏中的 Add（添加）→Text（文本）命令，打开 Options（选项）面板，设置 Active Class and Subclass 选项组中的下拉列表的选项为 Package Geometry（几何图形）和 Body_Center。在 Text just 下

拉列表中选择 Center，表示 RefDes 文字为中心对齐，如图 11.36 所示。

2）在命令窗口中输入"x 100 −350"，按 Enter 键，确定元件中心文字输入的位置。

3）在命令窗口中输入 o，然后右击，在弹出的快捷菜单中选择 Done（完成）命令，完成元件中心位置的确定，如图 11.37 所示。

图 11.36　Options（选项）面板设置内容（4）

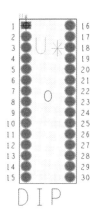

图 11.37　确定元件中心

11.3　焊 盘 设 计

在建立元件封装时，需要将每个管脚放到封装中，放置管脚的同时需要在库中寻找相对应的焊盘，即元件封装的每个管脚都必须有一个焊盘与之相对应。Allegro 会将每个管脚对应的焊盘名称存储起来。焊盘文件的后缀名为.pad。

当将元件的封装符号添加到设计中时，Allegro 从焊盘库复制元件封装的每个管脚对应的焊盘数据，并且从元件的封装库中复制元件的封装数据。

11.3.1　焊盘分类

所有的焊盘都包括两方面：焊盘尺寸的大小和焊盘的形状，钻孔的尺寸和显示的符号。下面简单介绍焊盘的不同分类。

1. 按照焊盘外形分类

按照焊盘外形可以分为 Shape Symbol（外形符号焊盘）与 Flash Symbol（花符号焊盘）两种。

2. 按照与焊盘的连接方式分类

元件的封装管脚按照与焊盘的连接方式分为表贴式与直插式，而对应的焊盘则分为贴片焊盘与钻孔焊盘，表 11.1 显示了这两种焊盘的命名规则。

表 11.1　焊盘的命名规则

焊盘类型		命名格式	参数说明		分类
			参数	说明	
贴片焊盘	长方形焊盘	s30_60	s	表面贴片（Surface mount）焊盘	贴片焊盘还有其他形状，这里只介绍最基本的 3 种。宽度和高度是指 Allegro 的 Pad_Designer 工具中的参数，用这两个参数来指定焊盘的长和宽或直径。采用这些方法指定的名称均表示在 Top 层的焊盘，如果所设计的焊盘是在 Bottom 层，则在名称后加字母 b 来表示
			30	宽度为 30mil	
			60	高度为 60mil	
	方形焊盘	ss050	第 1 个 s	表面贴片（Surface mount）焊盘	
			第 2 个 s	正方形（Square）焊盘	
			050	宽度和高度都为 50mil	
	圆形焊盘	sc60	s	表面贴片（Surface mount）焊盘	
			c	圆形（Circle）焊盘	
			60	宽度和高度都为 60mil	
钻孔焊盘		p40c20	p	金属化（Plated）焊盘	根据焊盘外形的形状不同，还有正方形（square）、长方形（rectangle）和椭圆形（oblong）等焊盘，在命名时则分别取英文名称的首字母来加以区别
			40	焊盘外径为 40mil	
			c	圆形（Circle）焊盘	
			20	焊盘内径为 20mil	
		h110c130p/u	h	定位孔（Hole）	在实际使用中，焊盘也可以作为定位孔使用，但为了管理上的方便，在此将焊盘与定位孔加以区别
			110	定位孔（或焊盘）的外径为 110mil	
			c	圆形（Circle）	
			130	孔径是 130mil	
			p	金属化（Plated）孔	
			u	非金属化（Unplated）孔	

　　贴片焊盘在电气层只需对顶层、顶层加焊层、顶层阻焊层进行设置，而且只需对常规焊盘进行设置，热风焊盘和反焊盘均选择 NULL；而钻孔焊盘需要进行的设置则相对较多。

3．按照分布层分类

　　印制板的表层按照显示方式的不同分为正片和负片，而焊盘按照在不同层的分布则分为 Regular Pad（规则焊盘，又称基本焊盘）、Thermal Relief（热焊盘，又称热风焊盘）和 Anti Pad（负片焊盘，又称隔离焊盘、抗电焊盘）。

11.3.2　焊盘 PCB 设计原则

　　设计焊盘 PCB 时应遵循以下几点。
　　（1）在进行焊盘 PCB 设计时，焊点可靠性主要取决于长度而不是宽度。
　　（2）采用封装尺寸的最大值和最小值为参数进行同一种元件焊盘设计时焊盘尺寸的计算，可使设计结果适用范围更宽。
　　（3）在进行焊盘 PCB 设计时，应确保同一个元件的焊盘设计保持全面的对称性，即焊盘图形的形状与尺寸应完全一致。

（4）焊盘与较大面积的导电区（如地、电源等平面）相连时，应通过一根较细的导线进行热隔离，一般宽度为0.2～0.4mm，长度约为0.6mm。

（5）波峰焊时的焊盘一般比载流焊时的焊盘大，因为波峰焊中的元件有胶水固定，焊盘稍大，不会危及元件的移位和直立，相反却能减少波峰焊的"遮蔽效应"。

（6）焊盘大小要设计适当，既不能太大也不能太小。太大则焊料铺展面较大，形成的焊点较薄；太小则焊盘铜箔对熔融焊料的表面张力太小，当铜箔的表面张力小于熔融焊料表面张力时，形成的焊点为不浸润焊点。

11.3.3 焊盘编辑器

在Allegro的Padstack Editor窗口中进行焊盘设计，该窗口结合了对话框与Windows界面的形式，包括标题栏、工具栏与工作区。

选择"开始"→"程序"→Cadence PCB Utilities 17.4-2019→Padstack Editor 17.4命令，打开Padstack Editor窗口，如图11.38所示。

1. 菜单栏

Padstack Editor窗口的菜单栏包括File（文件）、View（视图）和Help（帮助）3个菜单，下面介绍每个菜单的作用。

（1）File（文件）菜单。主要用于文件的打开、关闭和保存等操作，如图11.39所示，下面分别介绍各命令。

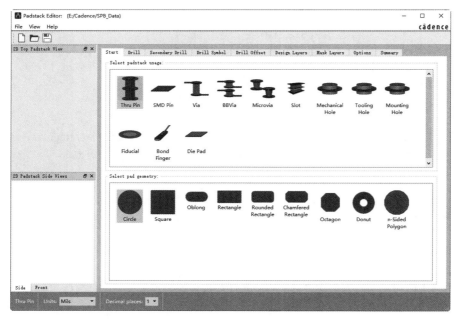

图11.38　Padstack Editor窗口

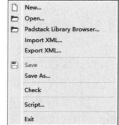

图11.39　File（文件）菜单

1）New：新建。选择此命令，弹出如图 11.40 所示的 New Padstack（新建焊盘）对话框，在 Padstack name（焊盘名称）文本框中输入焊盘名称，单击 ... 按钮，弹出如图 11.41 所示的 New padstack（新建焊盘文件）对话框，选择焊盘文件路径；在 Padstack usage（焊盘用法）下拉列表中选择焊盘类型，如图 11.42 所示。

单击 OK 按钮，完成焊盘文件的创建。

2）Open：打开，选择此命令，弹出如图 11.43 所示的 Open padstack（打开焊盘）对话框，选择文件路径，打开已创建的焊盘文件。

3）Padstack Library Browser：库焊盘堆栈浏览器。选择此命令，弹出如图 11.44 所示的 Library Padstack Browser（库焊盘堆栈浏览器）对话框，选择焊盘类型。

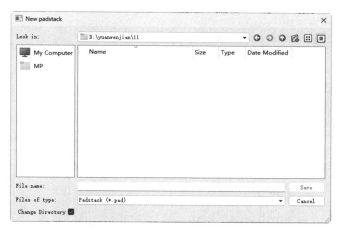

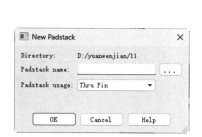

图 11.40　New Padstack（新建焊盘）对话框

图 11.41　New padstack（新建焊盘文件）对话框

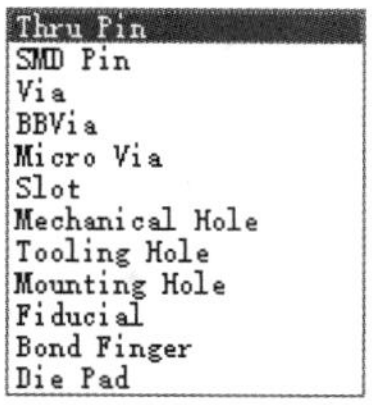

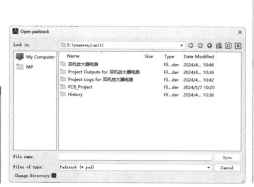

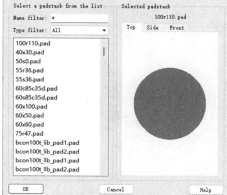

图 11.42　选择焊盘
类型

图 11.43　Open padstack（打开焊盘）
对话框

图 11.44　Library Padstack Browser
（库焊盘堆栈浏览器）对话框

4）Import XML：导入 XML 报表。

5）Export XML：导出 XML 报表。

6）Save：保存焊盘文件。

7）Save As：更名后，保存编辑的焊盘文件。

8）Check：检查编辑焊盘。

9）Script：脚本信息，执行此命令，弹出 Scripting（脚本）对话框，进行脚本录制和演示，如图 11.45 所示。

10）Exit：退出，选择此命令，退出焊盘编辑器。

（2）View（视图）菜单。主要用于执行用户界面的设置情况，如图 11.46 所示。

（3）Help 菜单。显示在进行焊盘创建和编辑过程中遇到的问题、需要的帮助指导，菜单命令如图 11.47 所示，包括 Documentation、Web Resources、Command Reference、About 命令，可以为用户提供相应的帮助。

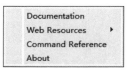

图 11.45　Scripting（脚本）对话框　　图 11.46　View（视图）菜单　　图 11.47　Help 菜单命令

2. 工作区

（1）2D Top Padstack View：显示焊盘的 2D 顶视图，如图 11.48 所示。

（2）2D Padstack Side Views：显示焊盘的 2D 侧视图以及正视图。通过 top、side、front 等参数可以直观地了解焊盘的封装、层叠信息、钻孔信息，如图 11.49 所示。

图 11.48　显示焊盘的 2D 顶视图　　　图 11.49　显示焊盘的 2D 侧视图

（3）Start 选项卡：该选项卡用来选择焊盘类型以及焊盘默认的几何形状，如图 11.50 所示。分为以下两个选项组。

1）Select padstack usage 选项组与 New Padstack（新建焊盘）对话框中的 Padstack usage（焊盘用途）下拉列表中的焊盘类型相同。

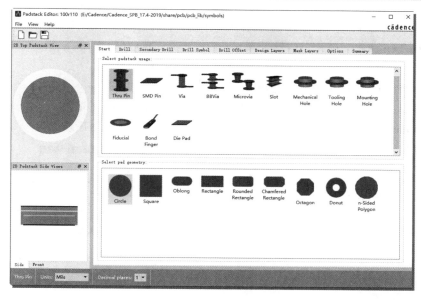

图 11.50 选择焊盘类型

2）在 Select pad geometry 选项组中选择焊盘的形状，其中包括 Circle（圆形）、Square（正方形）、Oblong（椭圆形）、Rectangle（长方形）、Rounded Rectangle（圆角长方形）、Chamfered Rectangle（倒角长方形）、Octagon（八边形）、Donut（环形）、n-Sided Polygon（多边形）。

（4）Drill 选项卡：该选项卡用于定义钻孔的类型、尺寸、误差，还可以定义钻孔的行与列，以及每个钻孔行与列之间的间隔。直接输入数字即可，在窗口左下角的 Units（单位）下拉列表中选择单位，如图 11.51 所示。

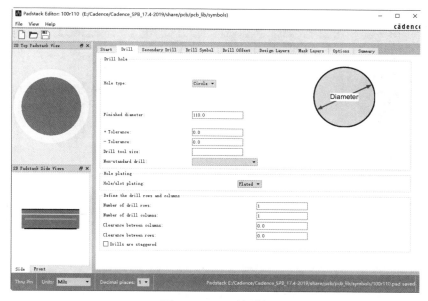

图 11.51 Drill 选项卡

1）Drill hole（钻孔参数）选项组。在该选项组中设置焊盘为通孔时钻孔的直径、类型和形状。

➢ Hole type：钻孔形状，提供了 2 种不同的钻孔形状选项，Cricle（圆形）和 Square（方形），如图 11.52 所示。

➢ Finished diameter：钻孔直径，设置钻孔的直径。

➢ +Tolerance、–Tolerance：公差，可以设置焊盘钻孔直径允许的误差范围。

➢ Non-standard drill：非标准钻孔类型，有 8 种不同类型，如图 11.53 所示。

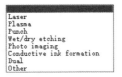

图 11.52　Hole type 选项 　　　　　　　　　　图 11.53　Non-standard drill 选项

2）Hole plating（电镀孔）选项组。Hole/slot plating 是指电镀类型，这里选择 Plated（孔壁上锡）类型。

3）Define the drill rows and columns（定义孔的行与列）选项组。

该选项组用于设置孔的行与列尺寸。

➢ Drills are staggered：勾选该复选框，添加多个错列的钻孔。

➢ Number of drill rows（行）、Number of drill cloumns（列）：设置钻孔数目，行和列的数目设置范围是 1～10，总的过孔数不能超过 50。

➢ Clearance between cloumns、Clearance between rows：设置孔列、行方向的间距。

（5）Secondary Drill 选项卡：当焊盘为盲孔/埋孔时，该选项卡用于设置钻孔的直径、类型和形状，如图 11.54 所示。

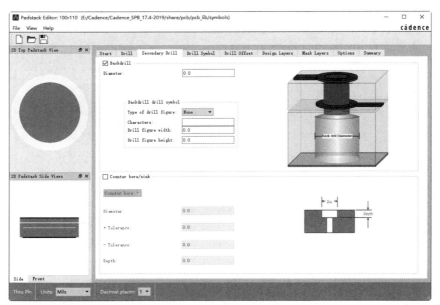

图 11.54　Secondary Drill 选项卡

1）勾选 Backdrill（埋孔）复选框，激活 Backdrill drill symbol 选项组，设置钻孔的基本尺寸。

➢ Diameter（直径）：在该文本框中输入直径。

➢ Type of drill figure（钻头类型）：可在此下拉列表中选择钻头形状，如图 11.55 所示。其中包括 None（空）、Circle（圆形）、Square（正方形）、Hexagon x（x 方向的六边形）、Hexagon y（y 方向的六边形）、Octagon（八边形）、Cross（十字形）、Diamond（菱形）、Triangle（三角形）、Oblong x（x 方向的椭圆形）、Oblong y（y 方向的椭圆形）、Rectangle（长方形）。

➢ Characters：在该文本框中输入字符，表示图形内的文字。

➢ Drill figure width、Drill figure height：在该文本框中输入图形的尺寸，表示图形的宽度和高度。

2）勾选 Counter bore/sink（盲孔）复选框，激活选项组，设置盲孔的基本尺寸。

➢ 下拉列表：在该下拉列表中选择钻头形状，如图 11.56 所示。

图 11.55　钻头形状　　　　　　　　图 11.56　沉孔钻头形状

➢ Diameter（直径）：在该文本框中输入直径。

➢ +Tolerance、–Tolerance：公差，可以设置焊盘钻孔直径允许的误差范围。

➢ Depth：设置孔深。

（6）Drill Symbol 选项卡：该选项卡用于定义表示钻孔的几何图形和大小，如图 11.57 所示。

➢ Type of drill figure（钻头类型）：在该下拉列表中可以选择用户需要的钻头形状，如图 11.58 所示。

图 11.57　Drill Symbol 选项卡

图 11.58　钻头形状

➢ Characters：设置钻头特性。

➢ Drill figure diameter：在该文本框中输入钻孔的直径。

（7）Drill Offset 选项卡：该选项卡用于定义钻孔的中心与图示中心的距离，如图 11.59 所示。

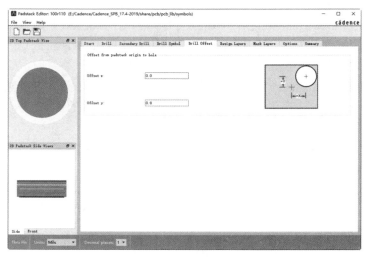

图 11.59　Drill Offset 选项卡

Offset x、Offset y：焊盘坐标原点距离焊盘中心的长度，通常情况下都设置为 0，即坐标原点与焊盘的中心重合。

（8）Design Layers 选项卡：该选项卡用于显示层面设置，如图 11.60 所示。

1）在 Select pad to change（选择要改变的焊盘）选项组中显示焊盘在每一层的信息。Regular Pad、Thermal Pad、Anti Pad、Keep Out 参数分别表示焊盘几何图形、散热、隔离、阻焊。

2）在层上右击，弹出如图 11.61 所示的快捷菜单，选择相应的命令可以在选择的层上、下添加和删除层。

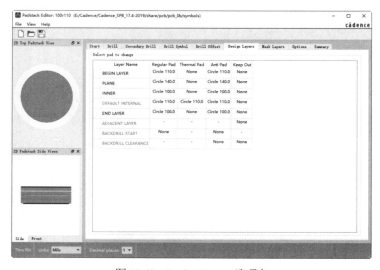

图 11.60　Design Layers 选项卡　　　　　　　　　　　　　　图 11.61　快捷菜单

（9）Mask Layers 选项卡：该选项卡用于设置阻焊层焊盘参数，如图 11.62 所示。

图 11.62　Mask Layers 选项卡

1）阻焊层分为 SOLDERMASK 和 PASTEMASK，一般称为绿油层和锡膏防护层（钢网层）。值得注意的是，SOLDERMASK 是出负片，也就是说，设计图纸上绘制图形的地方在实际生产时是没有绿油的，PASTEMASK 是出正片，在绘制电路的位置是会有锡膏的。

2）单击 Add Layer（添加板层）按钮添加板层，顶层和底层最多可以分别添加 16 层，电路板最多添加 32 层。除此之外，还包括 Filmmask（预留层）和 Coverlay（图覆层）。

（10）Options 选项卡：该选项卡只有两个选项，如图 11.63 所示。

图 11.63　Options 选项卡

1）Suppress unconnected internal pads; legacy artwork：不显示在当前层没有铜导线连接网络的焊盘，但是在 gerber 中保留。

2）Lock layer span：锁层，当加入新的层后，保证盲孔或埋孔不受干扰。若埋孔连接层 1 和层 2，当在层 1 和层 2 之间添加一个层 1A，那么，在勾选该复选框后，这个埋孔就会将层 1 和层 1A 连接。

（11）Summary 选项卡：该选项卡用于显示简要的汇总表。简单列出了这个焊盘的各种信息，可以选择保存到本地，也可以选择直接打印输出，如图 11.64 所示。

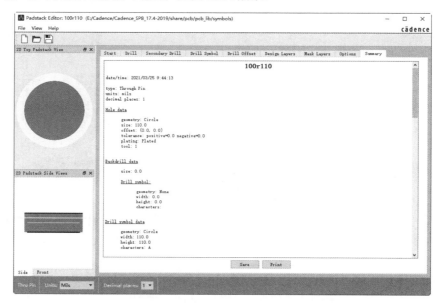

图 11.64　Summary 选项卡

11.4　过 孔 设 计

过孔是多层 PCB 设计中的一个重要因素，过孔可以起到电气连接、固定或定位器件的作用。

一个过孔主要由三部分组成：一是孔，二是孔周围的焊盘区，三是 POWER 层隔离区。过孔的工艺过程是在过孔的孔壁圆柱面上用化学沉积的方法镀上一层金属，用以连通中间各层需要连通的铜箔，而将过孔的上下两面做成普通的焊盘形状，可以直接与上下两面的线路相通，也可以不相通。

从工艺制程上来说，这些过孔一般分为三类，即通孔（Through via）、盲孔（Blind via）和埋孔（Buried via）。

（1）Through via：通孔。穿过整个 PCB，可以用于实现内部互连或作为元件的安装定位孔。

（2）Blind via：盲孔。从 PCB 内仅延展到一个表层的导通孔，位于电路板的顶层和底层表面，用于表层电路和内层电路的连接。

（3）Buried via：埋孔。未延伸到印制板表层的一种导通孔，位于电路板内层，用于内层电路间的连接。

选择"开始"→"程序"→Cadence PCB Utilities 17.4-2019→Padstack Editor 17.4 命令，打开焊盘编辑器 Padstack Editor，在该图形界面中进行过孔设计。

11.4.1　通孔设计

由于通孔在工艺上更易实现，成本较低，所以一般 PCB 均使用通孔。下面介绍通孔的创建方法。

1．打开焊盘编辑器 Padstack Editor

（1）选择菜单栏中的 File（文件）→New（新建）命令，弹出 New Padstack（新建焊盘）对话框。在 Padstack name（焊盘名称）文本框中输入 pad_c_1，单击 OK 按钮即可，如图 11.65 所示。

（2）在 Start 选项卡下进行设置。定义所用的单位及精度：将 Units（单位）设置为 Millimeter，将 Decimal places（小数点位置）设置为 2，如图 11.66 所示。

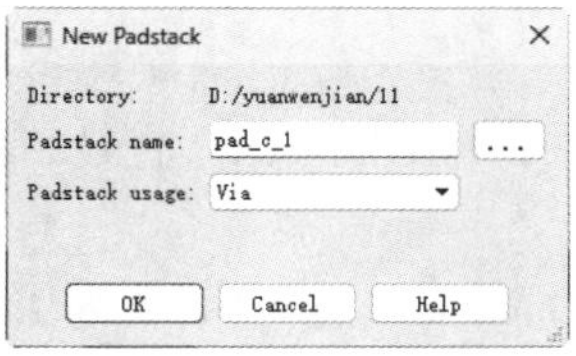

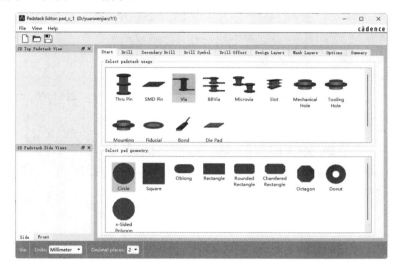

图 11.65　New Padstack（新建焊盘）
　　　　　　对话框

图 11.66　Start 选项卡

（3）在 Drill 选项卡下进行通孔尺寸的设置。将钻孔符号 Hole type 设置为 Circle，将定义钻孔参数 Hole/slot plating（电镀）设置为 Plated（上锡），将 Finished diameter（钻孔属性）设置为 1.00，如图 11.67 所示。

（4）在 Drill Offset 选项卡下进行设置。在 Offset x 和 Offset y 文本框中输入 0，将偏置都设置为 0。

（5）在 Design Layers 选项卡下进行设置。通孔属于贯通孔，要设置从上到下不同层的孔径，激活 BEGIN LAYER 层，进行以下设置，如图 11.68 所示。

1）Regular Pad（规则焊盘）：将 Geometry（几何图形）设置为 Circle，将 Diameter（直径）设置为 1.60。

2）Thermal Pad（热焊盘）：将 Geometry（几何图形）设置为 Circle，将 Diameter（直径）设置为 2.40。

3）Anti Pad（负片焊盘）：将 Geometry（几何图形）设置为 Circle，将 Diameter（直径）设置为 2.40。

图 11.67　Drill 选项卡

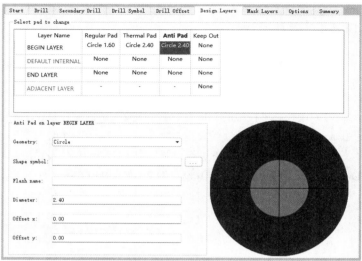

图 11.68　设置 BEGIN LAYER 层

2．定义默认的中间层

激活 DEFAULT INTERNAL 层，进行以下设置，如图 11.69 所示。

（1）Regular Pad（规则焊盘）：将 Geometry（几何图形）设置为 Circle，将 Diameter（直径）设置为 1.40。

（2）Thermal Pad（热焊盘）：将 Geometry（几何图形）设置为 Circle，将 Diameter（直径）设置为 1.40。

（3）Anti Pad（负片焊盘）：将 Geometry（几何图形）设置为 Circle，将 Diameter（直径）设置为 2.10。

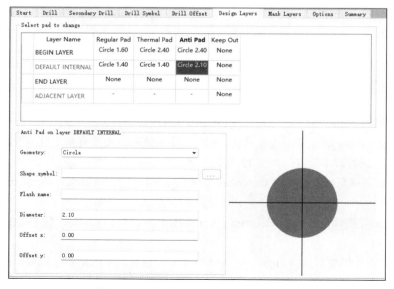

图 11.69　设置 DEFAULT INTERNAL 层

3. 定义焊盘的底层

激活 END LAYER 层，进行以下设置，如图 11.70 所示。

（1）Regular Pad（规则焊盘）：将 Geometry（几何图形）设置为 Circle，将 Diameter（直径）设置为 1.60。

（2）Thermal Pad（热焊盘）：将 Geometry（几何图形）设置为 Circle，将 Diameter（直径）设置为 2.40。

（3）Anti Pad（负片焊盘）：将 Geometry（几何图形）设置为 Circle，将 Diameter（直径）设置为 2.40。

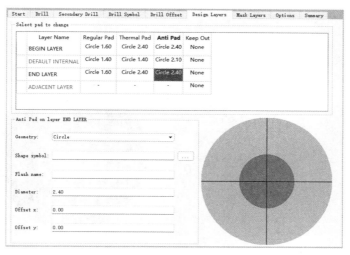

图 11.70　设置 END LAYER 层

4. 定义焊盘的顶层阻焊开窗

打开 Mask Layers（阻焊层）选项卡。激活 SOLDERMASK_TOP 层，进行以下设置，如图 11.71 所示。

Pad（焊盘）：将 Geometry（几何图形）设置为 Circle，将 Diameter（直径）设置为 2.00。

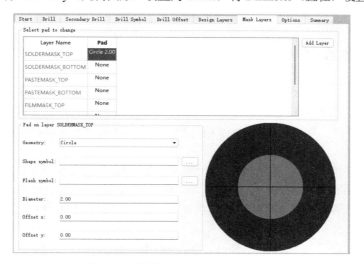

图 11.71　设置 SOLDERMASK_TOP 层

5. 定义焊盘的底层阻焊开窗

激活 SOLDERMASK_BOTTOM 层，进行以下设置，如图 11.72 所示。

Pad（焊盘）：将 Geometry（几何图形）设置为 Circle，将 Diameter（直径）设置为 2.00。

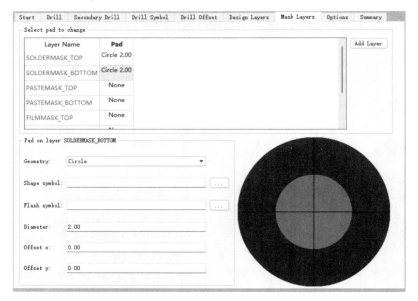

图 11.72　设置 SOLDERMASK_BOTTOM 层

至此，通孔的设计工作已经完成。

11.4.2　盲孔设计

在高密度板的设计中会大量应用到盲孔和埋孔。这两种孔必须创建后才能用在 PCB 的设计中，不能将通孔作为盲孔或埋孔使用。

轻松动手学——创建内径为 20、外径为 40 的盲孔

源文件：yuanwenjian\11\ b_v40_20.pad

【操作步骤】

（1）选择"开始"→"程序"→Cadence PCB Utilities 17.4-2019→Padstack Editor 17.4 命令，打开焊盘编辑器 Padstack Editor。

（2）选择菜单栏中的 File（文件）→New（新建）命令，弹出 New Padstack（新建焊盘）对话框。在 Padstack name（焊盘名称）文本框中输入 b_v40_20，如图 11.73 所示，单击 OK 按钮即可。

（3）打开 Start（开始）选项卡，在 Units（单位）下拉列表中选择 Mils 选项，将 Decimal places（小数点位置）设置为 0，表示为整数。

（4）打开 Drill 选项卡，在 Hole/slot plating（钻孔电镀类型）下拉列表中选择 Plated（上锡）选项，将 Finished diameter（钻孔半径）设置为 15，如图 11.74 所示。

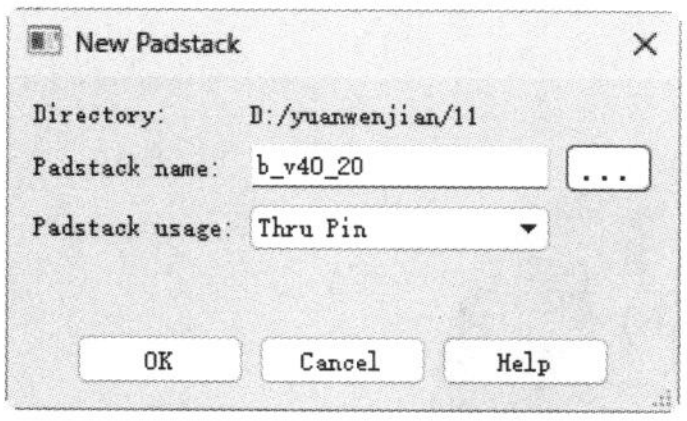

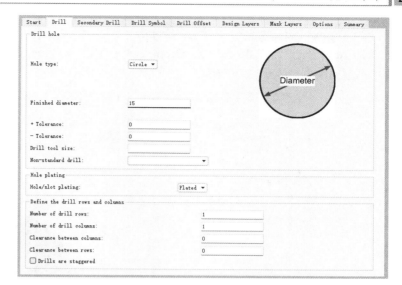

图 11.73　New Padstack（新建焊盘）
对话框

图 11.74　设置 Drill 选项卡参数

（5）打开 Drill Symbol 选项卡，在 Type of drill figure（钻头类型）下拉列表中选择 Circle（圆形）选项，在 Characters（字符）文本框中输入 A，如图 11.75 所示。

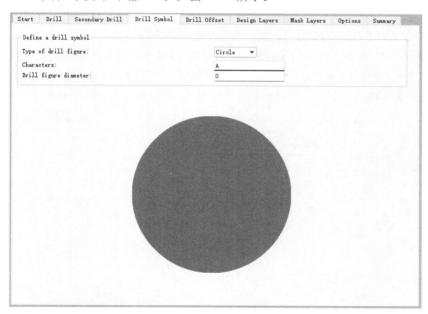

图 11.75　设置 Drill Symbol 选项卡参数

（6）在 Drill Offset 选项卡下分别设置 Offset x 和 Offset y 为 0。

（7）打开 Design Layers（层）选项卡，选择 BEGIN LAYER 层，进行以下设置。

1）Regular Pad（规则焊盘）选项栏：Geometry（几何图形）选择 Circle，将 Diameter（直径）设置为 40。

2）Thermal Pad（热焊盘）选项栏：Geometry（几何图形）选择 Circle，将 Diameter（直径）设置为46。

3）Anti Pad（负片焊盘）选项栏：Geometry（几何图形）选择 Circle，将 Diameter（直径）设置为46。设置好的内容如图11.76所示。

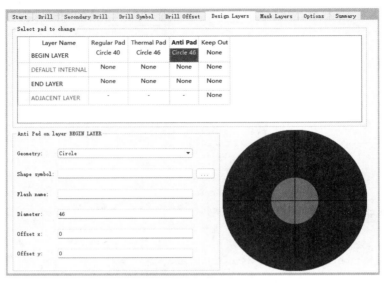

图11.76　设置 BEGIN LAYER 层

（8）选择 DEFAULT INTERNAL 层，进行以下设置，如图11.77所示。

1）Regular Pad（规则焊盘）选项栏：Geometry（几何图形）选择 Circle，将 Diameter（直径）设置为25。

2）Thermal Pad（热焊盘）选项栏：Geometry（几何图形）选择 Circle，将 Diameter（直径）设置为44。

3）Anti Pad（负片焊盘）选项栏：Geometry（几何图形）选择 Circle，将 Diameter（直径）设置为44。

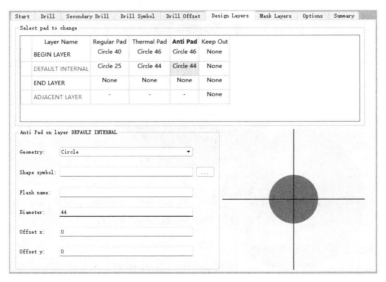

图11.77　设置 DEFAULT INTERNAL 层

（9）打开 Mask Layers（阻焊层）选项卡，选择 SOLDERMASK_TOP 层，Geometry（几何图形）选择 Circle，将 Diameter（直径）设置为 40。

（10）在左侧的 2D Top Padstack View 选项组下进行顶层预览，如图 11.78 所示。

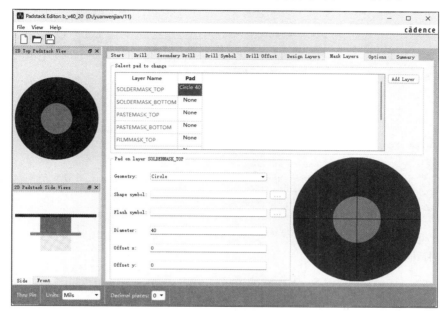

图 11.78　顶层预览

（11）选择菜单栏中的 File（文件）→Save As（另存为）命令，保存文件。

11.4.3　埋孔设计

由于埋孔定义为内层的连接，所以顶层和底层不定义，内层定义两层。

轻松动手学——创建内径为 20、外径为 40 的埋孔

源文件：yuanwenjian\11\ bu_v_40_20.pad

扫一扫，看视频

【操作步骤】

（1）选择"开始"→"程序"→Cadence PCB Utilities 17.4-2019→Padstack Editor 17.4 命令，打开焊盘编辑器 Padstack Editor。

（2）选择菜单栏中的 File（文件）→New（新建）命令，弹出 New Padstack（新建焊盘）对话框。在 Padstack name（焊盘名称）文本框中输入 bu_v_40_20，如图 11.79 所示，单击 OK 按钮即可。

（3）打开 Start 选项卡，在 Units（单位）下拉列表中选择 Mils 选项，将 Decimal places（小数点位置）设置为 0，表示为整数。

（4）打开 Drill 选项卡，在 Hole type（孔类型）下拉列表中选择 Circle 选项，在 Hole/slot plating（钻孔电镀类型）下拉列表中选择 Plated（上锡）选项，将 Finished diameter（钻孔直径）设置为 15，如图 11.80 所示。

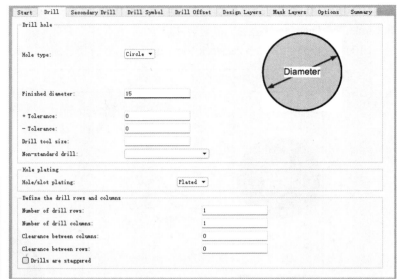

图 11.79　New Padstack（新建焊盘）　　　　　　图 11.80　Drill 选项卡
　　　　　对话框

（5）打开 Secondary Drill 选项卡，勾选 Backdrill 复选框，在 Type of drill figure（钻孔符号类型）下拉列表中选择 Circle 选项，在 Characters（字符）文本框中输入 A，将 Drill figure diameter（钻孔直径）设置为 15，如图 11.81 所示。

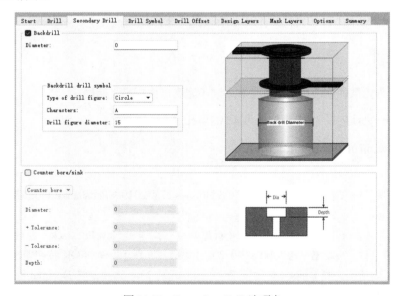

图 11.81　Secondary Drill 选项卡

（6）打开 Design Layers（层）选项卡，在 BEGIN LAYER 上右击，在弹出的快捷菜单中选择 Insert Layer Below（插入）命令，新插入一层，同时命名为 HOLELAYER。

选择 HOLELAYER 层后进行以下设置。

1）Regular Pad（规则焊盘）选项栏：Geometry（几何图形）选择 Circle，将 Diameter（直径）设置为 21。

2）Thermal Pad（热焊盘）选项栏：Geometry（几何图形）选择 Circle，将 Diameter（直径）设置为 38。

3）Anti Pad（负片焊盘）选项栏：Geometry（几何图形）选择 Circle，将 Diameter（直径）设置为 38。
设置好的内容如图 11.82 所示。

Start	Drill	Secondary Drill	Drill Symbol	Drill Offset	Design Layers	Mask Layers	Options	Summary

Select pad to change

Layer Name	Regular Pad	Thermal Pad	Anti Pad	Keep Out
BEGIN LAYER	None	None	None	None
HOLELAYER	Circle 21	Circle 38	Circle 38	None
DEFAULT INTERNAL	None	None	None	None
END LAYER	None	None	None	None
ADJACENT LAYER	-	-	-	None

图 11.82　设置 HOLELAYER 层

（7）设置 DEFAULT INTERNAL 层，选择 DEFAULT INTERNAL 层后进行以下设置。

1）Regular Pad（规则焊盘）选项栏：Geometry（几何图形）选择 Circle，将 Diameter（直径）设置为 24。

2）Thermal Pad（热焊盘）选项栏：Geometry（几何图形）选择 Circle，将 Diameter（直径）设置为 44。

3）Anti Pad（负片焊盘）选项栏：Geometry（几何图形）选择 Circle，将 Diameter（直径）设置为 44。

（8）在左侧的 2D Top Padstack View 可以观察到焊盘的预览情况，如图 11.83 所示。

（9）选择菜单栏中的 File（文件）→Save（保存）命令，保存建立内容。

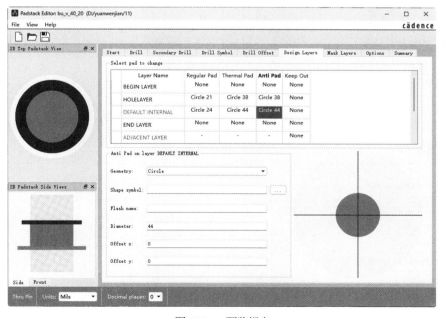

图 11.83　预览焊盘

动手练一练——椭圆形有钻孔焊盘

绘制如图 11.84 所示的椭圆形有钻孔焊盘。

思路点拨：

> 源文件：yuanwenjian\11\动手练一练\ pad100_180o60_140o.pad
> （1）打开 Padstack Editor 图形编辑器。
> （2）设置 Start 选项卡、Drill 选项卡和 Drill Offset 选项卡。
> （3）设置 BEGIN LAYER 层、DEFAULT INTERNAL 层和 END LAYER 层。
> （4）设置 PASTE MASK_TOP 层和 PASTE MASK_BOTTOM 层。

图 11.84　椭圆形有钻孔焊盘

11.5　操作实例——创建 ATF750C 封装

源文件：yuanwenjian\11\ATF750C.dra

Allegro 的封装库文件可以通过各种编辑器及报表列出的信息帮助用户进行元件规则的相关检查，使用户创建的元件以及元件库更准确，创建的 ATF750C 封装如图 11.85 所示。

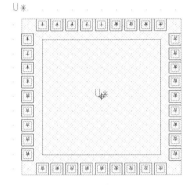

图 11.85　ATF750C 封装

【操作步骤】

（1）选择"开始"→"程序"→Cadence PCB 17.4-2019→PCB Editor 17.4 命令，弹出 Cadence 17.4 ALLEGRO Product Choices 对话框，选择 Allegro PCB Designer 选项，然后单击 OK 按钮，进入设计系统主界面。

（2）选择菜单栏中的 File（文件）→New（新建）命令，弹出 New Drawing（新建图纸）对话框，如图 11.86 所示。在 Drawing Name（图纸名称）文本框中输入 ATF750C.dra，在 Drawing Type（图纸类型）下拉列表中选择 Package symbol(wizard)［封装符号（向导）］选项，单击 Browse... 按钮，设置存储的路径。

（3）完成设置后，单击 OK 按钮，弹出 Package Symbol Wizard（封装符号向导）对话框，如图 11.87 所示。在 Package Type（封装类型）选项组中显示了 9 种元件封装类型。

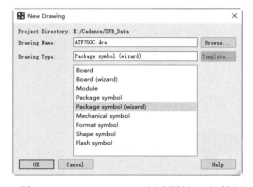

图 11.86　New Drawing（新建图纸）对话框

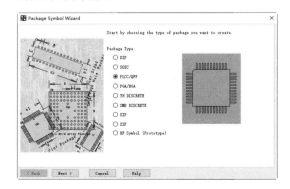

图 11.87　Package Symbol Wizard（封装符号向导）对话框

（4）选中 PLCC/QFP 单选按钮，然后单击 Next > 按钮，弹出 Package Symbol Wizard-Template（封装符号向导-模板）对话框，如图 11.88 所示，选中 Default Cadence supplied template（使用默认库模板）单选按钮，单击 Load Template 按钮，加载默认模板。

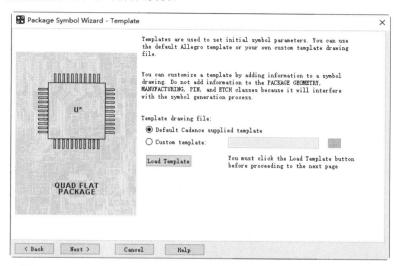

图 11.88　Package Symbol Wizard-Template（封装符号向导-模板）对话框

（5）完成设置后，单击 Next > 按钮，弹出 Package Symbol Wizard-General Parameters（封装符号向导-通用参数）对话框，如图 11.89 所示，在该对话框中定义封装元件的单位及精确度。

（6）单击 Next > 按钮，弹出如图 11.90 所示的 Package Symbol Wizard-PLCC/QFP Pin Layout（封装符号向导-PLCC/QFP 管脚布局）对话框，定义封装管脚数。

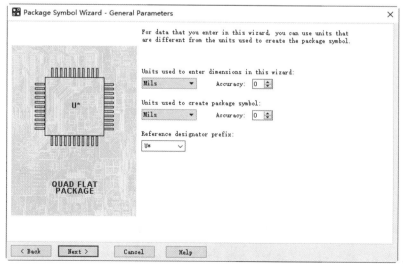

图 11.89　Package Symbol Wizard-General Parameters（封装符号向导-通用参数）对话框

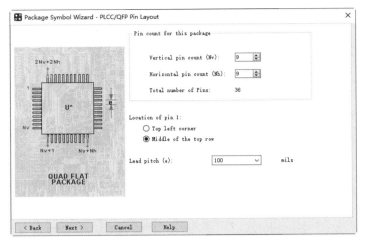

图 11.90　Package Symbol Wizard-PLCC/QFP Pin Layout（封装符号向导-PLCC/QFP 管脚布局）对话框

（7）单击 Next > 按钮，弹出如图 11.91 所示的 Package Symbol Wizard-PLCC/QFP Parameters（封装符号向导-PLCC/QFP 参数）对话框，定义封装尺寸。

（8）完成参数设置后，单击 Next > 按钮，弹出 Package Symbol Wizard-Padstacks（封装符号向导-焊盘）对话框，如图 11.92 所示，选择要使用的焊盘类型。

（9）单击 Default padstack to use for symbol pins 文本框右侧的 ... 按钮，弹出 Package Symbol Wizard Padstack Browser（封装符号向导-焊盘浏览器）对话框，进行焊盘的选择。

（10）完成焊盘设置后，单击 Next > 按钮，弹出 Package Symbol Wizard-Symbol Compilation（封装符号向导-符号设置）对话框，选择定义封装元件的坐标原点，如图 11.93 所示。

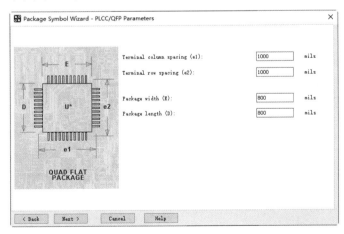

图 11.91　Package Symbol Wizard Parameters（封装符号向导-PLCC/QFP 参数）对话框

（11）完成设置后，单击 Next > 按钮，在弹出的 Package Symbol Wizard-Summary（封装符号向导-摘要）对话框中单击 Finish 按钮，如图 11.94 所示。显示生成后缀名为.dra 和.psm 的元件封装，完成封装后的结果见图 11.85。

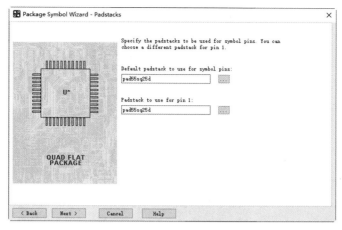

图 11.92 Package Symbol Wizard-Padstacks（封装符号向导-焊盘）对话框

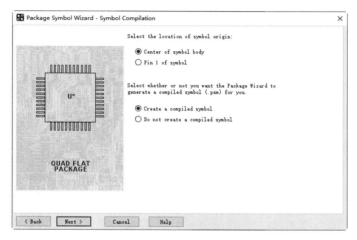

图 11.93 Package Symbol Wizard-Symbol Compilation（封装符号向导-符号设置）对话框

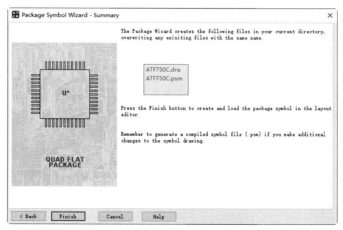

图 11.94 Package Symbol Wizard-Summary（封装符号向导-摘要）对话框

第 12 章　PCB 设计基础

内容简介

设计印制电路板（Printed Circuit Board，PCB）是整个工程设计的目的。原理图设计得再完美，但如果电路板设计得不合理，性能也将大打折扣，甚至不能正常工作。

本章主要介绍 PCB 的设计流程、物理结构、环境参数设置等知识，使读者对电路板的设计有一个基本的了解。

内容要点

- ➤ PCB 概述
- ➤ 设计参数设置
- ➤ 创建电路板文件
- ➤ 电路板的物理结构
- ➤ 环境参数设置
- ➤ 在 PCB 文件中导入原理图/网络表信息

案例效果

12.1　PCB 概述

在设计之前，首先介绍一些有关 PCB 的基础知识，以便用户能更好地理解和掌握 PCB 的设计过程。

12.1.1　PCB 的概念

PCB 以绝缘覆铜板为材料，经过印制、腐蚀、钻孔及后处理等工序，在覆铜板上刻蚀出 PCB 图上的导线，将电路中的各种元件固定并实现各元件之间的电气连接，使其具有某种功能。随着电子设备的飞速发展，PCB 越来越复杂，上面的元件越来越多，功能也越来越强大。

根据 PCB 导电层数的不同，可以分为单面板、双面板和多层板 3 种。

（1）单面板：单面板只有一面覆铜，另一面用于放置元件，因此只能利用敷有铜的一面设计电路导线和元件的焊接。单面板结构简单，价格便宜，适用于相对简单的电路设计。对于复杂的电路，由于只能单面布线，所以布线比较困难。

（2）双面板：双面板是一种双面都敷有铜的电路板，分为顶层 Top Layer 和底层 Bottom Layer。其双面都可以布线焊接，中间为一层绝缘层，元件通常放置在顶层。由于双面都可以布线，因此双面板可以设计比较复杂的电路。它是目前使用最广泛的 PCB 结构。

（3）多层板：如果在双面板的顶层和底层之间加上别的层，如信号层、电源层或者接地层，即构成了多层板。通常的 PCB，包括顶层、底层和中间层，层与层之间是绝缘的，用于隔离布线，两层之间的连接是通过过孔实现的。一般的电路系统设计用双面板和四层板即可满足设计需要，只是在较高级电路设计中，或者有特殊要求时，如对抗高频干扰要求很高的情况下使用六层或六层以上的多层板。多层板制作工艺复杂，层数越多，设计时间越长，成本也越高。但随着电子技术的发展，电子产品越来越小巧精密，电路板的面积要求越来越小，因此目前多层板的应用也日益广泛。

12.1.2 PCB 的设计流程

笼统地讲，在进行 PCB 的设计时，首先要确定设计方案，并进行局部电路的仿真或实验，完善电路性能。之后根据确定的方案绘制电路原理图，并进行 ERC（电气规则检查）。最后完成 PCB 的设计，输出设计文件，送交加工制作。设计者在这个过程中要尽量按照设计流程进行设计，这样可以避免一些重复的操作，同时也可以防止不必要的错误出现。

要想制作一块实际的电路板，首先要了解 PCB 的设计流程。PCB 的设计流程如图 12.1 所示。

1．绘制电路原理图

电路原理图是设计 PCB 的基础，此工作主要在电路原理图的编辑环境中完成。如果电路图很简单，也可以不用绘制原理图，直接进入 PCB 电路设计。

2．规划电路板

PCB 是一个实实在在的电路板，其规划包括电路板的规格、功能、工作环境等诸多因素，因此在绘制电路板前，用户应该对电路板有总体的规划。具体要确定电路板的物理尺寸、元件的封装、采用几层板以及各元件的布局位置等。

3．设置参数

主要设置电路板的结构及尺寸、板层参数、通孔的类型、网格大小等。

4．定义元件封装

原理图绘制完成后，正确加入网络表，系统会自动地为大多数元件提供封装，但是对于用户自己设计的元件或者是某些特殊元件，则必须由用户自己创建或修改元件的封装。

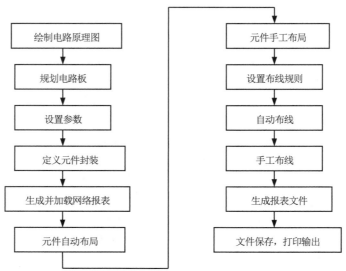

图 12.1　PCB 的设计流程

5．生成并加载网络表

网络表是连接电路原理图和 PCB 设计之间的桥梁，是电路板自动布线的灵魂。只有将网络表装入 PCB 系统后，才能进行电路板的自动布线。

在设计好的 PCB 上生成网络表和加载网络表，必须保证产生的网络表已没有任何错误，其所有元件都能够加载到 PCB 中。加载网络表后，系统将产生一个内部的网络表，形成飞线。

6．元件自动布局

元件自动布局是由电路原理图根据网络表转换成的 PCB 图进行的。对于电路板上元件较多且比较复杂的情况，可以采用自动布局。由于一般元件自动布局都不是很规则，甚至有的相互重叠，因此必须手动调整元件的布局。

元件布局的合理性将影响到布线的质量。对于单面板设计，如果元件布局不合理，将无法完成布线操作；而对于双面板或多层板的设计，如果元件布局不合理，布线时将会放置很多过孔，使电路板布线变得很复杂。

7．元件手工布局

对于那些自动布局不合理的元件，可以进行手工调整。

8．设置布线规则

飞线设置好后，在实际布线之前，要进行布线规则的设置，这是 PCB 设计所必需的一步。在这里用户要设置布线的各种规则，如安全距离、导线宽度等。

9．自动布线

Cadence 17.4 提供了强大的自动布线功能，在设置好布线规则后，可以利用系统提供的自动布线功能进行自动布线。只要设置的布线规则正确、元件布局合理，一般都可以成功完成自动布线。

10．手工布线

在自动布线结束后，可能会因为元件布局，自动布线无法完全解决问题或产生布线冲突，此时需要进行手工布线加以调整。如果自动布线完全成功，则可以不必手工布线。另外，对于一些有特殊要求的电路板，不能采用自动布线，必须由用户手工布线来完成设计。

11．生成报表文件

PCB 布线完成后，可以生成相应的报表文件，如元件报表清单、电路板信息报表等。这些报表可以帮助用户更好地了解所设计的 PCB 和管理所使用的元件。

12．文件保存，打印输出

生成报表文件后，可以将其打印输出保存，以便工作中使用。PCB 文件和其他报表文件均可打印。

12.2　设计参数设置

在进行 PCB 设计前，首先要对工作环境进行详细的设置。主要包括板形的设置、PCB 图纸的设置、电路板层的设置、层的显示、颜色的设置、布线框的设置、PCB 系统参数的设置以及 PCB 设计工具栏的设置等。

选择菜单栏中的 Setup（设置）→Design Parameters（设计参数）命令，弹出 Design Parameter Editor（设计参数编辑器）对话框。该对话框中有 7 个需要设置的选项卡：Display（显示）、Design（设计）、Text（文本）、Shapes（外形）、Flow Planning（流程规划）、Route（布线）和 Mfg Applications（制造应用程序）。

1．Display（显示）选项卡

打开 Display（显示）选项卡，如图 12.2 所示，该选项卡下包括 Command parameters（命令参数）和 Parameter description（参数描述）两个大的选项组。Command parameters（命令参数）选项组中包括 4 个小的选项组，下面分别进行介绍。

（1）Display（显示）选项组。

1）Connect point size：连接点大小，系统默认值为 10.0。

2）DRC marker size：DRC 显示尺寸，系统默认值为 25.0。

3）Rat T(Virtual pin)size：T 型飞线尺寸，系统默认值为 35.0。

4）Max rband count：当放置、移动元件时允许显示的网格飞线数目。当移动元件时，元件的管脚数大于这个值时，将不显示连接到该元件管脚上的网络，但经过管脚的网络还是显示的，如图 12.3 所示。

5）Ratsnest geometry：飞线的走线模式，在下拉列表中有两个选项，Jogged（飞线呈水平或垂直时自动显示有拐角的线段）和 Straight（走线为最短的直线线段），如图 12.4 所示。

6）Ratsnest points：飞线的点距。在其下拉列表中有两个选项，Closest endpoint（显示 Etch/Pin/Via 最近两点间的距离）和 Pin to pin（管脚之间最近的距离），如图 12.5 所示。

图 12.2　Display（显示）选项卡

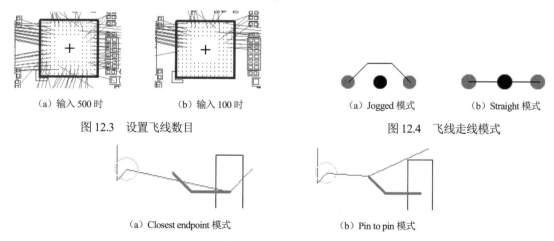

（a）输入 500 时　　　　（b）输入 100 时

图 12.3　设置飞线数目

（a）Jogged 模式　　　　（b）Straight 模式

图 12.4　飞线走线模式

（a）Closest endpoint 模式　　　　（b）Pin to pin 模式

图 12.5　设置飞线点距

（2）Display net names(OpenGL only)：显示网络名称。该选项组中包含 3 个复选框：Clines、Shapes 和 Pins。

（3）Enhanced display modes：高级显示模式。下面介绍该选项组中常用的复选框。

1）Plated holes：显示上锡的过孔。

2）Non-plated holes：显示没有上锡的过孔。

3）Padless holes：显示没有上锡的过孔。

4）Filled pads：填满模式，如图 12.6 所示。

5）Connect line endcaps：使导线拐弯处平滑。

6）Thermal pads：热焊盘。

7）Bus rats：总线型飞线。

8）Waived DRCs：DRC 忽略检查。

9）Diffpair driver pins：差分对传感器管脚，如图 12.7 所示。

（a）勾选该复选框　　　　（b）不勾选该复选框　　　（a）勾选该复选框　　　　（b）不勾选该复选框

图 12.6　填满模式　　　　　　　　　　　图 12.7　传感器管脚模式

💬 提示：

> 在 Allegro PCB 文件中，若焊盘用圆圈显示，走线拐角会有断接痕迹。需要进行参数设置，下面介绍设置步骤。
>
> （1）选择菜单栏中的 Setup（设置）→Design Parameters（设计参数）命令，在 Display（显示）选项卡中的 Enhanced display modes（高级显示模式）选项组中勾选 Plated holes（显示上锡的过孔）、Filled pads（填满模式）和 Connect line endcaps（使导线拐弯处平滑）复选框。
>
> （2）按住鼠标中键（如果没有鼠标中键，可以按 Shift+鼠标右键；或者按住上、下、左、右方向键）进行缩放刷新，使走线拐弯连接处过渡平滑。
>
> （3）勾选 Filled pads（填满模式）复选框，按照上面的方法刷新，焊盘将显示实体，不再显示圆圈。
>
> （4）勾选 Plated holes（显示上锡的过孔）复选框，刷新图纸，显示 VIA 的通孔。

（4）Grids：网格。

1）Grids on：启动网格。

2）Setup grids：网格设置。单击此按钮，弹出 Define Grid（定义网格）对话框，对网格进行设置。

（5）Parameter description：参数描述。

2．Design（设计）选项卡

打开 Design（设计）选项卡，如图 12.8 所示。该选项卡用于设置页面属性，与 Display（显示）选项卡一样，该选项卡下边包括两个大的选项组。Command parameters（命令参数）选项组中包括 6 个小的选项组，下面分别进行介绍。

（1）Size：图纸尺寸设置。

1）User units：设定单位。该下拉列表中有 5 个可选单位，如图 12.9 所示。Mils 表示米制；Inch 表示英寸；Microns 表示微米；Millimeter 表示毫米；Centimeter 表示厘米。

2）Size：设定工作区的大小标准。若在 User units（设定单位）下拉列表中选择 Mils（米制）或 Inch（英寸），则该选项提供了 A、B、C、D、Other 5 种不同的尺寸，如图 12.10 所示；若在 User units（设定单位）下拉列表中选择其余三个选项，则该选项提供了 A1、A2、A3、A4、Other 5 种不同的尺寸，如图 12.11 所示。

图 12.8　Design（设计）选项卡

图 12.9　选择单位　　图 12.10　图纸尺寸（1）　　图 12.11　图纸尺寸（2）

3）Accuracy：精确性。在文本框中输入小数点后的位数。

4）Long name size：名称字节长度。系统默认值为 255。

（2）Extents：图纸范围设置。

1）Left X：在该文本框中输入图纸左下角起始横向坐标值。

2）Lower Y：在该文本框中输入图纸左下角起始纵向坐标值。

3）Width：在该文本框中输入图纸宽度。

4）Height：在该文本框中输入图纸高度。

（3）Move origin：图纸原点坐标。X、Y 分别为移动的相对坐标，输入好后系统会自动更改 Left X、Lower Y 的值，以达到移动原点的目的。

（4）Symbol options：符号选项。

Type：图纸类型设置。不能修改，显示当前文件的类型。

（5）Line lock：走线设置。

1）Lock direction：锁定方向。包含三个选项：Off（以任意角度进行拐角）、45（以 45°角进行拐角）和 90（以 90°角进行拐角）。

2）Lock mode：锁定模式。

3）Minimum radius：最小半径。

4）Fixed 45 Length：45°斜线长度。

5）Fixed radius： 圆弧走线固定半径值。

6）Tangent：切线方式走弧线。

（6）Symbol：图纸符号设置。

1）Mirror：镜像。放置元件时旋转至背面。

2）Angle：角度。范围为 1°～315°，设置元件默认方向。

3）Default symbol height：设置为图纸符号默认高度。

3．Text（文本）选项卡

在 Text（文本）选项卡下设置文本属性，如图 12.12 所示。

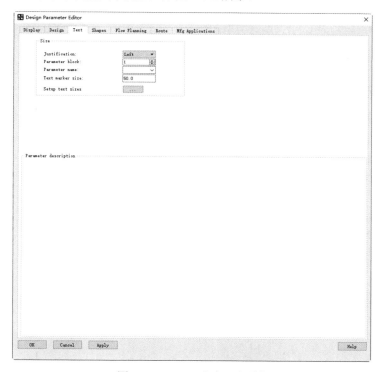

图 12.12　Text（文本）选项卡

（1）Justification：加文本时字体的对齐方式。文本有三种对齐方式：Centre（中间对齐）、Right（右对齐）、Left（左对齐）。

（2）Parameter block：光标大小的设定。

（3）Parameter name：参数名称。

（4）Text marker size：文本书签尺寸。

（5）Setup text sizes：字体设置。单击此按钮，弹出如图 12.13 所示的 Text Setup（文本设置）对话框。通过该对话框可以方便且直观地设置需要的文字大小，或者对已有的文字大小进行修改。

在 Text Setup（文本设置）对话框中可以设置的标题有 Text Blk（字体类型）、Width（宽度）、Height（高度）、Line Space（行间距）、Photo Width（底片上的字宽）和 Char Space（字间距）。该对话框中的按钮功能如下。

（1）OK：完成设置后，单击此按钮，确认设置，关闭对话框。

（2）Cancel：单击此按钮，取消设置操作，退出对话框。

（3）Reset：单击此按钮，重置参数。

（4）Add：单击此按钮，添加新的文字类型。

（5）Compact：单击此按钮，合并所有类型，默认有 16 种文字样式。

（6）Help：单击此按钮，提示帮助信息。

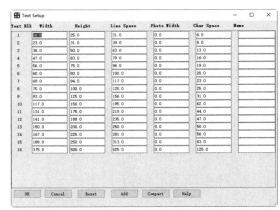

图 12.13 Text Setup（文本设置）对话框

4．Shapes（外形）选项卡

打开 Shapes（外形）选项卡，如图 12.14 所示。该选项卡用于设置页面属性，该选项卡下包括 3 个选项组。

图 12.14 Shapes（外形）选项卡

下面介绍 Shapes（外形）选项卡下 3 个主要的按钮。

（1）Edit global dynamic shape parameters：单击此按钮，弹出如图 12.15 所示的 Global Dynamic Shape Parameters（全局动态形体参数）对话框，编辑全局动态形体参数。

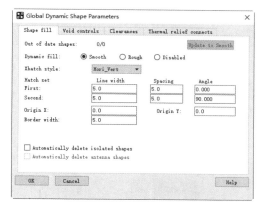

图 12.15　Global Dynamic Shape Parameters（全局动态形体参数）对话框

（2）Edit static shape parameters：单击此按钮，弹出如图 12.16 所示的 Static Shape Parameters（静态形体参数）对话框，编辑变形参数。

（3）Edit split plane parameters：单击此按钮，弹出如图 12.17 所示的 Split Plane Params（分割平面层参数）对话框，编辑分割平面参数。

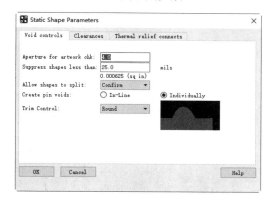

图 12.16　Static Shape Parameters
（静态形体参数）对话框

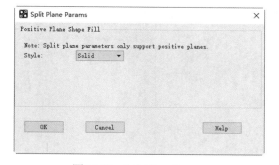

图 12.17　Split Plane Params
（分割平面层参数）对话框

5. Flow Planning（流程规划）选项卡

打开 Flow Planning（流程规划）选项卡，如图 12.18 所示。该选项卡用于设置电路板流程，该选项卡下包括 3 个选项组。

6. Route（布线）选项卡

打开 Route（布线）选项卡，如图 12.19 所示。该选项卡用于设置布线参数，该选项卡下包括 3 个选项组。

图 12.18　Flow Planning（流程规划）选项卡

图 12.19　Route（布线）选项卡

7．Mfg Applications（制造应用程序）选项卡

打开 Mfg Applications（制造应用程序）选项卡，如图 12.20 所示。该选项卡用于设置应用程序制造属性，该选项卡下包括 4 个选项组。

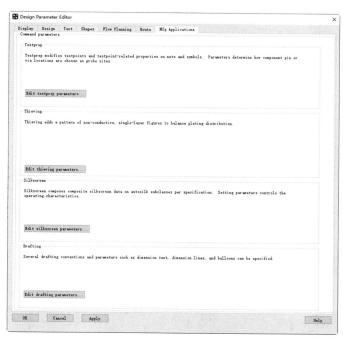

图 12.20　Mfg Applications（制造应用程序）选项卡

下面介绍 Mfg Applications（制造应用程序）选项卡下 4 个主要的按钮。

（1）Edit testprep parameters：单击此按钮，弹出如图 12.21 所示的 Testprep Parameters（测试参数）对话框，编辑测试参数。

（2）Edit thieving parameters：单击此按钮，弹出如图 12.22 所示的 Thieving Parameters（变形参数）对话框，编辑变形参数。

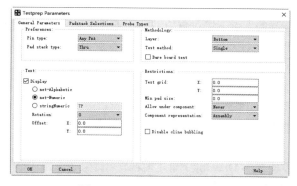

图 12.21　Testprep Parameters
（测试参数）对话框

图 12.22　Thieving Parameters
（变形参数）对话框

（3）Edit silkscreen parameters：单击此按钮，弹出如图 12.23 所示的 Auto Silkscreen（丝印层编辑）对话框，编辑丝印层参数。

（4）Edit drafting parameters：单击此按钮，弹出如图 12.24 所示的 Dimensioning Parameters（标注参数）对话框，编辑图形参数。

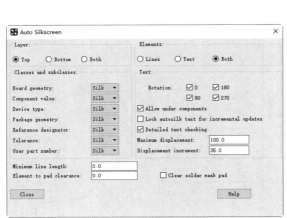

图 12.23　Auto Silkscreen（丝印层编辑）对话框

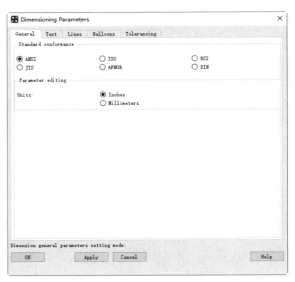

图 12.24　Dimensioning Parameters（标注参数）对话框

12.3　创建电路板文件

用 Allegro 软件进行 PCB 设计最基本的操作是建立一块空白电路板，然后设定层面、添加板外框等，Allegro 本身提供两种创建电路板的方式：一种是使用向导创建，另一种是手动创建。

12.3.1　使用向导创建电路板

Allegro 提供了 PCB 设计向导，用户在向导的指引下建立 PCB 文件，这样可以大大减少工作量。尤其是在设计一些通用的标准接口板时，通过 PCB 设计向导，可以完成外形、板层、接口等各项基本设置，十分便利。首先启动 PCB Editor。

【执行方式】

➢ 菜单栏：执行 File（文件）→New（新建）命令。

➢ 工具栏：单击 Files（文件）工具栏中的 New（新建）按钮 。

【操作步骤】

（1）执行上述操作，弹出如图 12.25 所示的 New Drawing（新建图纸）对话框。

（2）在 Drawing Name（图纸名称）文本框中输入电路板名称 PCB Board。在 Drawing Type（图纸类型）下拉列表中选择 Board(wizard)。

（3）单击 OK 按钮后关闭对话框，弹出 Board Wizard（板向导）对话框，如图 12.26 所示。在该对话框中显示电路板向导的流程、板的单位、工作区域的大小、原点坐标，板的外框，栅格间距，板电气层面的设定，基本的设计规则设定。

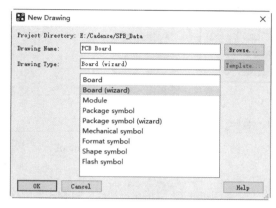

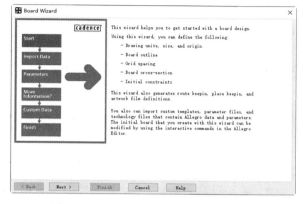

图 12.25　New Drawing（新建图纸）对话框　　　　图 12.26　Board Wizard（板向导）对话框

（4）单击 Next > 按钮，弹出如图 12.27 所示的对话框。提示用户是否有建好的板模板需要导入。如果有模板，选中 Yes（是）单选按钮，然后单击右侧的 ... 按钮，弹出如图 12.28 所示的 Board Wizard Template Browser（搜索板向导模板）对话框，查找已有模板；选中 No（否）单选按钮，则表示不输入模板。

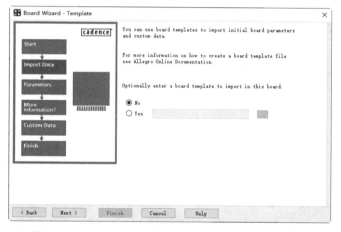

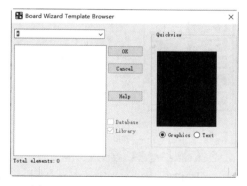

图 12.27　Board Wizard-Template（板向导-模板）对话框　　图 12.28　Board Wizard Template Browser（搜索板向导模板）对话框

（5）单击 Next > 按钮，弹出如图 12.29 所示的对话框。提示用户是否导入已有的 tech file（技术文件，包括板的层面和限制设定的参数）。均选中 No（否）单选按钮，表示不选择 tech file（技术文件）与 parameter file（参数文件）。

（6）单击 Next > 按钮，弹出如图 12.30 所示的对话框。提示用户是否导入已有的 board symbol（包括板框和其他有关板信息的参数模块）。这里选中 No（否）单选按钮，表示不导入参数模块。

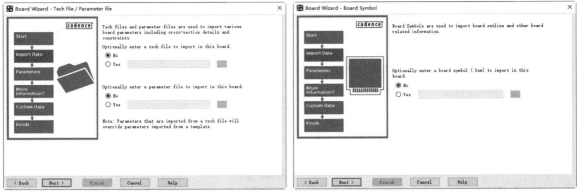

图 12.29　Board Wizard-Tech File/Parameter file
（板向导-技术文件/参数文件）对话框

图 12.30　Board Wizard-Board Symbol
（板向导-板符号）对话框

（7）单击 Next > 按钮，弹出如图 12.31 所示的对话框。设置图纸选项，Units（单位）和 Size（工作区的范围大小）的设定与 Design Parameter Editor（设计参数编辑器）中工作区参数的设定相同。其中，Size（工作区的范围大小）下拉列表中没有自行定义的 Other 选项。在 Specify the location of the origin for this drawing（设定工作区的原点的位置）选项组中有两个设定原点位置的选项：At the lower left corner of the drawing（把原点设定在工作区的左下角）和 At the center of the drawing（把原点设定在工作区的正中心）。

（8）单击 Next > 按钮，弹出如图 12.32 所示的对话框，继续设置图纸参数。

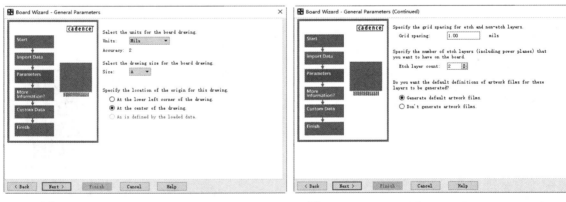

图 12.31　Board Wizard-General Parameters
（板向导-通用参数）对话框

图 12.32　Board Wizard-General Parameters(Continued)
［板向导-通用参数（继续）］对话框

下面简单介绍该对话框中的各选项。

1）Grid spacing：图纸格点大小。这里的格点设定包括电气格点和非电气格点。作图时如果有其他格点要求，可以选择菜单栏中的 Setup（设置）→Grid（格点）命令进行相应的设置。

2）Etch layer count：设定板的电气层面的数目。

3）Do you want the default definitions of artwork films for these layers to be generated?：是否要把在 Etch layer count 中设定的层数加在底片中。

4）Generate default artwork films：选中此单选按钮，出底片时系统会把在 Etch layer count 中设定的层面自动加入。

5）Don't generate artwork films：选中此单选按钮，在出底片时需要手动加入出底片的层面。

（9）单击 Next > 按钮，弹出如图 12.33 所示的对话框，定义层面的名称和其他条件。

其中，在 Layer name（层名称）列表中右击相应的层面可以修改其名称，但 Top 和 Bottom 为系统默认，这两层是不能改动的。在 Layer type（层类型）列表中可以定义层面是一般布线层还是电源层（包括接地层）。

同样地，可以右击自定义的层面，来为其定义是布线层还是电源层，勾选 Generate negative layers for Power planes 复选框，在出底片时，系统会自动把自定义的 Power layer 认为是负片；不勾选该复选框，系统则认为它是正片。

（10）单击 Next > 按钮，弹出如图 12.34 所示的对话框。在该对话框中设定在板中的一些默认限制和默认贯孔。

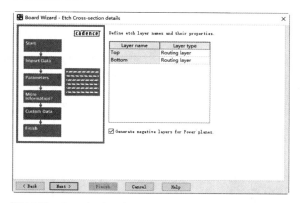

图 12.33　Board Wizard-Etch Cross-section details
（板向导-布线层叠结构细节）对话框

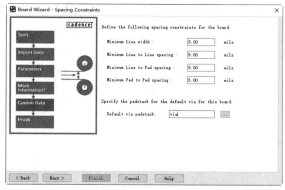

图 12.34　Board Wizard-Spacing Constraints
（板向导-间距限制）对话框

下面简单介绍该对话框中的各选项。

1）Minimum Line width：设定在板中系统能允许的最小布线宽度。

2）Minimum Line to Line spacing：设定在板中系统能允许的布线与布线间距的最小值。

3）Minimum Line to Pad spacing：设定在板中系统能允许的布线与焊盘间距的最小值。

4）Minimum Pad to Pad spacing：设定在板中系统能允许的焊盘与焊盘间距的最小值。

5）Default via padstack：设定在板中系统默认的贯孔。

（11）单击 Next > 按钮，弹出如图 12.35 所示的对话框。在该对话框中定义板框的外形，有两种选择：Circular board（圆形板框）和 Rectangular board（方形板框）。

🔊 提示：

> 一些外形特殊的板框只能通过自己去建立，或者自行创建 Mechanical Symbol，再按照第（4）步导入创建的模板。后面会介绍如何创建 Mechanical Symbol，这里不再赘述。

（12）选中 Rectangular board（方形板框）单选按钮，单击 Next > 按钮，弹出如图 12.36 所示的对话框。

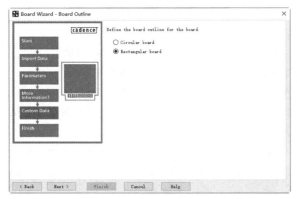

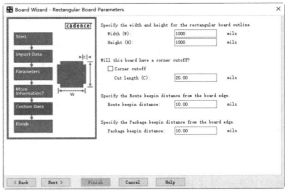

图 12.35　Board Wizard-Board Outline
（板向导-板框外形）对话框

图 12.36　Board Wizard-Rectangular Board Parameters
（板向导-方形板框参数）对话框

下面简单介绍该对话框中的各选项。

1）Width(W)和Height(H)：确定板框的长和宽，即板的大小。

2）Cut length(C)：挖掉板四边的长度，由于挖掉的是一个正方形，因此只需填入一边的长度。需要勾选 Corner cutoff（挖掉拐角）复选框，才能设置此选项。

3）Route keepin distance：定义布线区域的范围，即与板外框的间距。

4）Package keepin distance：定义封装区域的范围，即与板外框的间距。

📢 提示：

> Route keepin：设定在此区域内布线，否则操作出错。
> Package keepin：设定布局的元件区域，否则操作出错。

（13）如果在图 12.35 所示的对话框中选中 Circular board（圆形板框）单选按钮，则弹出图 12.37 所示的对话框。

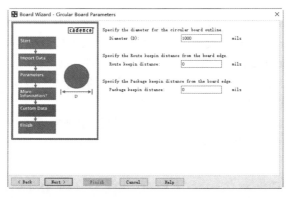

图 12.37　Board Wizard-Circular Board Parameters（板向导-圆形板框参数）对话框

下面简单介绍该对话框中的各选项。

Diameter(D)：定义圆形板直径的大小，即板的大小。

其他选项前面已经介绍过，这里不再赘述。

（14）单击 Next > 按钮，弹出如图 12.38 所示的对话框，单击 Finish 按钮，完成向导模式（Board Wizard）板框创建，如图 12.39 所示。

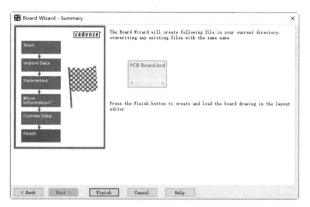

图 12.38　Board Wizard-Summary（板向导-摘要）对话框

图 12.39　完成的向导模式板框

12.3.2　手动创建电路板

【执行方式】

➢ 菜单栏：执行 File（文件）→New（新建）命令。

➢ 工具栏：单击 Files（文件）工具栏中的 New（新建）按钮 □。

【操作步骤】

（1）执行上述操作，弹出如图 12.40 所示的 New Drawing（新建图纸）对话框。

（2）在 Drawing Name（图纸名称）文本框中输入图纸名称，在 Drawing Type（图纸类型）下拉列表中选择图纸类型为 Board。

（3）单击 OK 按钮关闭对话框，进入设置电路板的工作环境。

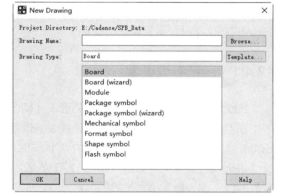

图 12.40　New Drawing（新建图纸）对话框

轻松动手学——创建电路板

源文件：yuanwenjian\12\Clock.brd

扫一扫，看视频

【操作步骤】

（1）选择"开始"→"程序"→Cadence PCB 17.4-2019→PCB Editor 17.4 命令，弹出 Cadence 17.4 ALLEGRO Product Choices 对话框，选择 Allegro PCB Designer 选项，然后单击 OK 按钮，进入设计系统主界面。

（2）选择菜单栏中的 File（文件）→New（新建）命令或者单击 Files（文件）工具栏中的 New（新建）按钮 □，弹出如图 12.41 所示的 New Drawing（新建图纸）对话框。

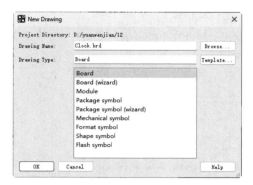

图 12.41　New Drawing（新建图纸）对话框

（3）在 Drawing Name（图纸名称）文本框中输入图纸名称 Clock.brd；在 Drawing Type（图纸类型）下拉列表中选择图纸类型 Board。

（4）单击 OK 按钮关闭对话框，进入设置电路板的工作环境。

12.4　电路板的物理结构

对于手动生成的 PCB，在进行 PCB 设计前，首先要对板的各种属性进行详细的设置，主要包括板形的设置、PCB 图纸的设置、电路板层的设置、层的显示、颜色的设置、布线框的设置、PCB 系统参数的设置以及 PCB 设计工具栏的设置等。

12.4.1　图纸参数设置

在绘制边框前，要先根据板的外形尺寸确定 PCB 工作区域的大小。

在 Design Parameter Editor（设计参数编辑器）对话框中的 Design（设计）选项卡下的 Extents（图纸范围）选项组中可以设置图纸边框的大小。

该选项组中有 4 个参数，如图 12.42 所示，设置这 4 个参数即可完成边框大小、位置的确定。

板边框所定原点为（0,0），屏幕的左下角坐标为（−10000,−10000）；左上角坐标为（−10000,7000）；右上角坐标为（11000,7000）；右下角坐标为（11000,−10000），即宽度为 21000mm，高度为 17000mm，根据这个尺寸就能在 Extents（图纸范围）中进行设置了，将 Left X、Lower Y、Width、Height 设成相应的值即可。

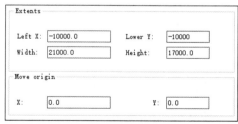

图 12.42　Extents（图纸范围）选项组

轻松动手学——设置图纸参数

在"创建电路板"实例的基础上完成本实例。

源文件：yuanwenjian\12\Clock.brd

【操作步骤】

（1）选择菜单栏中的 Setup（设置）→ Design
Parameters（设计参数）命令，弹出 Design Parameter
Editor（设计参数编辑器）对话框。

（2）打开 Design（设计）选项卡，在 Extents（图
纸范围）选项组中设置 Left X、Lower Y、Width 和 Height
为相应的值，如图 12.43 所示，确定图纸边框的大小。

（3）单击 OK 按钮关闭对话框。

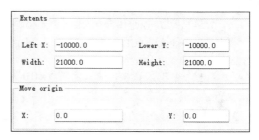

图 12.43　Extents（图纸范围）选项组

12.4.2　电路板的物理边界

电路板的边框即为 PCB 的实际大小和形状，也就是电路板的物理边界。根据所设计的 PCB 在产品
中的位置、空间的大小、形状以及与其他部件的配合来确定 PCB 的外形与尺寸。任何一块 PCB 都要有
边框存在，而且都应该是闭合的，有尺寸是可以测量的。

【执行方式】

➢ 菜单栏：执行 Add（添加）→ Line（线）命令。
➢ 工具栏：单击 Add（添加）工具栏中的 Add Line（添加线）按钮 ＼。

【操作步骤】

（1）将光标移到工作窗口的合适位置，单击即可进行线的放置操作，每单击一次就确定一个固定点，
当绘制的线组成了一个封闭的边框时，即可结束边框的绘制。右击，在弹出的快捷菜单中选择 Done（完
成）命令结束操作，绘制结束后的 PCB 边框如图 12.44 所示。

（2）通常将板的形状定义为矩形。但在特殊的情况下，为了满足电路的某种特殊要求，也可以将板的
形状定义为圆形、椭圆形或者不规则的多边形。这些都可以通过如图 12.45 所示的 Add（添加）菜单或工
具栏来完成。

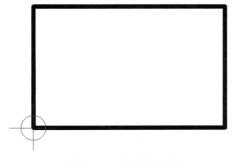

图 12.44　绘制的边框

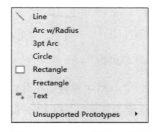

图 12.45　Add（添加）菜单

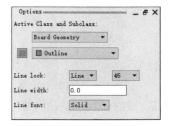

图 12.46　Options（选项）面板

（3）采用上述方法绘制的边框无法确定具体尺寸，下面介绍如何精确绘制边框。

1）执行该命令后，打开如图 12.46 所示的 Options（选项）面板，进行参数的设置，在下拉列表中分
别选择 Board Geometry 和 Outline，同时设置 Line lock（隐藏线）、Line width（线宽）和 Line font（线
型）。

📢**提示：**

> 设置完参数后，采用输入坐标的方式精确绘制板框，一般要求 PCB 的左下角为原点（0,0），修改比较方便。根据结构图计算出 PCB 右下角坐标是（1000,0），右上角坐标是（1000,1280），左上角坐标是（0,1280）。

2）单击命令输入窗口，输入字符"x 0 0"，注意中间要有空格且字母为小写，输入命令后按 Enter 键确认执行该命令。

3）X 轴方向增量为 200mm，输入字符"ix 1000"或"x 1000,0"，注意光标的位置不影响坐标。

4）Y 轴方向增量为 128mm，输入字符"iy 1280"或"x 1000,1280"。

5）X 轴方向增量为–200mm，输入字符"ix –1000"或"x 0,1280"。

6）Y 轴方向增量为–128mm，输入字符"iy –1280"或"x 0,0"。

📢**提示：**

> 两种输入方法各有优缺点，读者可以根据需要随意选择坐标输入方法。

7）右击，在弹出的快捷菜单中选择 Done（完成）命令结束操作。

【选项说明】

下面简单介绍 Options（选项）面板中的各选项。

（1）Line lock（隐藏线）：在该下拉列表中分别设置边框线类型及角度。

在左侧下拉列表中有 Line（线）、Arc（弧）两种边框线，在右侧下拉列表中有 45、90 和 Off 三种角度值。

选择 Line（线）绘制边框的方法简单，这里不再赘述。若选择 Arc（弧）绘制边框，则完成设置后，单击确定起点，向右拖动光标，拉伸出一条直线，如图 12.47（a）所示，也可以向上拖动，分别拖动出不同形状的弧线，如图 12.47（b）和图 12.47（c）所示。确认形状后单击确定一个固定点，使用同样的方法确定下一段线的形状，最终结果如图 12.48 所示。

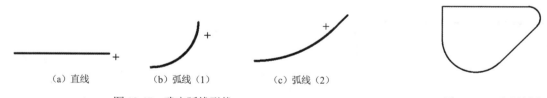

| （a）直线 | （b）弧线（1） | （c）弧线（2） |

图 12.47　确定弧线形状　　　　　　　　　　　　　图 12.48　弧形边框

（2）Line width（线宽）：在该文本框中设置边框线的线宽。另外，也可以编辑绘制完成的边框线线宽。选中要编辑的边框线，右击，弹出如图 12.49 所示的快捷菜单，选择 Change Width（修改宽度）命令，弹出如图 12.50 所示的 Change Width（修改宽度）对话框，在 Enter width（输入宽度）文本框中输入要修改的宽度值，单击 OK 按钮，关闭对话框，完成修改。使用同样的方法修改其余边框线，最终结果如图 12.51 所示。

（3）Line font（线型）：设置边框线的显示类型。该下拉列表中显示了 5 种线型，如图 12.52 所示。

电路板的最佳形状为矩形，长宽比为 3:2 或 4:3，当电路板面尺寸大于 200mm×150mm 时，应考虑电路板的机械强度。

图 12.49　快捷菜单　图 12.50　Change Width（修改宽度）对话框　图 12.51　修改后的边框　图 12.52　线型

轻松动手学——绘制电路板的物理边界

在"设置图纸参数"实例的基础上完成本实例。

源文件：yuanwenjian\12\Clock.brd

【操作步骤】

（1）选择菜单栏中的 Add（添加）→Line（线）命令或单击 Add（添加）工具栏中的 Add Line（添加线）按钮 ，依次在命令窗口中输入字符"x 0 0""ix 5000""iy 3000""ix −5000""iy −3000"。

（2）绘制一个封闭的边框，完成边框闭合后，右击，在弹出的快捷菜单中选择 Done（完成）命令结束操作。绘制完成的边框如图 12.53 所示。

图 12.53　绘制完成的边框

12.4.3　编辑物理边界

通常 PCB 都要将边缘进行倒圆角处理，这样电路板在实际搬运过程中不会对皮肤、衣服或机柜表漆等造成划伤。倒角方式有两种：圆角和 45°角。

【执行方式】

菜单栏：执行 Manufacture（制造）→Drafting（设计图）命令。

【操作步骤】

执行上述操作，弹出如图 12.54 所示的子菜单。本小节主要介绍 Chamfer（倒角）和 Fillet（圆角）命令。

（1）Chamfer（倒角）命令：将两条相交或将要相交的直线改成斜角相连。

执行该命令后，打开 Options（选项）面板，显示如图 12.55 所示的参数。

1）First：第一条线的倒角。

2）Second：第二条线的倒角。

3）Chamfer angle：倒角的度数，可以选择下拉列表中的角度值，也可以输入任意值。

按照图 12.55 设置参数，选择角度值为 45.0，选择边框左上角的两条相交线，倒角结果如图 12.56 所示。

（2）Fillet（圆角）命令：将两条相交或将要相交的直线改成圆弧相连。

执行该命令后，打开 Options（选项）面板，显示如图 12.57 所示的参数。在 Radius（半径）文本框中输入圆弧的半径值。对边框右侧边线进行圆角操作，结果如图 12.58 所示。

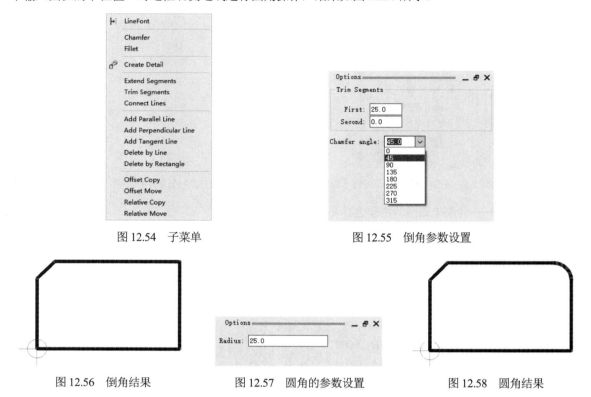

图 12.54　子菜单　　　　　　　　　　　　　　　　图 12.55　倒角参数设置

图 12.56　倒角结果　　　　　图 12.57　圆角的参数设置　　　　　图 12.58　圆角结果

12.4.4　放置定位孔

为确定电路板安装位置，需要在电路板四周放置定位孔，下面介绍定位孔的放置过程。

【执行方式】

➢ 菜单栏：执行 Place（放置）→Manually（手动放置）命令。

➢ 工具栏：单击 Place（放置）工具栏中的 Place Manual（手动放置）按钮。

【操作步骤】

（1）执行上述操作，弹出如图 12.59 所示的 Placement（放置）对话框。打开 Advanced Settings（预先设置）选项卡，在 List construction（设计目录）选项组中勾选 Library（库）复选框，默认勾选 Database（数据库）复选框，如图 12.60 所示。

（2）打开 Placement List（放置列表）选项卡，在下拉列表中选择 Mechanical symbols（数据包符号）选项，单击左边的 ➢ 按钮，显示加载的库中的元件，如图 12.61 所示，以 MTG 为前缀的符号均为定位孔符号。在选中对象左侧的方格中打上"√"表示选中，将其拖动到 PCB 上单击完成放置，也可以勾选对象后在命令输入窗口中输入"x 5 5"，按 Enter 键确认放置位置。

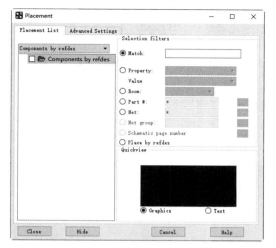

图 12.59 Placement（放置）对话框

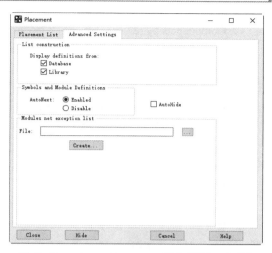

图 12.60 Advanced Settings（预先设置）选项卡

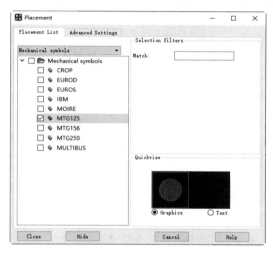

图 12.61 选择符号

【选项说明】

（1）右侧 Options（选项）面板参数设置如图 12.62 所示。

（2）打开 Placement List（放置列表）选项卡左侧的下拉列表，其中有 7 个选项，如图 12.63 所示，下面介绍常用的几个选项。

图 12.62 放置元件的参数设置

图 12.63 选择类型

1）Components by refdes：允许选择一个或多个元件序号，存放在 Database（数据库）中。

2）Components by net group：按网络组列出的元件，存放在 Database（数据库）中。

3）Package symbols：允许布局封装符号（不包含逻辑信息，即网络表中不存在的），存放在 Database（数据库）中。

4）Mechanical symbols：允许布局机械符号，存放在 Library（库）中。

5）Format symbols：允许布局机械符号，存放在 Library（库）中。

（3）Selection filters（选择过滤器）选项组。

1）Match：选择与输入的名称匹配的元素，可以使用通配符"*"选择一组元件，如"U*"。

2）Property：按照定义的属性布局元件。

3）Room：按照 Room 定义的属性布局元件。

4）Part #：按照元件布局元件。

5）Net：按照网络布局元件。

6）Schematic page number：按照原理图页放置元件。

7）Place by refdes：按照元件序号布局元件。

轻松动手学——在物理边界内放置定位孔

在"绘制电路板的物理边界"实例的基础上完成本实例。

源文件： yuanwenjian\12\Clock.brd

【操作步骤】

（1）选择菜单栏中的 Place（放置）→Manually（手动放置）命令或者单击 Place（放置）工具栏中的 Place Manual（手动放置）按钮，弹出 Placement（放置）对话框。

（2）打开 Placement List（放置列表）选项卡，在下拉列表中选择 Mechanical symbols（机械符号）选项，显示加载的库中的元件，勾选 MTG125 复选框。

（3）在信息窗口中一次性输入定位孔坐标值，放置 4 个定位孔，放置过程中分别在命令输入窗口中输入坐标（x 255 255）、（x 255 2745）、（x 4745 255）、（x 4745 2745），结果如图 12.64 所示。

图 12.64　放置定位孔

12.5　环境参数设置

12.5.1　设定层面

PCB 一般包括很多层，不同的层包含不同的设计信息。制板商通常是将各层分开制作，后期经过压制、处理，最后生成各种功能的电路板。

Allegro 系统默认的 PCB 都是两层板，即 TOP 层和 BOTTOM 层。在电路设计中可能需要添加不同的层，在对电路板进行设计前可以对板的层数及属性进行详细的设置。

【执行方式】

➢ 菜单栏：执行 Setup（设置）→Cross-section（层叠结构）命令。

➢ 工具栏：单击 Setup（设置）工具栏中的 Cross-section（层叠结构）按钮 📇 。

【操作步骤】

执行上述操作，弹出如图 12.65 所示的 Cross-section Editor（层叠结构设计）对话框，在该对话框中可以添加层、删除层以及对各层的属性进行编辑。

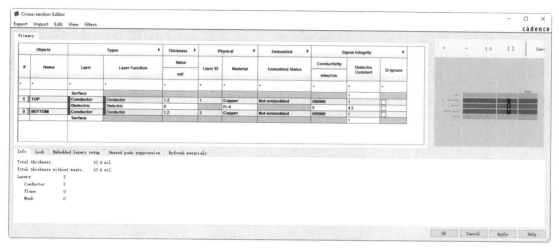

图 12.65　Cross-section Editor（层叠结构设计）对话框

【选项说明】

该对话框的表格中显示了当前 PCB 图的层结构，其中显示了板的层面数、层面名称、层面的类型和层面的材料等。

（1）Types：层面的类型，包含 Surface、Conductor、Dielectric 和 Plane 4 个选项。

（2）Thickness：分配给每个层的厚度。

（3）Material：从下拉列表中选择材料，单击 ▼ 后，就可以在里面选择想要的那个层面的材料（其中 Fr-4 是常用的绝缘材料，Copper 是铜箔）。

在列表层任意对象上右击，弹出如图 12.66 所示的快捷菜单，当选定一层为参考层进行添加时，添加的层将出现在参考层的下面或上面。

图 12.66　快捷菜单

12.5.2　设置网格

【执行方式】

菜单栏：执行 Setup（设置）→Grids（网格）命令。

【操作步骤】

执行上述操作，弹出如图 12.67 所示的 Define Grid（定义网格）对话框，在该对话框中主要设置显示 Layer（层）的 Spacing（格点间距）和 Offset（偏移量）参数。

【选项说明】

需要设置网格参数的层有 Non-Etch（非布线层）、All Etch（布线层）、TOP（顶层）、BOTTOM（底层）。勾选 Grids On（显示网格）复选框，显示网格，在 PCB 中显示对话框中设置的参数；否则，不显示网格。

布局时，网格可以设为 100mil、50mil 或 25mil；布线时，网格可以设为 1mil。

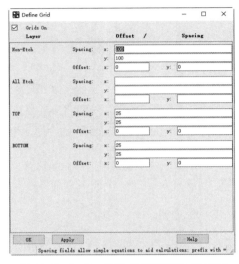

图 12.67　Define Grid（定义网格）对话框

📢 提示：

> 在 Design Paramenter Editor（设计参数编辑器）对话框中打开 Display（显示）选项卡，在 Grids（网格）选项组中单击 Setup Grids（网格设置）按钮，同样可以弹出 Define Grid（定义网格）对话框。

单击 Setup（设置）工具栏中的 Grid Toggle（网格开关）按钮 ⊞，可以显示或关闭网格。

轻松动手学——放置工作格点

在"在物理边界内放置定位孔"实例的基础上完成本实例。

扫一扫，看视频

源文件：yuanwenjian\12\Clock.brd

【操作步骤】

（1）选择菜单栏中的 Setup（设置）→Grids（网格）命令，弹出 Define Grid（定义网格）对话框，在该对话框中主要设置显示层的格点间距和偏移量。

（2）分别将 Non-Etch（非布线层）、All Etch（布线层）的 Spacing（格点间距）设为 10.0mil，Offset（偏移量）设为 5.0 mil，如图 12.68 所示。

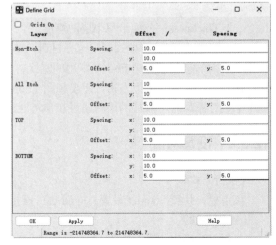

图 12.68　Define Grid（定义网格）对话框

12.5.3 颜色设置

PCB 编辑器内显示的各个板层具有不同的颜色，以便于区分。用户可以根据个人习惯进行设置，并且可以决定该层是否在编辑器内显示出来。下面进行 PCB 板层颜色的设置。

【执行方式】

> 菜单栏：执行 Display（显示）→Color/Visibility（颜色可见性）命令。

> 工具栏：单击 Setup（设置）工具栏中的 Color（颜色）按钮 ⊞。

【操作步骤】

执行上述操作，弹出如图 12.69 所示的 Color Dialog（颜色系统）对话框。

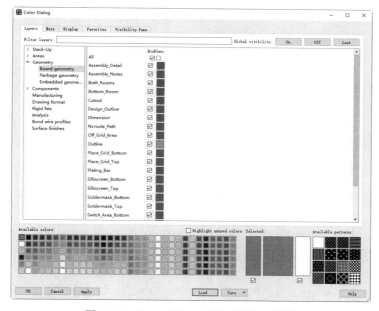

图 12.69　Color Dialog（颜色系统）对话框

【选项说明】

在该对话框中有 5 个选项卡，选择不同的选项卡，将显示不同的界面，进行相应的设置。下面介绍部分选项卡的含义。

（1）选择 Layers（层）选项卡，在左侧列表中显示需要设置颜色的选项，在右侧列表框中显示对应选项的子集选项。选择要设置的选项，在 Available colors（可用颜色）"颜色组中选择所需颜色；单击 Selected（选中的颜色）颜色组中的颜色，弹出如图 12.70 所示的 Select Color（选择颜色）对话框，在该对话框中选择任意颜色。

（2）选择 Nets（网络）选项卡，如图 12.71 所示。在该选项卡下可以设置网络颜色，设置方法与设置板颜色基本相

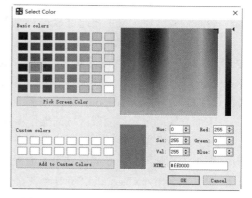

图 12.70　Select Color（选择颜色）对话框

同。在 Filter nets（过滤网络）文本框中可以输入关键词。

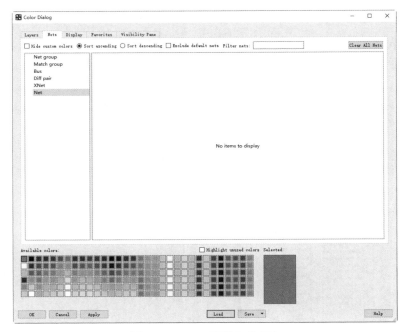

图 12.71　Nets（网络）选项卡

12.5.4　板约束区域

对边框线进行设置主要是给制板商提供制作板形的依据。用户还可以在设计时直接定义约束区域，约束区域比 outline（物理边界）的范围要小，如果大小相同，则会使布线和元件有损伤。

约束区域也可称为电气边界，用来界定元件放置和布线的区域范围。在 PCB 元件自动布局和自动布线时，电气边界是必需的。通常电气边界应该略小于物理边界，在日常使用过程中，电路板难免会有磨损，为了保证电路板能够继续使用，在制板过程中需要留有一定余地，在物理边界损坏后，内侧的电气边界完好，其中的元件及其电气关系保持完好，电路板可以继续使用。

各种约束区域定义主要通过 Setup（设置）→Areas（区域）子菜单来完成，如图 12.72 所示。

约束区域共有 11 种：Package Keepin（元件允许布局区）、Package Keepout（元件不允许布局区）、Package Height（元件高度限制）、Route Keepin（允许布线区）、Route Keepout（禁止布线区）、Wire Keepout（不允许有线）、Via Keepout（不允许有过孔）、Shape Keepout（不允许敷铜）、Probe Keepout（禁止探测）、Gloss Keepout（禁止涂绿油）和 Photoplot Outline（菲林外框）。

下面介绍确定允许放置区域的操作步骤。

（1）选择菜单栏中的 Setup（设置）→Areas（区域）→Package Keepin（元件允许布局区）命令，打开如图 12.73 所示的 Options（选项）面板。

（2）在 Active Class and Subclass（有效的集和子集）选项组中默认选择 Package Keepin 和 All 选项。在 Segment Type（线类型）选项组中的 Type（类型）下拉列表中显示 4 个选项：Line（线）、Line 45（45°

线）、Line Orthogonal（直角线）和 Arc（弧线），这里选择 Line（线）。

（3）完成设置后，移动光标到电路板边框内部，单击确定起点，然后移动光标，多次单击确定多个固定点，设定区域尺寸，如图 12.74 所示，连接起始点和结束点，右击，在弹出的快捷菜单中选择 Done（完成）命令，完成允许布局区域的定义，如图 12.75 所示。

图 12.72　Areas（区域）
子菜单

图 12.73　Options（选项）面板

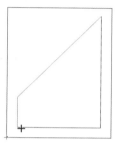

图 12.74　确定固定点

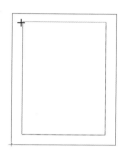

图 12.75　完成允许
布局区域的定义

位于电路板边缘的元件离电路板边缘一般不小于 2mm，因此允许布局元件区域应与电路板的物理边界间隔大于或等于 2mm。如果允许元件布线摆放区域形状和允许布线区域形状类似，可使用下面介绍的方法，简单、实用。

（1）选择菜单栏中的 Edit（编辑）→Z-copy（复制）命令，打开 Options（选项）面板，如图 12.76 所示。

（2）在 Copy to Class/Subclass（复制集和子集）选项组中的下拉列表中依次选择 PACKAGE KEEPIN 和 ALL 选项。

（3）在 Shape Options（外形选项）选项组中有两个选项组。

1）Copy（复制）选项组：选择是否要复制外形的 Voids（孔）和 Netname（网络名），主要针对 Etch 层的形状。

2）Size（尺寸）选项组：选择复制后的形状是 Contract（缩小）还是 Expand（放大）；在 Offset（偏移量）文本框中输入要缩小或放大的数值。

完成参数设置后，在工作区中的边框线上单击，自动添加有适当间距的允许布线区域，如图 12.77 所示。

图 12.76　Options（选项）面板

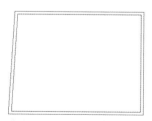

图 12.77　添加允许布线区域

扫一扫，看视频

提示：

> 执行 Z-Copy 命令时，如果绘制的 Outline 是由 Shape（形状）命令中的子命令绘制时，在 Find（查找）面板中勾选 Shape（形状）复选框，否则无法完成操作；如果绘制的 Outline 是由 Line（线）组合而成，在 Find（查找）面板中勾选 Line（线）复选框，否则无法完成操作。

绘制其他类型的区域的步骤与此大致相同，这里不再赘述。

轻松动手学——设置电路板的电气边界

在"放置工作格点"实例的基础上完成本实例。

源文件：yuanwenjian\12\Clock.brd

【操作步骤】

（1）选择菜单栏中的 Edit（编辑）→Z-copy（复制）命令，打开 Options（选项）面板，如图 12.78 所示。

（2）在 Copy to Class/Subclass（复制集和子集）选项组中的下拉列表中依次选择 PACKAGE KEEPIN（允许布局区域）和 ALL 选项。在 Size（尺寸）选项组中选中 Contract（缩小）单选按钮；在 Offset（偏移量）文本框中输入要缩小的数值 50.0。

（3）完成参数设置后，在工作区中的边框线上单击，自动添加有适当间距的允许布线区域，如图 12.79 所示。

（4）选择菜单栏中的 Edit（编辑）→Z-copy（复制）命令，打开 Options（选项）面板，如图 12.80 所示。

图 12.78　Options（选项）　　图 12.79　添加允许布线区域（1）　　图 12.80　Options（选项）
面板（1）　　　　　　　　　　　　　　　　　　　　　　　　面板（2）

（5）在 Copy to Class/Subclass（复制集和子集）选项组中的下拉列表中依次选择 ROUTE KEEPIN（允许布线区域）、ALL 选项。在 Size（尺寸）选项组中单击 Contract（缩小）单选按钮。在 Offset（偏移量）文本框中输入要缩小的数值 25.0。

（6）完成参数设置后，在工作区中的边框线上单击，自动添加有适当间距的允许布线区域，如图 12.81 所示。

（7）选择菜单栏中的 Edit（编辑）→Z-copy（复制）命令，打开 Options（选项）面板，如图 12.82 所示。

（8）在 Copy to Class/Subclass（复制集和子集）选项组中的下拉列表中依次选择 ROUTE KEEPOUT（禁止布线区域）和 ALL 选项。在 Size（尺寸）选项组中选中 Contract（缩小）单选按钮，在 Offset（偏移量）文本框中输入要缩小的数值 100.0。

（9）完成参数设置后，在工作区中的边框线上单击，自动添加有适当间距的允许布线区域，如图 12.83 所示。

图 12.81　添加允许布线区域（2）　　图 12.82　Options（选项）面板（3）　　图 12.83　添加允许布线区域（3）

12.6　在 PCB 文件中导入原理图/网络表信息

网络表是原理图与 PCB 图之间的联系纽带，原理图的信息可以通过导入网络表的形式完成与 PCB 之间的同步。在导入网络表之前，必须确保可以在原理图中导出网络表文件。网络表是电路原理图的精髓，是原理图和 PCB 连接的桥梁，没有网络表，就没有电路板的自动布线。

下面介绍如何在 Allegro 中导入网络表。先启动 PCB Editor，新建电路板文件。

【执行方式】

菜单栏：执行 File（文件）→Import（导入）→Logic/Netlist（原理图/网络表）命令，如图 12.84 所示。

【操作步骤】

执行上述操作，弹出如图 12.85 所示的 Import Logic/Netlist（导入原理图/网络表）对话框。

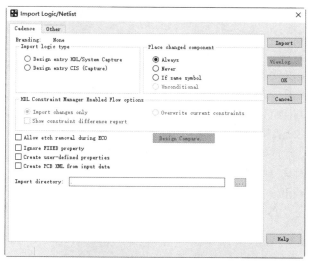

图 12.84　执行相应命令　　　　图 12.85　Import Logic/Netlist（导入原理图/网络表）对话框

【选项说明】

由于在 Capture 中有两种输出原理图/网络表的方法，因此在 Allegro 中有两种导入网络表的方法。下面分别进行介绍。

（1）打开 Cadence 选项卡，导入网络表，该网络表在 Capture 里输出时选择的是 PCB Editor 方式。

为了方便对电路板进行布局，需要为原理图中的元件添加必要的属性，包含属性的原理图输出网络表时选择 PCB Editor 方式，输出的网络表包含元件的相关属性，使用 Cadence 方式导入该网络表。

1）在 Import logic type（导入的原理图类型）选项组中有两个绘图工具：Design entry HDL/System Capture 和 Design entry CIS(Capture)，根据原理图选择对应的工具选项，表示导入不同工具生成的原理图/网络表；在 Place changed component（放置修改的元件）选项组中默认选中 Always（总是）单选按钮，表示无论电路图中的元件是否被修改，该元件都放置在原处；HDL Constraint Manager Enabled Flow options（HDL 约束管理器更新选项）选项组只有在 Design entry HDL/System Capture 生成的原理图进行更新时才可用，该选项组包括 Import changes only（仅更新约束管理器修改过的部分）单选按钮和 Overwrite current constraints（覆盖当前电路板中的约束）单选按钮等。

Cadence 选项卡下还包含 4 个复选框，可根据需要进行选择。

➢ Allow etch removal during ECO：勾选此复选框，进行第二次以后的网络表输入时，Allegro 会删除多余的布线。

➢ Ignore FIXED property：勾选此复选框，在输入网络表的过程中对有固定属性的元素进行检查时，会忽略此项产生的错误提示。

➢ Create user-defined properties：勾选此复选框，在输入网络表的过程中根据用户自定义属性在电路板内建立此属性的定义。

➢ Create PCB XML from input data：勾选此复选框，在输入网络表的过程中，产生 XML 格式的文件。单击 Design Compare（比较设计）按钮，用 PCB Design Compare 工具比较差异。

2）单击 Import directory（导入路径）文本框右侧的 ⋯ 按钮，在弹出的对话框中选择网络表路径（一般是原理图工程文件夹下的 allegro），单击 Import 按钮，导入网络表，弹出进度对话框，如图 12.86 所示。

3）单击 Viewlog 按钮，打开 View of file: netrev.lst 窗口，以查看网络表的日志文件，如图 12.87 所示。选择菜单栏中的 File（文件）→Viewlog（查看日志）命令，同样可以打开该窗口。

（2）打开 Other 选项卡，弹出如图 12.88 所示的对话框，设置参数，导入网络表，该网络表在 Capture 里输出时选择的是 Other 方式。

图 12.86　导入网络表的进度对话框

对于没有添加元件属性的原理图，使用 Other 方式输出的网络表下也没有元件属性，这时需要用到 Device 文件。Device 是一个文本文件，其内容包含描述元件以及管脚的一些网络属性。

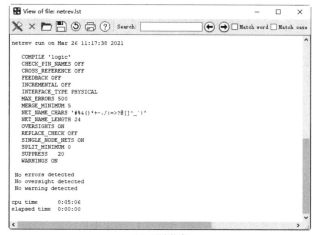

（a）正确信息

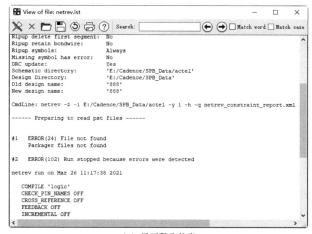

（b）显示警告信息

图 12.87　网络表的日志文件

图 12.88　Other 选项卡

1）在 Import netlist（导入网络表）文本框中输入网络表文件名称。根据所述设置以下选项。

➢ Syntax check only：勾选此复选框，将不进行网络表的输入，仅对网络表文件进行语法检查。

➢ Supersede all logical data：勾选此复选框，比较要输入的网络表与电路板内的差异，再将这些差异更新到电路板内。

➢ Append device file log：勾选此复选框，保留 Device 文件的 log 记录文件，同时添加新的 log 记录文件。

➢ Allow etch removal during ECO：勾选此复选框，进行第二次以后的网络表输入时，Allegro 会删除多余的布线。

➢ Ignore FIXED property：勾选此复选框，在输入网络表的过程中对有固定属性的元素进行检查时，会忽略此项产生的错误提示。

2）单击 Import 按钮，导入网络表，具体步骤同前，这里不再赘述。

（3）完成网络表导入后，选择菜单栏中的 Place（放置）→Manually（手动放置）命令，在弹出的对话框中查看有无元件。

扫一扫，看视频

轻松动手学——导入原理图/网络表信息

在"设置电路板的电气边界"实例的基础上完成本实例。

源文件：yuanwenjian\12\Clock.brd

【操作步骤】

（1）选择菜单栏中的 File（文件）→Import（导入）→Logic/Netlist（原理图/网络表）命令，弹出如图 12.89 所示的 Import Logic/Netlist（导入原理图/网络表）对话框。打开 Cadence 选项卡，导入在 Capture 里输出的网络表。

（2）在 Import logic type（导入的原理图类型）选项组中选中 Design entry CIS(Capture)单选按钮；在 Place changed component（放置修改的元件）选项组中默认选中 Always（总是）单选按钮。

（3）单击 Import directory（导入路径）文本框右侧的 按钮，在弹出的对话框中选择网络表路径，单击 Import 按钮，导入网络表，弹出进度对话框，如图 12.90 所示。

图 12.89　Import Logic/Netlist（导入原理图/网络表）对话框　　　　图 12.90　导入网络表的进度对话框

（4）当执行完毕，若没有错误，在命令窗口中将显示以下完成信息。

Starting Cadence Logic Import。

netrev completed successfully,use Viewlog to review the log file。

Opening existing design。

netrev completed successfully,use Viewlog to review the log file。

（5）选择菜单栏中的 File（文件）→Viewlog（查看日志）命令，同样可以打开如图 12.91 所示的窗口，以查看网络表的日志文件。

（6）选择菜单栏中的 Place（放置）→Manually（手动放置）命令，弹出 Placement（放置）窗口，在 Placement List（放置列表）选项卡下的下拉列表中选择 Components by refdes（按照元件序号）选项，按照序号显示元件，如图 12.92 所示。

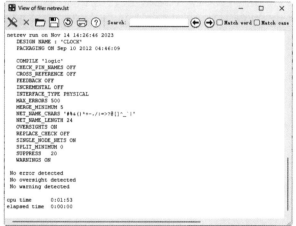

图 12.91　网络表的日志文件

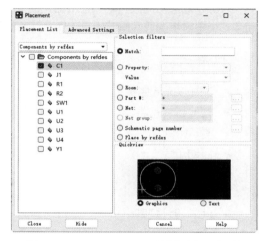

图 12.92　Placement List（放置列表）选项卡

（7）在列表下显示所有元件，表示元件封装导入成功，单击 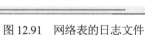 按钮，关闭对话框。

第 13 章　布 局 操 作

内容简介

在完成网络表的导入操作后，元件已经被加载到电路板文件中了，封装元件放置到电路板中后还需要对元件封装进行摆放，最后开始元件的布局。

好的布局通常使具有电气连接的元件管脚比较靠近，这样可以使走线距离短，占用空间比较小，从而使整个电路板的导线能够易于连通，可获得更好的布线效果。

内容要点

- ➢ 添加 Room 属性
- ➢ 摆放封装元件
- ➢ 基本原则
- ➢ 自动布局
- ➢ 3D 效果图
- ➢ 覆铜
- ➢ PCB 设计规则
- ➢ 操作实例 —— 音乐闪光灯电路布局

案例效果

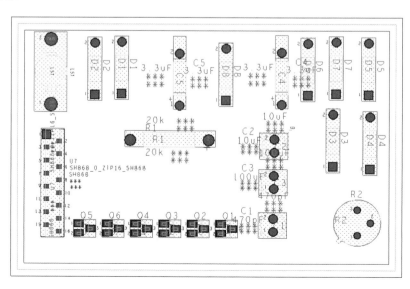

13.1 添加 Room 属性

在功能不同的 Room 中放置同属性的元件，将元件分成多个部分，在摆放元件时就可以按照 Room 属性来摆放，将不同功能的元件放在一起，布局时方便拾取，可简化布局步骤，减小布局难度。导入网络表后，在 Allegro 界面中执行操作。

【执行方式】

菜单栏：执行 Edit（编辑）→Properties（属性）命令。

【操作步骤】

（1）执行上述操作，在右侧的 Find（查找）面板下方的 Find By Name（通过名称查找）下拉列表中选择 Comp(or Pin)选项，如图 13.1 所示。

（2）单击 More（更多）按钮，弹出 Find by Name or Property（通过名称或属性查找）对话框，在该对话框中选择需要设置 Room 属性的元件并单击 All-> 按钮将其添加到 Selected objects（选中对象）列表框，如图 13.2 所示。

图 13.1 Find（查找）面板

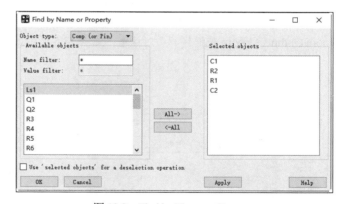

图 13.2 Find by Name or Property
（通过名称或属性查找）对话框

（3）单击 Apply 按钮，弹出 Edit Property（编辑属性）对话框，在左侧的 Available Properties（可用属性）列表框中选择 Room 选项并单击，在右侧显示 Room 并设置其 Value 值，在 Value（值）文本框中输入 CPU，表示选中的几个元件都是 CPU 的元件，或者说这几个元件均添加了 Room 属性，如图 13.3 所示。

（4）完成添加后，单击 Apply 按钮，在 PCB 中添加 Room 属性，接着会弹出 Show Properties（显示属性）对话框，在该对话框中显示元件属性，如图 13.4 所示。

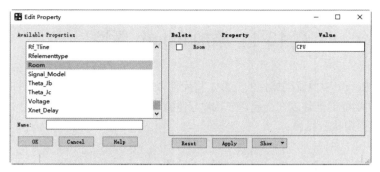

图 13.3　Edit Property（编辑属性）对话框

✍ 技巧：

> 选择多个元件并添加 Room 属性后，默认添加 Signal_Model 属性。

（5）添加的 Room 属性主要用来对布局后期进行细化时使用，将所有元件均添加 Room 属性，并且按照属性名称将元件分类放置，激活 Move（移动）命令，在右下角输入名称来寻找元件，即可放置。

（6）若觉得元件放置完后电路板线路过于烦琐，那么选择菜单栏中的 Display（显示）→Blank Rats（不显示飞线）→All（全部）命令，可以隐藏 Room 的外框线，使电路板变得清晰。

（7）完成 Room 属性的添加后，需要在电路板中确定 Room 的位置，下面介绍其过程。

1）选择菜单栏中的 Setup（设置）→Outlines（外框线）→Room Outlines（Room 外框线）命令，弹出 Room Outline（Room 外框线）"对话框，如图 13.5 所示。

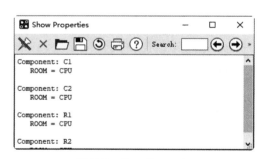

图 13.4　Show Properties
（显示属性）对话框

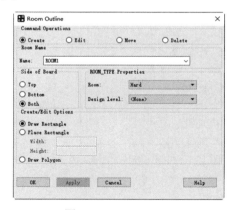

图 13.5　Room Outline
（Room 外框线）对话框

下面介绍该对话框中各选项的含义。

➢ Command Operations（命令操作）选项组。

该选项组中共有 4 个单选按钮，分别是 Create（创建 Room）、Edit（编辑 Room）、Move（移动 Room）和 Delete（删除 Room）。

➢ Room Name（空间名称）选项组。

在该选项组中可以为用户创建的新 Room 命名，也可以在下拉列表中选择用户要修改、移动或删除的 Room。

➢ Side of Board（板边）选项组。

在该选项组中可以设置 Room 的位置，有 3 个选项：Top（在顶层）、Bottom（在底层）、Both（都存在）。

➢ ROOM_TYPE Properties（Room 类型属性）选项组。

在该选项组中可进行 Room 属性的设置，有 2 个选项。

    ↻ Room：Room 类型，该下拉列表中的选项如图 13.6 所示。

    ↻ Design level：设计标准，该下拉列表中的选项如图 13.7 所示。

    图 13.6　Room 类型　　　　　　图 13.7　设计标准

➢ Create/Edit Options（创建/编辑选项）选项组：在此选项组中进行 Room 形状的选择，有以下 3 个选项。

    ↻ Draw Rectangle：选中该单选按钮，绘制矩形，同时定义矩形的大小。

    ↻ Place Rectangle：选中该单选按钮，按照指定的尺寸绘制矩形，在文本框中输入矩形的宽度与高度。

    ↻ Draw Polygon：选中该单选按钮，绘制任意形状的图形。

2）在命令窗口中输入"x 0 0"，按 Enter 键，再输入"x 1950 1000"，并按 Enter 键，此时显示添加的 Room，如图 13.8 所示。

3）在 Room Outline（Room 外框线）对话框中继续设置下一个 Room 所在层及名称。在命令窗口中输入相应的命令，确定位置，重复以上操作，添加好需要的 Room 后，在 Room Outline（Room 外框线）对话框中单击 OK 按钮，关闭对话框。

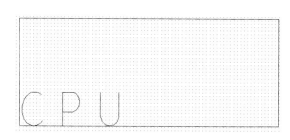

图 13.8　添加的 Room

轻松动手学——编辑元件属性

源文件：yuanwenjian\13\Clock.brd

扫一扫，看视频

【操作步骤】

（1）打开下载资源包中的 yuanwenjian\13\Clock.brd 文件。

（2）选择菜单栏中的 Edit（编辑）→Properties（属性）命令，在右侧的 Find（查找）面板下方的 Find By Name（通过名称查找）下拉列表中选择 Comp(or Pin)（按管脚排列）选项，如图 13.9 所示。

（3）单击 More（更多）按钮，弹出 Find by Name or Property（通过名称或属性查找）对话框，在该对话框中选择需要设置 Room 属性的元件并单击 All-> 按钮将其添加到 Selected objects（选中对象）列表框中，如图 13.10 所示。

图 13.9　Find（查找）面板

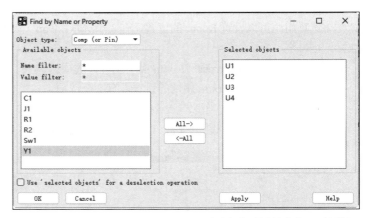

图 13.10　Find by Name or Property（通过名称或属性查找）对话框

（4）单击 Apply 按钮，弹出 Edit Property（编辑属性）对话框，在 Available Properties（可用属性）列表框中选择 Room 选项并单击，在右侧显示 Room 并设置其 Value 值，在 Value（值）文本框中输入 ROOM1，表示选中的几个元件都添加了 Room 属性，如图 13.11 所示。

（5）完成添加后，单击 Apply 按钮，在 PCB 中添加 Room 属性，接着会弹出 Show Properties（显示属性）对话框，在该对话框中显示了元件属性，如图 13.12 所示。

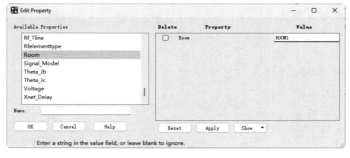

图 13.11　Edit Property（编辑属性）对话框

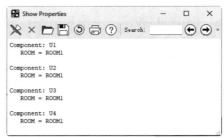

图 13.12　Show Properties（显示属性）对话框

（6）使用同样的方法为元件 C1、R1 和 R2 添加 ROOM2 属性，为元件 Sw1、Y1 和 J1 添加 ROOM3 属性。

（7）完成 Room 属性的添加后，需要在电路板中确定 Room 的位置。

（8）选择菜单栏中的 Setup（设置）→Outlines（外框线）→Room Outlines（Room 外框线）命令，弹出 Room Outline（Room 外框线）对话框，如图 13.13 所示。

（9）在 Room Name（空间名称）选项组中显示创建的名称 ROOM1，在工作区拖动出适当大小的矩形，完成 ROOM1 添加。在 Room Outline 对话框中继续设置下一个 ROOM2，重复以上操作，添加需要的 Room 后单击 OK 按钮，关闭对话框。添加的 Room 如图 13.14 所示。

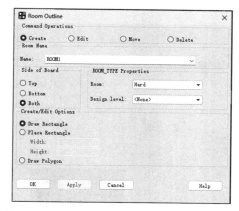

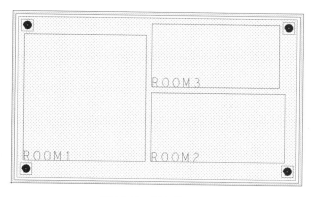

图 13.13 Room Outline（Room 外框线）对话框

图 13.14 添加的 Room

13.2 摆放封装元件

将网络表导入到 Allegro 后，再将所有元件的封装加载到数据库中，需要对这些封装进行放置，即将封装元件从数据库放置到 PCB 中，将所有封装元件放置到 PCB 中后才可以对封装元件进行布局操作，封装元件的合理摆放不是将封装元件杂乱无章地放置到 PCB 中，而是按属性对元件进行划分并摆放，以减轻布局操作的工作量。下面将介绍如何对封装元件进行摆放。

13.2.1 元件的手动摆放

元件的摆放方式可分为手动摆放和快速摆放两种，本小节中主要介绍如何进行手动摆放。

1. 放置元件封装

【执行方式】

菜单栏：执行 Place（放置）→Manually（手动放置）命令。

【操作步骤】

（1）执行上述操作，弹出 Placement（放置）对话框，选择 Advanced Settings（预先设置）选项卡，进行如图 13.15 所示的设置。

（2）Placement List（放置列表）选项卡提供网络表代入的元件名称，勾选相应元件名称后可以将元件直接放置在 PCB 中，根据具体架构及摆放规则放置元件。

1）Quickview（缩略图）是针对所选元件的一个预览窗口，可以看到元件的外形。

2）选中 Graphics（图形）单选按钮可以看到元件的外形，选中 Text（文本）单选按钮可以了解元件的定义。

（3）Placement List（放置列表）选项卡下的下拉列表的作用是在元件摆放前进行筛选，如按字母或者按元件的类型进行筛选，然后勾选元件就可以将其摆放在 PCB 中。选择 Components by refdes（按照元件序号）选项，按照序号摆放元件，如图 13.16 所示。

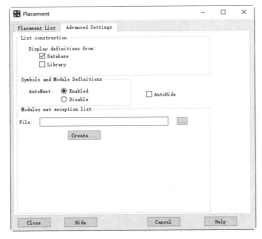

图 13.15　Advanced Settings（预先设置）选项卡

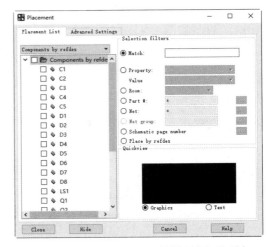

图 13.16　Placement List（放置列表）选项卡

（4）在 Components（元件）区域内选择放置元件后，滑动光标将元件放置在编辑区内。

（5）将所有的封装添加到编辑区内，然后单击 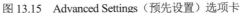 按钮，结束摆放操作。

2．检查摆放结果

【执行方式】

菜单栏：执行 Display（显示）→Element（元件信息）命令。

【操作步骤】

执行上述操作，打开 Find（查找）面板，单击 All Off（全部关闭）按钮，取消所有对象的选择，然后勾选 Comps 选项，在编辑区内单击元件封装，弹出 Show Element（显示元件信息）对话框，如图 13.17 所示，可以在该对话框中查看元件属性。

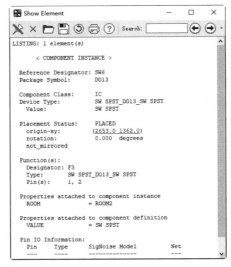

图 13.17　Show Element（显示元件信息）对话框

3. 高亮显示 GND 和 VCC 网络

当对元件封装进行摆放时，电源和接地网络没有飞线，因为在导入网络表时，电源和接地网络将被自动加入 NO_Rat（不显示飞线）属性，在摆放元件时将不会显示飞线，因此需要通过高亮显示这些网络来确定摆放的位置。使用不同的颜色使这些网络高亮显示，能让人们清楚在什么位置摆放连接这些网络的分离元件封装。

【执行方式】

菜单栏：执行 Display（显示）→Highlight（高亮）命令。

【操作步骤】

（1）执行上述操作，在打开的 Options（选项）面板中选择显示颜色，如图 13.18 所示。在 Find（查找）面板中勾选 Nets（网络）复选框，在 Find By Name（按名称查找）选项组中的下拉列表中依次选择 Net（网络）和 Name（名称）选项，并在文本框中输入 VCC，如图 13.19 所示。

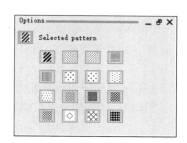

图 13.18　Options（选项）面板

图 13.19　Find（查找）面板（1）

（2）按 Enter 键后，电源网络将高亮显示，如图 13.20 所示。

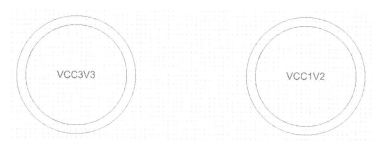

图 13.20　高亮显示电源网络

（3）在 Options（选项）面板中选择另一种颜色，在 Find（查找）面板中勾选 Nets（网络）复选框，在 Find By Name（按名称查找）选项组中的下拉列表中依次选择 Net（网络）和 Name（名称）选项，并在文本框中输入 GND，如图 13.21 所示。

（4）按 Enter 键，接地网络将高亮显示，如图 13.22 所示。

图 13.21　Find（查找）面板（2）

图 13.22　高亮显示接地网络

13.2.2　元件的快速摆放

自动摆放适合于元件比较多的情况。Allegro 提供了强大的 PCB 自动摆放功能，设置好合理的摆放规则参数后，采用自动摆放将大大提高设计电路板的效率。

PCB 编辑器根据一套智能的算法可以自动地将元件分开，然后放置到规划好的摆放区域内并进行合理的摆放。这样可以节省很多时间，可以方便地将元件一个一个地调出来，加快了摆放的速度。

📢 提示：

选择菜单栏中的 Setup（设置）→Design Parameters（设计参数）命令，在弹出的 Design Parameter Editor（设计参数编辑器）对话框中选择 Display 选项卡，在 Enhanced display modes 选项组中取消勾选 Filled pads（填充焊盘）复选框，如图 13.23 所示，然后单击 OK 按钮，完成设置。

图 13.23　取消勾选 Filled pads 复选框

【执行方式】

菜单栏：执行 Place（放置）→Quickplace（快速摆放）命令。

【操作步骤】

执行上述操作，弹出 Quickplace（快速摆放）对话框，如图 13.24 所示。

【选项说明】

（1）Placement filter（摆放过滤器）选项组中有 9 种摆放方式。

1）Place by property/value：按照元件属性和元件值摆放元件。

2）Place by room：将元件摆放到 Room 中，将具有相同 Room 属性的元件放置到对应的 Room 中。

3）Place by part number：按照元件名在板框周围摆放元件。

4）Place by net name：按照网络名摆放。

5）Place by net group name：按照网络组名称摆放元件。

6）Place by schematic page number：当有一个 Design Entry HDL 原理图时，可以按页摆放元件。

7）Place all components：摆放所有元件。

8）Place by associated components：按照关联关系摆放元件。

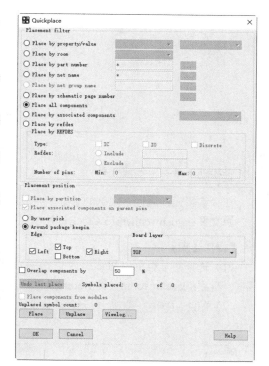

图 13.24　Quickplace（快速摆放）对话框

9）Place by refdes：按元件序号摆放，可以按照元件的 Type（分类）选中 IC（有源元件）、IO（无源元件）和 Discrete（分离元件）复选框来摆放，或者三者的任意组合；在 Number of pins（序号数）文本框中设置元件序号的最大值与最小值。

（2）Placement position（摆放位置）选项组。

1）Place by partition：当原理图通过 Design Entry HDL 设计时，可以按照原理图分割摆放。

2）By user pick：摆放元件于用户单击的位置，单击 Select origin（选择原点）按钮，在电路板中单击，显示原点坐标，即将以此坐标点开始摆放。

3）Around package keepin：表示将元件摆放到允许的摆放区域。在 Edge（边）选项组中显示元件摆放在板框的位置，有 Top（顶部）、Bottom（底部）、Left（左边）和 Right（右边）4 个选项。在 Board layer（板层）选项组中显示元件摆放在 TOP（顶层）还是 BOTTOM（底层）。

（3）Symbols placed：显示摆放元件的数目。

（4）Place components from modules：摆放模块元件。

（5）Unplaced symbol count：未摆放的元件数。

单击 Place 按钮，对元件进行摆放操作，单击 OK 按钮，关闭对话框，电路板元件摆放结果如图 13.25 所示。

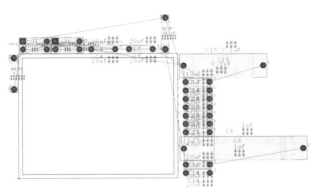

图 13.25　快速摆放结果

扫一扫，看视频

轻松动手学——摆放元件

在"编辑元件属性"实例的基础上完成本实例。

源文件：yuanwenjian\13\Clock.brd

【操作步骤】

（1）选择菜单栏中的 Place（放置）→Quickplace（快速摆放）命令，弹出 Quickplace（快速摆放）对话框，选中 Place by room（按 Room 属性摆放）单选按钮，如图 13.26 所示。

（2）单击 Place 按钮，对元件进行摆放，单击 OK 按钮，关闭对话框，电路板元件摆放结果如图 13.27 所示。

图 13.26　Quickplace（快速摆放）对话框

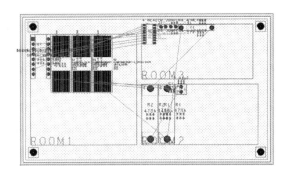

图 13.27　电路板元件摆放结果

13.3 基 本 原 则

PCB 中元件的布局与布线的质量对电路板的抗干扰能力和稳定性有很大的影响，所以在设计电路板时应遵循 PCB 设计的基本原则。

元件布局不仅影响电路板的美观性，而且还影响电路板的性能。在布局前首先需要进行准备工作，绘制板框、确定定位孔与对接孔的位置、标注重要网络等；然后进行布局操作，根据原理图进行布局调整；最后进行布局后的检查，如空间上是否有冲突、元件排列是否整齐有序等。在元件布局时，应注意以下几点。

（1）按照关键元件布局，即首先布置关键元件，如单片机、DSP、存储器等，然后按照地址线和数据线的走向布置其他元件。

（2）对于工作在高频下的电路要考虑元件之间的布线参数，高频元件管脚引出的导线应尽量短一些，以减少对其他元件以及电路的影响。

（3）模拟电路模块与数字电路模块分开布置，不要混在一起放置。

（4）带强电的元件与其他元件的距离尽量远一些，并布置在调试时不易接触到的地方。

（5）较重的元件需要用支架固件，防止元件脱落。

（6）热敏元件要远离发热元件，对于一些发热严重的元件，可以安装散热片。

（7）对于电位器、可调电感线圈、可变电容器、微动开关等可调元件的布局应考虑整机的结构要求，应放置在便于调试的地方。

（8）确定特殊元件位置时需要尽可能地缩短高频元件之间的连线，输入元件与输出元件的距离要尽量远。

（9）要增大可能有电位差的元件之间的距离。

（10）要按照电路的流程放置功能电路单元，使电路的布局有利于信号的流通，以功能电路的核心元件为中心进行布局。

（11）位于电路板边缘的元件离电路板边缘不少于 2mm。

13.4 自 动 布 局

自动布局适合于元件比较多的情况。Allegro 提供了强大的自动布局功能，设置好合理的布局规则参数后，采用自动布局将大大提高设计电路板的效率。

选择菜单栏中的 Place（放置）→Auto place（自动布局）命令，弹出与自动布局相关的子菜单命令，如图 13.28 所示。

图 13.28 Auto place
（自动布局）子菜单

（1）Parameters：按照设置的参数进行自动布局。

（2）Top Grids：设置电路板顶层格点。

（3）Bottom Grids：设置电路板底层格点。

（4）Design：对整个电路板中的元件进行自动布局。

（5）Room：将 Room 中的元件进行自动布局。

（6）Window：将窗口中的元件进行自动布局。

（7）List：对列表中的元件进行自动布局。

1. 设置格点

格点的存在使各种对象的摆放更加方便，更容易实现 PCB 布局应整齐、对称的要求。布局过程中移动的元件往往并不是正好处在格点处，这时就需要用户进行设置顶层格点操作和设置底层格点操作。

（1）设置顶层格点。

【执行方式】

菜单栏：执行 Place（放置）→Auto place（自动布局）→Top Grids（顶层格点）命令。

【操作步骤】

1）执行上述操作，弹出 Allegro PCB Designer 对话框，设置顶层格点大小。在 Enter grid X increment（输入网格 X 轴增量）文本框中输入 100，如图 13.29 所示。

2）单击 OK 按钮，完成 X 轴设置，并弹出 Y 轴格点设置对话框，在 Enter grid Y increment（输入网格 Y 轴增量）文本框中输入 100，如图 13.30 所示。

图 13.29　Enter grid X increment
（输入网格 X 轴增量）文本框

图 13.30　Enter grid Y increment
（输入网格 Y 轴增量）文本框

3）单击 OK 按钮，关闭对话框，在工作区任意一点单击，然后右击，在弹出的快捷菜单中选择 Done（完成）命令，完成顶层格点的设置。

（2）设置底层格点。

【执行方式】

菜单栏：执行 Place（放置）→Auto place（自动布局）→Bottum Grids（底层格点）命令。

【操作步骤】

1）执行上述操作，弹出 Allegro PCB Designer 对话框，设置底层格点大小。在 Enter grid X increment（输入网格 X 轴增量）文本框中输入 100。

2）单击 OK 按钮，完成 X 轴设置，并弹出 Y 轴格点设置对话框，在 Enter grid Y increment（输入网格 Y 轴增量）文本框中输入 100。

3）单击 OK 按钮，退出对话框，在工作区任意一点单击，然后右击，在弹出的快捷菜单中选择 Done（完成）命令，完成底层格点的设置。

2. 参数设置自动布局

【执行方式】

菜单栏：执行 Place（放置）→Auto place（自动布局）→Parameters（参数设置）命令。

【操作步骤】

执行上述操作，弹出 Automatic Placement（自动布局）对话框，如图 13.31 所示。

【选项说明】

下面介绍该对话框中主要选项的含义。

（1）Algorithm（布局算法）选项组。

1）Discrete：离散元件。

2）IC：集成电路。

3）Array：阵列。

（2）Direction（布局方向）选项组。

1）North：与 PCB 边框线顶部的极限间距。

2）East：与 PCB 边框线右侧的极限间距。

3）South：与 PCB 边框线底部的极限间距。

4）West：与 PCB 边框线左侧的极限间距。

（3）Rotation（旋转角度）选项组：在进行元件的布局时，系统可以根据需要对元件或元件组进行旋转，默认有 4 个选项：0、90、180 和 270。其中，0 文本框中参数值默认为 50，即布局元件角度为 0 的最多个数为 50，其余选项均默认为 0。

图 13.31 Automatic Placement（自动布局）对话框

（4）Straight：输入相互连接的元件数，默认为 75。

（5）Mirror：指定布局的元件所在层。

（6）Leftovers：勾选此复选框，处理未摆放的元件。

（7）Overlap：勾选此复选框，布局过程中元件可以重叠。

（8）Soft boundary：勾选此复选框，元件可以放置在电路板以外的空间。

（9）Clock redistribution：勾选此复选框，元件布局过程中可重新分组。

（10）Cluster：勾选此复选框，将自动放置的元件进行分组。

（11）No rat：勾选此复选框，自动放置元件时不显示飞线。

（12）Remove TAG：勾选此复选框，属性在完成自动放置后删除。

如无特殊要求，一般采用默认设置，单击 Place 按钮，将进行元件自动布局操作，完成自动布局后在信息面板中显示信息，提示自动布局结束。

元件在自动布局后不再是按照种类排列在一起。各种元件将按照自动布局的类型选择，初步地分成若干组分布在 PCB 中。自动布局结果并不是完美的，还存在很多不合理的地方，因此还需要对自动布局进行调整。

轻松动手学——元件布局

在"摆放元件"实例的基础上完成本实例。

源文件：yuanwenjian\13\Clock.brd

扫一扫，看视频

【操作步骤】

（1）单击 View（视图）工具栏中的 Unrats All 按钮，取消显示元件间的飞线，方便对元件进行布局操作。

（2）选择菜单栏中的 Edit（编辑）→Move（移动）命令或者单击 Edit（编辑）工具栏中的 Move（移

动）按钮⊕，激活移动命令。在 Find（查找）面板中单击 All Off（全部关闭）按钮，取消所有对象类型的勾选，勾选 Symbols（符号）复选框，如图 13.32 所示。在电路板中单击需要移动的元件封装，右击，在弹出的快捷菜单中选择 Rotation（旋转）命令，旋转需要的对象，结果如图 13.33 所示。

图 13.32　Find（查找）面板（1）

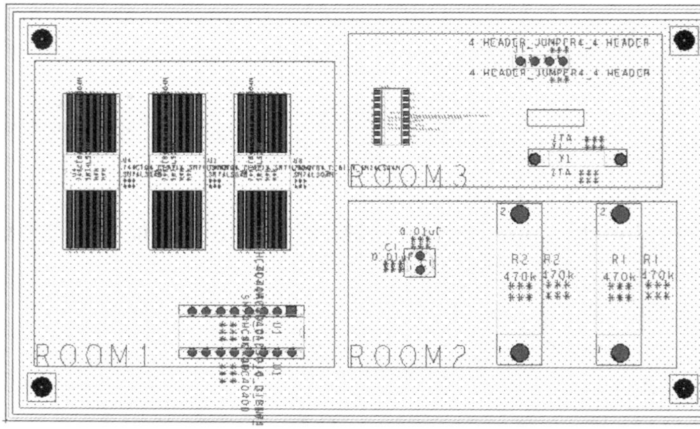

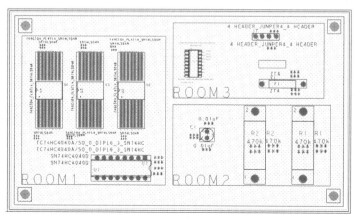

图 13.33　元件布局

（3）选择菜单栏中的 Edit（编辑）→Move（移动）命令或者单击 Edit（编辑）工具栏中的 Move（移动）按钮⊕，激活移动命令。在 Find（查找）面板中单击 All Off（全部关闭）按钮，取消所有对象类型的勾选，勾选 Text（文本）复选框，如图 13.34 所示。在电路板中单击需要移动的元件名称等文本参数，右击，在弹出的快捷菜单中选择 Rotation（旋转）命令，旋转需要的文本，结果如图 13.35 所示。

图 13.34　Find（查找）面板（2）

图 13.35　布局后的 PCB

13.5 3D 效果图

元件布局完毕，可以通过 3D 效果图直观地查看效果，以检查布局是否合理。

【执行方式】

菜单栏：执行 View（视图）→3D Canvas 命令。

【操作步骤】

（1）执行上述操作，系统生成该 PCB 的 3D 效果图，自动打开 Allegro 3D Canvas:Clock.brd 窗口，如图 13.36 所示。

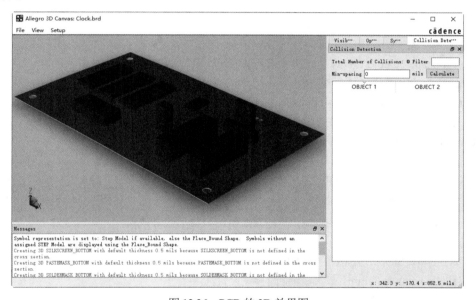

图 13.36 PCB 的 3D 效果图

（2）选择菜单栏中的 File（文件）→Export（输出）命令，系统以图片的形式输出该 PCB 的效果图，如图 13.37 所示，输入图片名称，单击 Save 按钮，保存图片文件。

图 13.37 保存图片文件

13.6 覆 铜

覆铜由一系列的导线组成，可以完成电路板内不规则区域的填充。在绘制 PCB 图时，根据需要可以指定任意的形状，将铜皮指定到所连接的网络上。多数情况是和 GND 网络相连。单面电路板覆铜可以提高电路的抗干扰能力，经过覆铜处理后制作的 PCB 会显得十分美观，同时，通过大电流的导电通路也可以采用覆铜的方法来加大过电流的能力。通常覆铜的安全间距应该在一般导线安全间距的两倍以上。

选择菜单栏中的 Shape（外形）命令，弹出如图 13.38 所示的与覆铜相关的子菜单。下面介绍部分选项的含义。

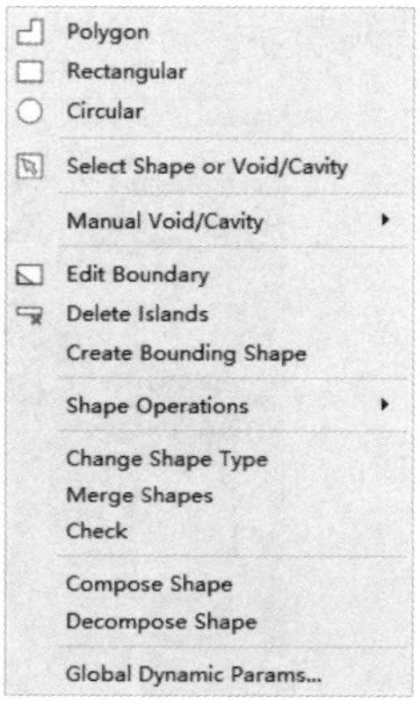

（1）Polygon：添加多边形覆铜区域。

（2）Rectangular：添加矩形覆铜区域。

（3）Circular：添加圆形覆铜区域。

（4）Select Shape or Void/Cavity：选择覆铜区域或避让区域。

（5）Manual Void/Cavity：手动避让。

（6）Edit Boundary：编辑覆铜区域外形。

（7）Delete Islands：删除孤岛，即删除孤立、没有连接网络的覆铜区域。

（8）Change Shape Type：改变覆铜区域的形态，即切换动态和静态覆铜区域。

（9）Merge Shapes：合并相同网络的覆铜区域。

（10）Check：检查覆铜区域，即检查底片。

图 13.38 Shape（外形）子菜单

（11）Compose Shape：组成覆铜区域，将用线绘制的多边形合并成覆铜区域。

（12）Decompose Shape：解散覆铜区域，将组成覆铜区域的边框分成一段一段的线。

（13）Global Dynamic Params：动态覆铜的参数设置。

13.6.1 覆铜分类

覆铜包括动态覆铜和静态覆铜。动态覆铜是指在布线或移动元件、添加过孔的过程中产生自动避让的效果；静态覆铜在布线或移动元件、添加过孔时必须手动设置避让，不会自动产生避让的效果。

动态覆铜提供了 7 个属性可以使用，每个属性都以 DYN 开头，这些属性是贴在管脚上的，以 DYN 开头的属性对静态覆铜不起任何作用。在编辑时可以使用空框的形式表示。

13.6.2 覆铜区域

创建覆铜的区域分为正片和负片。这两种方法都有其独特的优点，同时也存在着相应的缺点，可以根据情况进行选择。正片和负片对于实际生产没有区别，任何 PCB 设计都有正片和负片的区别。

正片是指显示的填充部分就是覆铜区域；负片是指填充部分外的空白部分是覆铜区域，与正片正好相反。

13.6.3　覆铜参数设置

选择菜单栏中的 Shape（外形）→Global Dynamic Params（动态覆铜参数设置）命令，弹出 Global Dynamic Shape Parameters（动态覆铜区域参数）对话框，进行动态覆铜的参数设置。此对话框内包含 Shape fill（填充方式）、Void controls（避让控制）、Clearances（清除）和 Thermal relief connects（隔热路径连接）4 个选项卡。

1．Shape fill（填充方式）选项卡

Shape fill（填充方式）选项卡用于设置动态铜皮的填充方式，如图 13.39 所示。

（1）Dynamic fill：动态填充，有 3 种填充方式。

1）Smooth：自动填充、挖空，对所有的动态铜皮进行 DRC，并产生具有光绘质量的输出外形。

2）Rough：产生自动挖空的效果，可以观察铜皮的连接情况，但没有对铜皮的边沿及导热连接进行平滑处理，不进行具有光绘质量的输出效果，在需要时通过 Drawing Options 对话框中的 Update to Smooth 生成最后的铜皮。

3）Disabled：不进行自动填充和挖空操作，进行 DRC 时，特别是在进行大规模的改动或进行 netin、gloss、testprep、add/replace bias 等动作时可以提高速度。

（2）Xhatch style：选择铜皮的填充。

展开该下拉列表，其中有 6 个选项。

1）Vertical：仅有垂直线。

2）Horizontal：仅有水平线。

3）Diag_Pos：仅有斜的 45°线。

4）Diag_Neg：仅有斜的-45°线。

5）Diag_Both：有 45°和-45°线。

6）Hori_Vert：有水平线和垂直线。

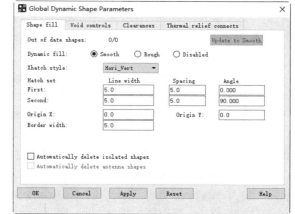

图 13.39　Shape fill（填充方式）选项卡

（3）Hatch set：用于 Allegro 填充铜皮的平行线设置。

选择不同的 Xhatch style（铜皮的填充）可以进行不同的设置。

1）Line width：填充连接线的线宽，必须小于或等于 Border width（铜皮边界线）指定的线宽。

2）Spacing：填充连接线的中心到中心的距离。

3）Angle：交叉填充线之间的夹角。

4）OriginX、OriginY：设置填充线的坐标原点。

5）Border width：铜皮边界的线，必须大于或等于 Line width（填充连接线的线宽）。

2．Void controls（避让控制）选项卡

Void controls（避让控制）选项卡用于设置避让控制，如图 13.40 所示。

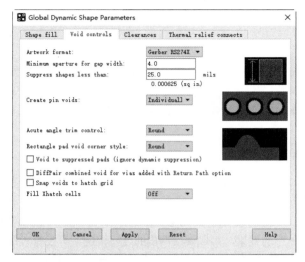

图 13.40　Void controls（避让控制）选项卡

（1）Artwork format：设置采用的底片格式，根据选择格式的不同，下面显示的设置内容也不同。该下拉列表中有 6 种格式，包括 Gerber4x00、Gerber6x00、Gerber RS274X、Barco DPF、MDA 和 Non-Gerber。

1）选择 Gerber4x00 或 Gerber6x00，下面将显示 Minimum aperture for artwork fill，设置最先的镜头直径，仅适合覆实铜的模式（Solid fill）。在进行光绘输出时，如果避让与铜皮的边界距离小于最小光圈限制，则该避让还会被填充，Allegro 将在 Manufacture/shape problem 中标记一个圆圈。

2）选择 Gerber RS274X、Barco DPF、MDA 和 Non-Gerber 中的一种，下面将显示 Minimum aperture for gap width，设定两个避让之间或者避让与铜皮边界之间的最小间距。

（2）Suppress shapes less than：在自动避让时，当覆铜区域小于改制时自动删除。

（3）Create pin voids：以行（排）或单个的形式避让多个焊盘。若选择 In-line，则将这些焊盘作为一个整体进行避让；若选择 Individually，则以分离的方式产生避让。

（4）Snap voids to hatch grid：产生的避让捕获到栅格上，仅针对网格状覆铜。

3. Clearances（清除）选项卡

Clearances（清除）选项卡用于设置清除方式，如图 13.41 所示。

（1）Thru pin 下拉列表中有两个选项：Thermal/anti（使用焊盘的 thermal 和 antipad 定义的间隔值清除）和 DRC（遵循 DRC 检测中设置的间隔产生避让）。选择 DRC（遵循 DRC 检测中设置的间隔产生避让），修改 Oversize value（超大值）数值，可调整间隙值。

（2）Smd pin 和 Via 下拉列表中的选项与 Thru pin 下拉列表中的选项相同。

（3）Oversize value：根据大小设定避让，在默认清除值基础上添加该值。

4. Thermal relief connects（隔热路径连接）选项卡

Thermal relief connects（隔热路径连接）选项卡用于设置隔热路径的连接关系，如图 13.42 所示。

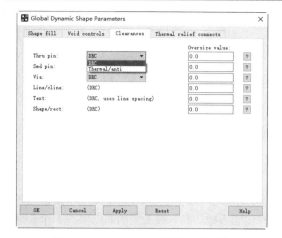
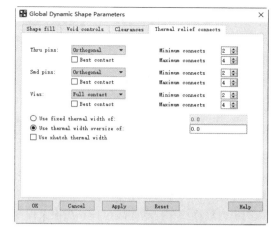

图 13.41　Clearances（清除）选项卡　　　　图 13.42　Thermal relief connects（隔热路径连接）选项卡

（1）Thru pins 下拉列表中有 Orthogonal（直角连接）、Diagonal（斜角连接）、Full contact（完全连接）、8 way connect（8 方向连接）和 None（不连接）5 个选项。

（2）Smd pins 和 Vias 下拉列表中的选项与 Thru pins 下拉列表中的选项相同。

（3）Minimum connects：最小连接数。

（4）Maximum connects：最大连接数。

动手练一练——时钟电路

绘制如图 13.43 所示的时钟电路。

扫一扫，看视频

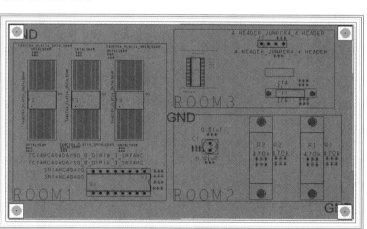

图 13.43　时钟电路

 思路点拨：

源文件：yuanwenjian\13\动手练一练\Clock_copper.brd
（1）打开 Clock.brd 文件，并将其另存。

（2）设置覆铜参数和层叠管理。

（3）设置颜色和设计参数。

（4）添加 VCC 覆铜区域。

（5）添加 GND 覆铜区域。

13.7 PCB 设计规则

对于 PCB 的设计，Allegro 提供了强大的完善的设计规则，这些设计规则涉及 PCB 设计过程中导线的放置、导线的布线方法、元件放置、布线规则、元件移动和信号完整性等。Allegro 系统将根据这些规则进行约束自动摆放和自动布线过程。在很大程度上，布线能否成功和布线质量的高低取决于设计规则的合理性，也依赖于用户的设计经验。

对于不同的电路需要采用不同的设计规则，若用户设计的是双面板，很多规则可以采用系统默认值，系统默认值就是针对双面板进行设置的。

选择菜单栏中的 Setup（设置）→Constraints（约束）命令，弹出如图 13.44 所示的子菜单，显示各种设计规范命令。

选择菜单栏中的 Setup（设置）→Constraints（约束）→Modes（模型）命令，弹出如图 13.45 所示的 Analysis Modes（分析模型）对话框，选择需要进行不同规则设置的对象。

在 PCB 设计中，设计规则主要包括时序规则、布线规则、间距规则、信号完整性规则以及物理规则等设置。

图 13.44 Constraints（约束）子菜单　　　　　图 13.45 Analysis Modes（分析模型）对话框

13.8 操作实例——音乐闪光灯电路布局

源文件：yuanwenjian\13\MUSIC.brd

本实例对音乐闪光灯电路进行布局，如图 13.46 所示。选择"开始"→"程序"→Cadence PCB 17.4-2019→Capture CIS 17.4→OrCAD Capture CIS 命令，启动 OrCAD Capture CIS。

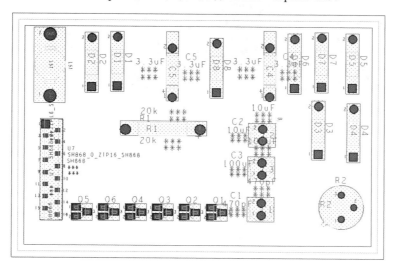

图 13.46 音乐闪光灯电路布局

【操作步骤】

1. 打开文件

选择菜单栏中的 File（文件）→Open（打开）命令或者单击 Capture 工具栏中的 Open document（打开文件）按钮 ，选择将要打开的文件 Music Flash Light.dsn，将其打开，原理图如图 13.47 所示。

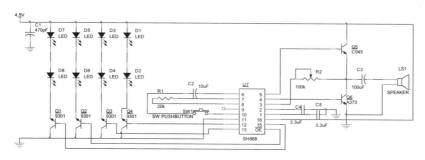

图 13.47 原理图文件

2. 添加 Footprint 属性

选中电路的所有模块，右击，在弹出的快捷菜单中选择 Edit properties（编辑属性）命令，在窗口下方打开 Parts（元件）选项卡，选择属性 PCB Footprint，在该列表框中输入元件对应的封装名称，结果如图 13.48 所示。

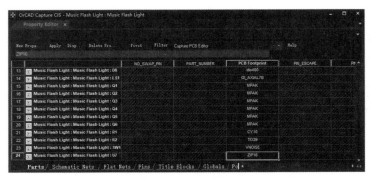

图 13.48　元件属性编辑

3. 创建网络表文件

（1）选择菜单栏中的 Tools（工具）→Create Netlist（创建网络表）命令或者单击 Capture 工具栏中的 Create netlist（创建网络表）按钮 📃，弹出如图 13.49 所示的 Create Netlist（创建网络表）对话框。打开 PCB 选项卡，设置网络表属性。

（2）勾选 Create PCB Editor Netlist（创建 PCB 网络表）复选框，可导出包含原理图中所有信息的 3 个网络表文件：pstchip.dat、pstxnet.dat 和 pstxprt.dat；在下面的 Options（选项）选项组中显示参数设置。

（3）在 Netlist Files（网络表文件）文本框中显示默认名称 allegro，单击右侧的 ■ 按钮，弹出 Select Directory（选择路径）对话框。在该对话框中选择 PST*.DAT 文件的路径。

（4）完成设置后，单击"确定"按钮，开始创建网络表，如图 13.50 所示。

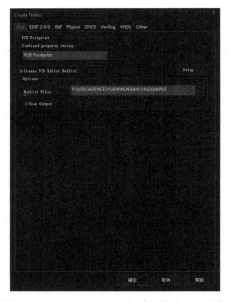

图 13.49　Create Netlist（创建网络表）对话框

图 13.50　创建网络表

（5）该对话框自动关闭后，将生成 3 个网络表文件：pstchip.dat、pstxnet.dat 和 pstxprt.dat，如图 13.51~图 13.53 所示。该网络表文件在项目管理器中的 Outputs 文件夹下显示，如图 13.54 所示。

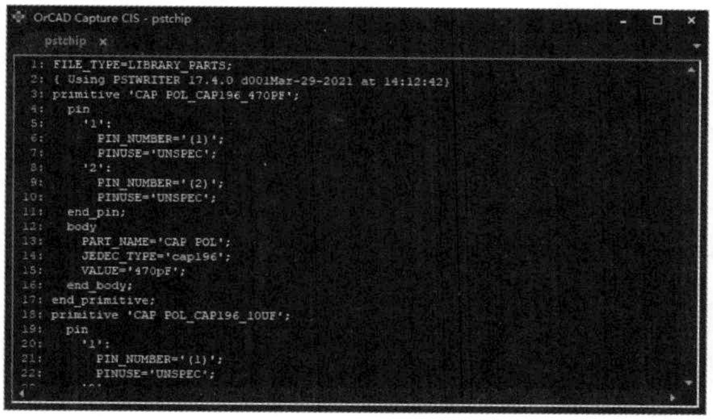

图 13.51　pstchip.dat 文件

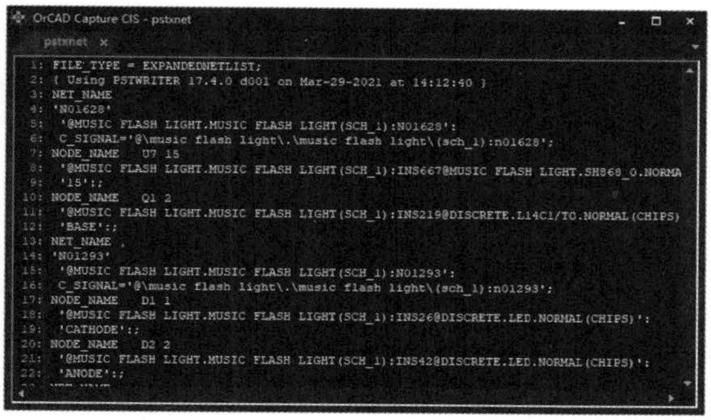

图 13.52　pstxnet.dat 文件

图 13.53　pstxprt.dat 文件

图 13.54　显示网络表文件

4．创建电路板

（1）选择"开始"→"程序"→Cadence PCB 17.4-2019→PCB Editor 17.4 命令，启动 Allegro PCB Designer。

（2）选择菜单栏中的 File（文件）→New（新建）命令或者单击 Files（文件）工具栏中的 New（新建）按钮，弹出如图 13.55 所示的 New Drawing（新建图纸）对话框。

（3）在 Drawing Name（图纸名称）文本框中输入图纸名称 MUSIC；在 Drawing Type（图纸类型）下拉列表中选择图纸类型 Board(wizard)。

（4）单击 OK 按钮后关闭对话框，弹出 Board Wizard（板向导）对话框，如图 13.56 所示，进入 Board Wizard 的工作环境。

（5）单击 Next > 按钮，弹出如图 13.57 所示的对话框，选中 No（否）单选按钮，表示不输入模板。

（6）单击 Next > 按钮，弹出如图 13.58 所示的对话框。选中两个选项下的 No（否）单选按钮，表示不选择 tech file（技术文件）与 parameter file（参数文件）。

（7）单击 Next > 按钮，弹出如图 13.59 所示的对话框。选中 No（否）单选按钮，表示不导入参数模块。

（8）单击 Next > 按钮，弹出如图 13.60 所示的对话框。设置图纸选项，在 Units（单位）下拉列表中选择 Mils 选项，在 Size（工作区的范围大小）下拉列表中选择 A 选项，在 Specify the location of the origin for this drawing（设定工作区原点的位置）选项组中选中 At the lower left corner of the drawing（把原点定在工作区的左下脚）单选按钮。

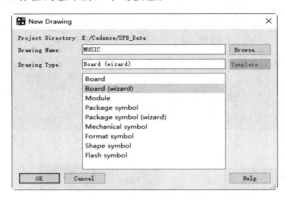

图 13.55　New Drawing（新建图纸）对话框

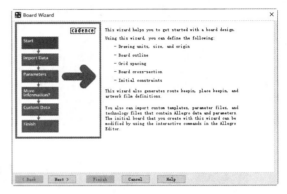

图 13.56　Board Wizard（板向导）对话框

图 13.57　Board Wizard-Template（板向导-模板）对话框

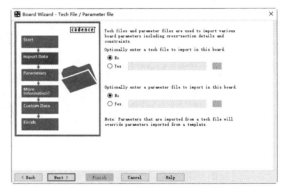

图 13.58　Board Wizard-Tech File/Parameter file（板向导-技术文件/参数文件）对话框

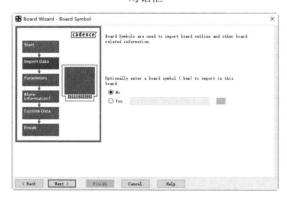

图 13.59　Board Wizard-Board Symbol（板向导-板符号）对话框

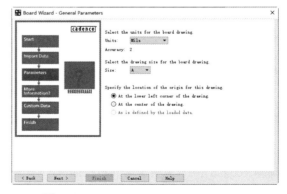

图 13.60　Board Wizard-General Parameters（板向导-通用参数）对话框

（9）单击 Next > 按钮，弹出如图 13.61 所示的对话框，继续设置图纸参数，保持默认设置。

（10）单击 Next > 按钮，弹出如图 13.62 所示的对话框，定义层面的名称和其他条件。

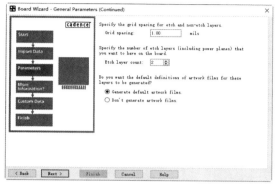

图 13.61　Board Wizard-General Parameters
(Continued)［板向导-通用参数（继续）］对话框

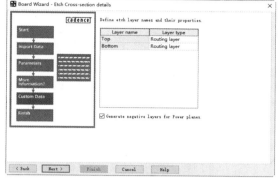

图 13.62　Board Wizard-Etch Cross-section details
（板向导-布线层叠结构细节）对话框

（11）单击 Next > 按钮，弹出如图 13.63 所示的对话框。在这个对话框中设定在板中的一些默认限制和默认贯孔。

（12）单击 Next > 按钮，弹出如图 13.64 所示的对话框。在该对话框中定义板框的外形为 Rectangular board（方形板框）。

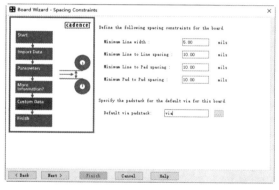
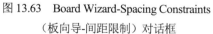

图 13.63　Board Wizard-Spacing Constraints
（板向导-间距限制）对话框

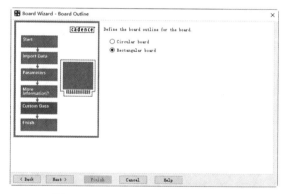

图 13.64　Board Wizard-Board Outline
（板向导-板框外形）对话框

（13）单击 Next > 按钮，弹出如图 13.65 所示的对话框，定义电路板尺寸。

（14）单击 Next > 按钮，弹出如图 13.66 所示的对话框，单击 Finish 按钮，完成向导模式（Board Wizard）板框创建，如图 13.67 所示。

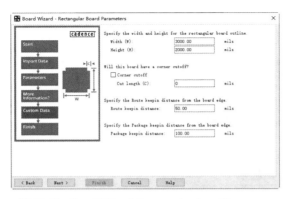

图 13.65   Board Wizard-Rectangular Board Parameters
（板向导-方形板框参数）对话框

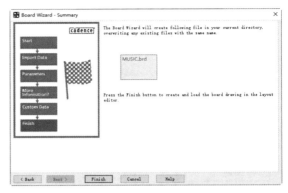

图 13.66   Board Wizard-Summary
（板向导-摘要）对话框

5. 导入原理图网络表信息

（1）选择菜单栏中的 File（文件）→Import（导入）→ Logic/Netlist（原理图/网络表）命令，弹出如图 13.68 所示的 Import Logic/Netlist（导入原理图/网络表）对话框。打开 Cadence 选项卡，导入在 Capture 里输出的网络表。

（2）在 Import logic type（导入的原理图类型）选项组中勾选 Design entry CIS(Capture)复选框；在 Place changed component（放置修改的元件）选项组中默认选中 Always（总是）单选按钮。

（3）单击 Import directory（导入路径）文本框右侧的按钮，在弹出的对话框中选择网络表路径，单击 Import 按钮，导入网络表，并弹出进度对话框，如图 13.69 所示。

图 13.67   完成的板框

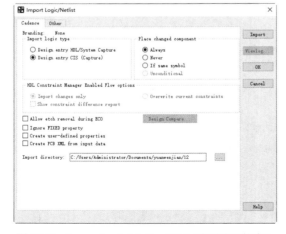

图 13.68   Import Logic/Netlist（导入原理图/网络表）对话框

图 13.69   导入网络表的进度对话框

（4）选择菜单栏中的 File（文件）→Viewlog（查看日志）命令，同样可以打开如图 13.70 所示的窗口，以查看网络表的日志文件。

（5）选择菜单栏中的 Place（放置）→Manually（手动放置）命令，弹出 Placement（放置）对话框，在 Placement List（放置列表）选项卡下的下拉列表中选择 Components by refdes（按照元件序号）选项，按照序号显示元件，如图 13.71 所示。

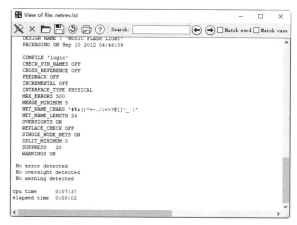

图 13.70 查看网络表的日志文件

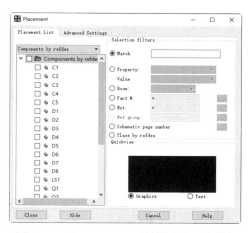

图 13.71 Placement List（放置列表）选项卡

（6）在列表框中显示所有元件，表示元件封装导入成功，单击 Close 按钮，关闭对话框。

6. 摆放元件

（1）选择菜单栏中的 Place（放置）→Quickplace（快速摆放）命令，弹出 Quickplace（快速摆放）对话框，选中 Place all components 单选按钮，如图 13.72 所示。

（2）单击 Place 按钮，对元件进行摆放操作，显示摆放成功，单击 OK 按钮，关闭对话框，电路板元件摆放结果如图 13.73 所示。

7. 取消飞线显示

单击 View（视图）工具栏中的 Unrats All 按钮，取消显示元件间的飞线，方便对元件进行布局操作。

8. 移动元件

选择菜单栏中的 Edit（编辑）→Move（移动）命令或者单击 Edit（编辑）工具栏中的 Move（移动）按钮，激活移动命令。在电路板中单击需要移动的元件名称等文本参数，右击，在弹出的快捷菜单中选择 Rotation（旋转）命令，旋转需要的元件，结果如图 13.74 所示。

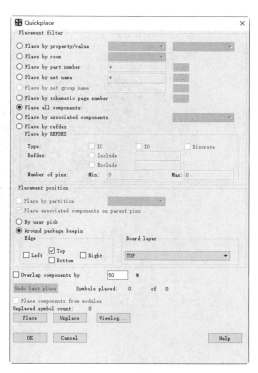

图 13.72 Quickplace（快速摆放）对话框

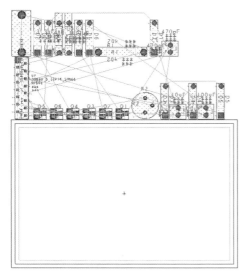

图 13.73　元件摆放结果

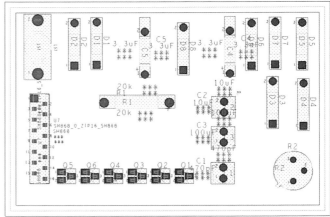

图 13.74　布局后的 PCB

9．3D 效果图

（1）选择菜单栏中的 View（视图）→3D Canvas（3D 显示）命令，系统生成该 PCB 的 3D 效果图，并自动打开 Allegro 3D Canvas:MUSIC.brd（3D 显示器:MUSIC.brd）窗口，如图 13.75 所示。

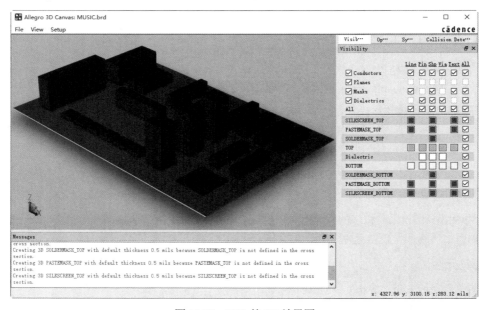

图 13.75　PCB 的 3D 效果图

（2）选择菜单栏中的 File（文件）→Export（输出）命令，系统以图片的形式输出该 PCB 的效果图，输入图片名称 MUSIC，如图 13.76 所示，单击 Save 按钮，保存图片文件。

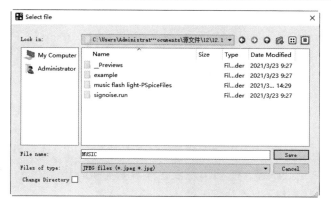

图 13.76 保存图片文件

第 14 章　布 线 操 作

内容简介

合理的布局是 PCB 布线的关键。在 PCB 设计过程中正确地设置电路板元件布局的结构及正确地选择布线方向可以消除因布局布线不当产生的干扰。

布线是电路板设计的最终目的，布线的方式有两种：自动布线和交互式布线。本章详细讲述布线方式及布线后的输出操作。

内容要点

➢ 基本原则
➢ 布线命令
➢ 添加泪滴
➢ 电路板的输出
➢ 操作实例 —— 晶体管电路 PCB 设计

案例效果

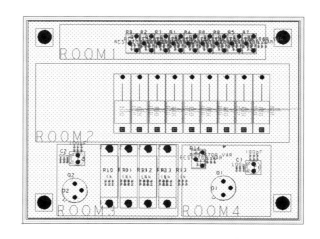

14.1　基 本 原 则

在布线时，应遵循以下基本原则。

（1）输入端的导线与输出端的导线应尽量避免平行布线，以避免发生反馈耦合。

（2）对于导线的宽度，应尽量宽一些，最好设置为 15mil 以上，最小不能小于 10mil。

（3）导线间的最小间距是由线间绝缘电阻和击穿电压决定的，要满足电气安全要求，在条件允许的范围内要尽量大一些，一般不能小于 12mil。

（4）微处理器芯片的数据线和地址线要尽量平行布线。

（5）布线时要尽量少拐弯，若需要拐弯，一般取 45°走向或圆弧形。在高频电路中，拐弯时不能取直角或锐角，以防止高频信号在导线拐弯处发生信号反射现象。

（6）在条件允许的情况下，要尽量使电源线和接地线粗一些。

（7）阻抗高的布线越短越好，阻抗低的布线可以长一些，因为阻抗高的布线容易发射和吸收信号，使电路不稳定。电源线、接地线、无反馈组件的基极布线、发射极引线等均属低阻抗布线、射极跟随器的基极布线、收录机两个声道的接地线必须分开，各自成一路，直到功效末端再合起来。

要在电源信号和地信号线之间加上耦电容；尽量使数字地线和模拟地线分开，以免造成地反射干扰；不同功能的电路块也要分割，最终地线与地线之间使用电阻跨接。由数字电路组成的印制板，其接地电路布局成闭环路大多能提高抗噪声能力，减小接地电阻，从而减小接地电位差。

14.2　布　线　命　令

选择菜单栏中的 Route（布线）命令，弹出如图 14.1 所示的与布线相关的子菜单，同时，在如图 14.2 所示的 Route（布线）工具栏中显示对应按钮。

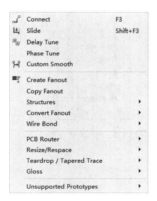

图 14.1　Route（布线）子菜单

图 14.2　Route（布线）工具栏

下面介绍常用选项。

（1）Connect：手动布线，快捷键为 F3。也可以单击 Route（布线）工具栏中的 Add Connect（添加手动布线）按钮 。

（2）Slide：添加倒角，快捷键为 Shift+F3。也可以单击 Route（布线）工具栏中的 Slide（添加倒角）按钮 。

（3）Delay Tune：蛇形线。也可以单击 Route（布线）工具栏中的 Delay Tune（蛇形线）按钮 。

（4）Phase Tune：相位调整。

（5）Custom Smooth：平滑边角。

（6）Create Fanout：生成扇出。

（7）Copy Fanout：复制扇出。

（8）Convert Fanout：转换扇出，选择此命令会弹出子菜单，包含 Mark（标记）和 Unmark（不标记）两个命令。

（9）PCB Router：布线，选择此命令后，打开如图 14.3 所示的子菜单，显示布线命令。

1）Fanout By Pick：选择扇出。

2）Route Net(s) By Pick：选择布线网络。

3）Miter By Pick：选择斜线连接。

4）UnMiter By Pick：选择非斜线连接。

5）Elongation By Pick：选择延长线布线。

6）Router Checks：布线检查。

7）Optimize Rat Ts：优化飞线。

8）Route Automatic：自动布线。

9）Route Custom：普通布线。

10）Route Editor：布线编辑器。

（10）Resize/Respace：调整大小。

（11）Gloss：优化。选择此命令后，打开如图 14.4 所示的子菜单，显示优化命令。

（12）Unsupported Prototypes：不支持原型。

图 14.3　子菜单（1）

图 14.4　子菜单（2）

14.2.1　设置格点

在执行布线命令时，如果格点[①]可见，布线时所有布线会自动跟踪格点，方便布线的操作。

1．设置格点

【执行方式】

菜单栏：执行 Setup（设置）→Grids（网格）命令。

【操作步骤】

执行上述操作，弹出 Define Grid（定义网格）对话框。

[①]　编者注：格点又称网格，本章涉及命令及对话框等相关操作的地方采用同前一致的"网格"，而在正文表述等处统一采用"格点"。

【选项说明】

定义所有布线层的间距值，参数设置如下。

（1）勾选 Grids On（打开网格）复选框。

（2）将 Non-Etch 的 Spacing x 和 Spacing y 分别设置为 25。

（3）将 All Etch 和 TOP 层中的 Spacing x 和 Spacing y 分别设置为 5。

✍ 技巧：

> 所有布线层的间距和 All Etch 相同。

设置结果如图 14.5 所示，单击 OK 按钮，关闭对话框。

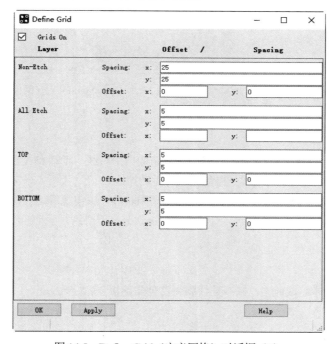

图 14.5　Define Grid（定义网格）对话框（1）

📢 提示：

> 完成参数值输入后，按 Tab 键，不按 Enter 键。

2. 设置可变格点

（1）可变格点即大格点之间有小格点，在图 14.6 中，在 2 个大格点之间添加 2 个小格点。

（2）将 All Etch 层中的 Spacing x 和 Spacing y 分别设置为 8 9 8，即从 1 个大格点到相邻的大格点，从左到右、从上到下的距离分别设置为 8、9 和 8，TOP 层自动显示为 8 9 8，如图 14.7 所示。

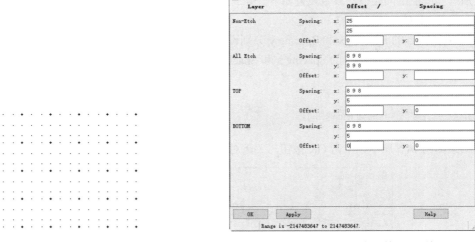

图 14.6　显示可变格点　　　　　图 14.7　Define Grid（定义网格）对话框（2）

14.2.2　手动布线

手动布线就是用户以手动的方式将图纸里的飞线布成铜箔布线。手动布线是布线工作最基本、最主要的方法。布线的通常方式为手动布线→自动布线→手动布线。

在自动布线前，先手动将重要的网络线布好，如高频时钟、主电源等这些网络往往对布线距离、线宽、线间距等有特殊的要求。一些特殊的封装，如 BGA 封装，需要进行手动布线，自动布线很难完成规则的布线。

1．添加连线

连线是 PCB 中的基本组成元素，缺少连线将无法使电路板正常工作。

【执行方式】

菜单栏：执行 Display（显示）→Blank Rats（清除飞线）→All（全部）命令，如图 14.8 所示。

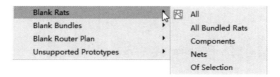

图 14.8　显示菜单命令

【操作步骤】

（1）执行上述操作，关闭所有的飞线显示，如图 14.9 所示。

（2）选择菜单栏中的 Display（显示）→Show Rats（显示飞线）→Net（网络）命令，在 PCB 图中选择要添加连线的元件管脚，此时飞线将显示出来，如图 14.10 所示。

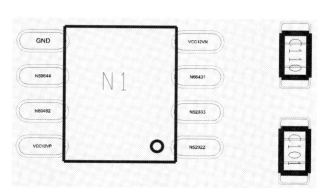

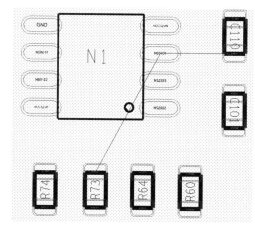

图 14.9　关闭飞线　　　　　　　　　　　图 14.10　显示需要连接的飞线

（3）选择菜单栏中的 Route（布线）→Connect（手动布线）命令或者单击 Route（布线）工具栏中的 Add Connect（添加手动布线）按钮🔲，也可以按 F3 键，在 Options（选项）面板中修改相应的值进行布线属性的修改，如图 14.11 所示。

在 Options（选项）面板中可以对以下内容进行修改。

1）Act 表示当前层。

2）Alt 中显示将要切换到的层。

3）Via 中显示的是选择的过孔。

4）Net 中显示的是网络，开始时是 Null Net（空网络），只有布线开始时显示布线所在的网络。

5）Line lock 中显示的是布线形式和布线时线的拐角。其中，布线形式分为 Line（直线）和 Arc（弧线）两种方式；布线时的拐角选项分为 Off（无拐角）、45（45°拐角）和 90（90°拐角）三种。

6）Miter 中显示了管脚的设置，当其值为 lx width 和 Min 时表示斜边长度至少为一倍的线宽。当在 Line lock 中选择了 Off 时此项就不会显示。

7）Line width 中显示的是线宽。

8）Bubble 指球状区域，会显示该特殊区域的布线规则，在该区域选择推挤布线，无须特殊注明。

图 14.11　Options（选项）面板

9）Shove vias 中显示的是推挤过孔的方式。其中，Off 为关闭推挤方式；Minimal 为最小幅度地推挤 Via；Full 为完整地推挤 Via。

10）Gridless 选项表示选择布线是否可以在格点上面。

11）Clip dangling clines：剪辑悬挂的布线。

12）Smooth 中显示的是自动调整布线的方式。其中，Off 为关闭自动调整布线方式；Minimal 为最小幅度地自动调整布线；Full 为完整地自动调整布线。

13）Snap to connect point 表示布线是否从 Pin、Via 的中心原点引出。

14）Replace etch 表示布线是否允许改变已存在的 Trace，即不用删除命令。在布线时若两点间存在布线，那么再次添加布线时旧的布线将被自动删除。

（4）在 Options（选项）面板中设置好布线属性后，单击显示飞线的一个节点，向目标节点移动光标绘制连接，如图 14.12 所示。在绘制的过程中可以右击，在弹出的快捷菜单中选择 Oops（取消）命令，取消前一操作，对绘制路线进行修改。

（5）光标到达目标接点后单击，完成两点间的布线，再次右击，在弹出的快捷菜单中选择 Done（完成）命令，完成布线的添加操作，如图 14.13 所示。

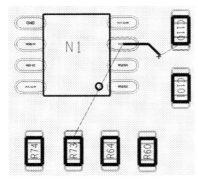

图 14.12　绘制连接

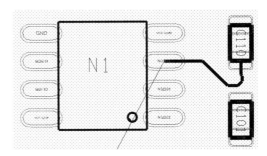

图 14.13　完成布线的添加

2. 删除布线

在手动调整布线的过程中，除了需要添加布线外还经常要删除一些不合理的导线。

【执行方式】

菜单栏：执行 Edit（编辑）→Delete（删除）命令。

【操作步骤】

（1）执行上述操作，在 Find（查找）面板中单击 `All Off` 按钮，然后再选择 Clines 选项，如图 14.14 所示。如果不先在 Find（查找）面板中单击 `All Off` 按钮，就直接进行删除操作，则容易将其他项目同时删除。

（2）在编辑区内单击需要删除的布线，高亮显示布线，确定无误后再次单击，将布线删除，同时显示该布线的飞线。可以进行连续性的删除操作，完成删除后，右击，在弹出的快捷菜单中选择 Done（完成）命令删除，结果如图 14.15 所示。

3. 添加过孔

在进行多层 PCB 设计时，经常需要添加过孔来完成 PCB 布线以及进行板间的连接。根据结构的不同可以将过孔分为通孔、埋孔和盲孔三大类。通孔是指贯穿整个线路板的孔；埋孔是指位于多层 PCB 内层的连接孔，从板子的表面无法观察到埋孔的存在，多用于多层板中各层线路的电气连接；盲孔是指位于多层 PCB 的顶层或底层表面的孔，一般用于多层板中的表层线路和内层线路的电气连接。

图 14.14　Find（查找）面板

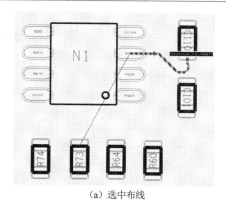
（a）选中布线

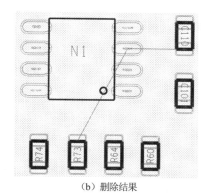
（b）删除结果

图 14.15　删除布线

添加过孔的方法非常简单，下面介绍如何进行过孔的添加。

【执行方式】

菜单栏：执行 Route（布线）→Connect（连接）命令。

【操作步骤】

（1）在进行布线绘制的过程中，如果遇到需要添加过孔的地方，可以通过双击完成，此时 Options（选项）面板中的 Act 和 Alt 中的内容将会改变，对比情况如图 14.16（a）和图 14.16（b）所示。

（a）添加前

（b）添加后

图 14.16　Options（选项）面板对比

（2）在进行布线的过程中，在需要添加过孔的地方右击，在弹出的快捷菜单中选择 Add Via（添加过孔）命令，在该处添加预设的过孔，继续绘制连接，如图 14.17 所示。

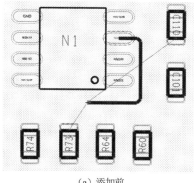
（a）添加前

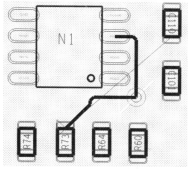
（b）添加后

图 14.17　添加过孔图

（3）完成添加后可以右击，在弹出的快捷菜单中选择 Done（完成）命令结束添加布线操作。

4．使用 Bubble（推挤）选项布线

（1）选择菜单栏中的 Display（显示）→Blank Rats（空白飞线）→All（全部）命令，关闭所有飞线。

（2）选择菜单栏中的 Display（显示）→Show Rats（显示飞线）→Net（网络）命令，在编辑区域内单击 N1 的管脚 4，显示与该管脚连接的网络的飞线，如图 14.18 所示。

（3）选择菜单栏中的 Route（布线）→Connect（连线）命令或者单击 Route（布线）工具栏中的 Add Connect（添加连线）按钮 ，在 Options（选项）面板中的 Bubble 下拉列表中选择 Shove preferred 选项，在 Shove vias 下拉列表中选择 Full 选项，在 Smooth 下拉列表中选择 Full 选项，如图 14.19 所示。

（4）单击 N1 的管脚 4，确定当前层是 Top 层并移动光标，可以看到原先的布线被推挤。

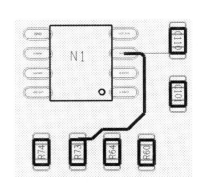

图 14.18　显示网络飞线

图 14.19　Options（选项）面板

14.2.3　设置自动布线的规则

Cadence 17.4 在 PCB 编辑器为用户提供了多种设计规则，覆盖了元件的电气特性、走线宽度、走线拓扑布局、表贴焊盘、阻焊层、电源层、测试点、电路板制作、元件布局、信号完整性等设计过程中的方方面面。在进行自动布线之前，用户首先应对自动布线规则进行详细的设置。

1．浏览前面设计过程中定义的规则

【执行方式】

菜单栏：执行 Edit（编辑）→Properties（属性）命令。

【操作步骤】

（1）执行上述操作，在 Find（查找）面板中分别设置 Find By Name（按名称查找）的内容为 Property 和 Name，如图 14.20 所示。

（2）单击 More... 按钮，在弹出的 Find by Name or Property（按名称或属性查找）对话框中的 Available objects（有效的对象）选项组中选择属性，将选择的内容添加到 Selected objects（选择的对象）列表框中，如图 14.21 所示。

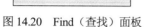

图 14.20　Find（查找）面板

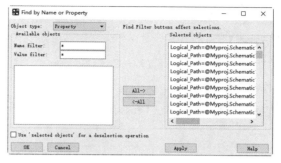

图 14.21　Find by Name or Property（按名称或属性查找）对话框（1）

（3）单击 Apply 按钮，弹出 Edit Property（编辑属性）对话框，对所列出的相关属性进行编辑，对参数值进行设置，如图 14.22 所示，同时会弹出 Show Properties（显示属性）对话框，该对话框中列出了所应用的相关属性，如图 14.23 所示。

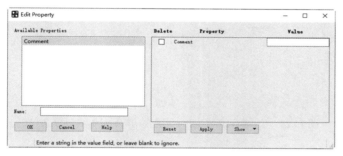

图 14.22　Edit Property（编辑属性）对话框（1）

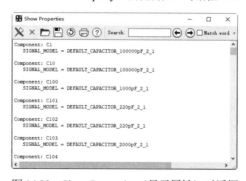

图 14.23　Show Properties（显示属性）对话框

2．添加层及规则设置

层叠结构非常重要，不可忽视。选择层叠结构时要考虑以下原则：元件面下面（第二层）为地平面，提供器件屏蔽层以及为顶层布线提供参考平面；所有信号层尽可能与地平面相邻；尽量避免两个信号层直接相邻；主电源尽可能与其对应地相邻；兼顾层压结构对称。

对于母板的层排布，现有母板很难控制平行长距离布线，对于板级工作频率在 50MHz 以上的（50MHz 以下的情况可参照，适当放宽），建议考虑以下排布原则：元件面、焊接面为完整的地平面（屏蔽）；无相邻平行布线层；关键信号与地层相邻，不跨分割区。

【执行方式】

菜单栏：执行 Setup（设置）→Cross-Section（层叠结构）命令。

【操作步骤】

（1）执行上述操作，弹出 Cross-section Editor（层叠结构设计）对话框，如图 14.24 所示。

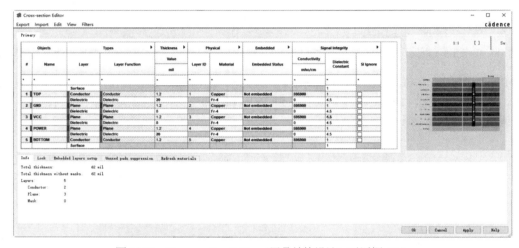

图 14.24　Cross-section Editor（层叠结构设计）对话框（1）

（2）在对话框列表内右击，在弹出的快捷菜单中选择 Add Layer（添加层）命令，添加两个布线内层，并修改属性，如图 14.25 所示。

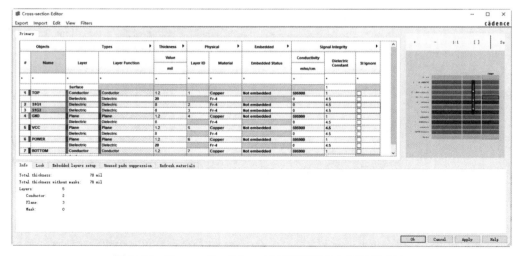

图 14.25　Cross-section Editor（层叠结构设计）对话框（2）

（3）选择菜单栏中的 Display（显示）→Color/ Visibility（颜色可见性）命令，弹出 Color Dialog（颜色）对话框，在该对话框中可以对各电气层的 Pin、Via、Etch 及 Drc 等的颜色进行设置，如图 14.26 所示。完成设置后单击 OK 按钮，关闭对话框。

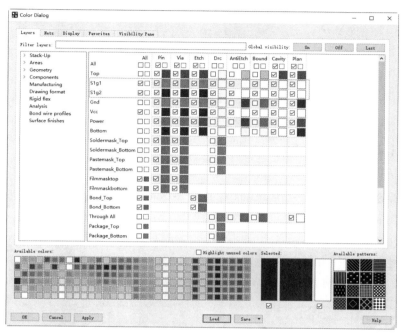

图 14.26　Color Dialog（颜色）对话框

（4）选择菜单栏中的 Setup（设置）→Constraints（约束）→Spacing Net Overrides（忽略网络间隔）命令，在 Find（查找）面板的 Find By Name（按名称查找）选项组的下拉列表中选择 Net（网络）选项，单击 More（更多）按钮，弹出如图 14.27 所示的对话框。

（5）在 Available objects（有效对象）选项组的列表框中选择需要的项目添加到 Selected objects（选择对象）列表框中，如图 14.28 所示。单击 Apply 按钮，弹出 Edit Property（编辑属性）对话框，进行相应的属性设置，如图 14.29 所示，单击 OK 按钮，关闭对话框。

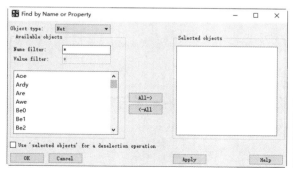

图 14.27　Find by Name or Property
（按名称或属性查找）对话框（2）

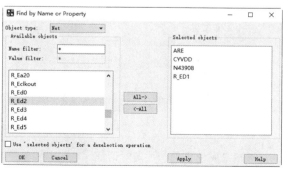

图 14.28　Find by Name or Property
（按名称或属性查找）对话框（3）

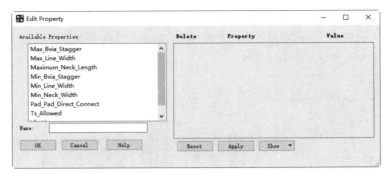

图 14.29　Edit Property（编辑属性）对话框（2）

3. 设置电气规则

【执行方式】

菜单栏：执行 Setup（设置）→Constraints（约束）→Constraint Manager（约束管理器）命令。

【操作步骤】

（1）执行上述操作，弹出 Constrains System Master（约束管理器）对话框。

（2）在目录树视图中单击 Electrical Constraint Set（电气约束设置）节点，将显示可进行电气设置的节点，如图 14.30 所示。选择不同的节点将进行不同的电气设置。

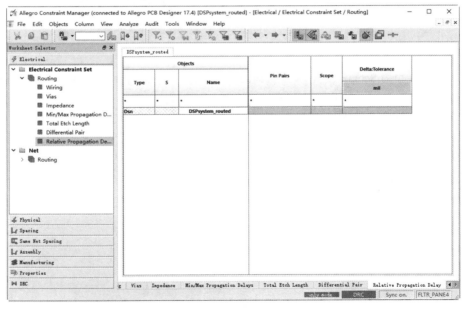

图 14.30　Electrical Constraint Set（电气约束设置）节点

（3）完成设置后，关闭对话框。

（4）选择菜单栏中的 Setup（设置）→Constraints（约束）→Modes（模式）命令，弹出 Analysis Modes（分析模式）对话框，如图 14.31 所示。在该对话框中可以查看相应的分析结果。

图 14.31　Analysis Modes（分析模式）对话框

14.2.4　自动布线

自动布线的布通率依赖于良好的摆放，布线规则可以预先设定，包括布线的弯曲次数、导通孔的数目、走线交叉点的数目等。一般首先进行探索式布线，把短线连通，然后再进行迷宫式布线，先把要布的连线进行全局的布线路径优化，系统可以根据需要断开已布的线。可尝试重新布线，以改进总体效果。在自动布线前，输入端与输出端的边线应避免相邻平行，以免产生反射干扰，可以对比较严格的线进行交互式预布线。两相邻层的布线要互相垂直，平行容易产生电容耦合，必要时应加地线隔离。

在 PCB 布线过程中，手动将主要线路、特殊网络布线完成后，通过 Allegro 提供的自动布线功能完成剩余网络的布线。

【执行方式】

菜单栏：执行 Route（布线）→PCB Router（布线编辑器）→Route Automatic（自动布线）。

【操作步骤】

执行上述操作，弹出 Automatic Router（自动布线）对话框，如图 14.32 所示。

【选项说明】

Automatic Router（自动布线）对话框由 Router Setup（布线设置）、Routing Passes（布线通路）、Smart Router（灵活布线）和 Selections（选集）4 个选项卡组成。

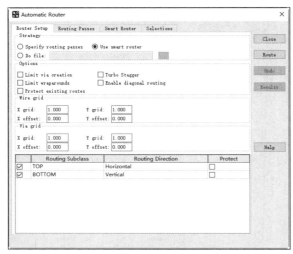

（a）Router Setup（布线设置）选项卡

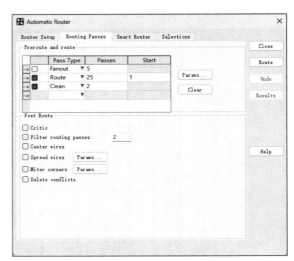

（b）Routing Passes（布线通路）选项卡

图 14.32　Automatic Router（自动布线）对话框

1. Router Setup（布线设置）选项卡

打开 Router Setup（布线设置）选项卡，如图 14.32 所示。

（1）Strategy（策略）：显示 3 种布线模式。

1）Specify routing passes（指定布线通路）：选中此单选按钮，可以激活 Routing Passes（布线通路）选项卡，设置布线工具具体的使用方法。

2）Use smart router（使用灵活布线）：选中此单选按钮，表示可以通过 Smart Router 设置灵活布线工具具体的使用方法。

3）Do file（Do 文件）：选中此单选按钮，表示可以通过 Do 文件进行布线。

（2）Options（选项）：有 4 个选项设置。其中，Limit via creation 表示限制使用过孔；Turbo Stagger 表示最优斜线布线；Limit wraparounds 表示限制绕线；Enable diagonal routing 表示允许使用斜线布线。

1）Wire gird：设置布线的格点。

2）Via gird：设置过孔的格点。

（3）Routing Subclass 表示所设置的布线层，Routing Direction 表示所设置的布线方向。TOP 层布线是以水平方向进行的；BOTTOM 层布线是以垂直方向进行的。

2. Routing Passes（布线通路）选项卡

Routing Passes（布线通路）选项卡只有当选中 Router Setup（布线设置）选项卡内的 Specify routing passes（指定布线通路）单选按钮时才有效，下面介绍常用选项。

（1）单击 Preroute and route（预布线和布线）选项组中的 Params... 按钮，弹出 SPECCTRA Automatic Router Parameters（SPECCTRA 自动布线参数）对话框，如图 14.33 所示。其中包括 Fanout（扇出）选项卡，用于设置扇出参数；Bus Routing（总线布线）选项卡，用于设置总线布线；Seed Vias（种子过孔）选项卡，用于添加贯穿孔，通过增加 1 个贯穿孔把单独的连线切分为 2 个更小的连接；Testpoint（测试点）选项卡，用于设置测试点的相关参数；Spread Wires（展开导线）选项卡，用于设置导线与导线、导线与管脚之间所添加的额外空间；Miter Corners（使用 45°角布线）选项卡，用于设置拐角在什么情况下转变成斜角；Elongate（延长）选项卡，主要用于设置绕线布线。

（2）Post Route（布线后仿真）选项组中包括 Critic（精确布线）、Filter routing passes（过滤布线途径）、Center wires（中心导线）、Spread wires（展开导线）、Miter corners（使用 45°角布线）、Delete conflicts（删除冲突布线）。

3．Smart Router（灵活布线）选项卡

Smart Router（灵活布线）选项卡只有当在 Router Setup（布线设置）选项卡下选中 Use smart router（使用灵活布线）单选按钮时才有效，如图 14.34 所示。

图 14.33　SPECCTRA Automatic Router Parameters
（SPECCTRA 自动布线参数）对话框

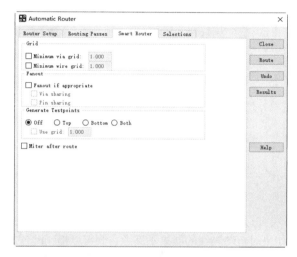

图 14.34　Smart Router（灵活布线）选项卡

下面介绍该选项卡下的主要选项。

（1）Gird 选项组用于设置格点。其中，Minimum via grid 表示定义过孔的最小格点，默认值为 0.01；Minimum wire grid 表示定义布线的最小格点，默认值为 0.01。

（2）Fanout 选项组用于设置扇出。其中，Fanout if appropriate 表示扇出有效；Via sharing 表示共享过孔；Pin sharing 表示共享管脚。

（3）Generate Testpoints 选项组用于设置测试点。其中，Off 表示测试点将不会产生；Top 表示测试点将在顶层产生；Bottom 表示测试点将在底层产生；Both 表示测试点将在两个层面产生。

（4）Miter after route：在一般布线后采用斜接方式布线。

4．Selections（选集）选项卡

在 Selections（选集）选项卡内进行布线网络及元件的选择，如图 14.35 所示。

下面介绍该选项卡下的主要选项。

（1）Objects to route：设置布线的项目。其中，选中 Entire design 单选按钮后将会对整个 PCB 进行布线；选中 All selected 单选按钮后将对在 Available objects 中选中的网络或元件进行布线；选中 All but selected 单选按钮后的作用与选中 All selected 单选按钮后的作用相反，将对在 Available objects 中没有选中的网络或元件进行布线。

（2）通过 Object type 来选择在下面列表框中显示的是 PCB 的网络标识还是元件的标识，当选择 Nets 时表示显示网络标识；当选择 Components 时表示显示元件的标识。

完成参数设置后，单击 Route 按钮，开始进行自动布线，将出现一个自动布线进度对话框，如图 14.36 所示。单击该对话框中的 Details>> 按钮，可清楚地显示布线详细进度信息，如图 14.37 所示，单击 <<Summary 按钮将隐藏详细的进度信息，返回到最初的进度对话框中。

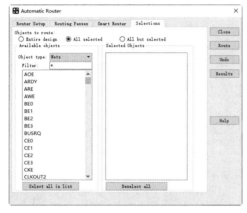

图 14.35　Selections（选集）选项卡

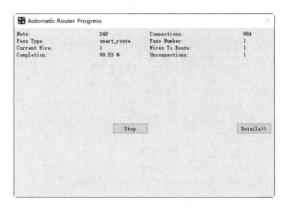

图 14.36　显示进度

（1）布线完成后，布线进度对话框将会自动关闭，并重新返回 Automatic Router（自动布线）对话框。如果对自动布线的结果不满意，则可以撤销此次布线，在 Automatic Router（自动布线）对话框中单击 Undo 按钮即可，然后重新设置各个参数，重新进行布线。

（2）单击 Route 按钮，显示布线结果，如图 14.38 所示，单击 Close 按钮，关闭结果显示对话框。

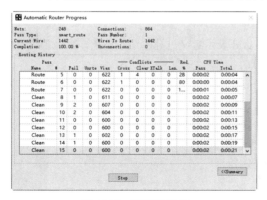

图 14.37　详细进度表

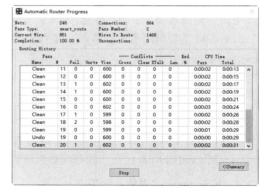

图 14.38　显示布线结果

（3）对布线结果满意后，右击，在弹出的快捷菜单中选择 Done（完成）命令，完成布线，如图 14.39 所示。

（4）根据需要，可扇出自动完成的布线，可手动对布线进行修改，将布线效果调整到最佳状态。

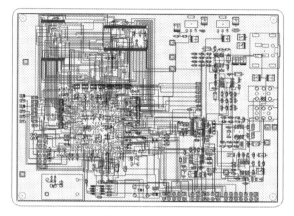

图 14.39 完成布线

轻松动手学——音乐闪光灯电路自动布线

源文件：yuanwenjian\14\MUSIC.brd

扫一扫，看视频

【操作步骤】

（1）打开下载资源包中的 yuanwenjian\14\MUSIC.brd 文件。

（2）选择菜单栏中的 Setup（设置）→Grids（网格）命令，弹出 Define Grid（定义网格）对话框，保持默认设置，单击 OK 按钮，关闭对话框，如图 14.40 所示。

（3）选择菜单栏中的 Route（布线）→PCB Router（布线编辑器）→Route Automatic（自动布线）命令，弹出 Automatic Router（自动布线）对话框，如图 14.41 所示。

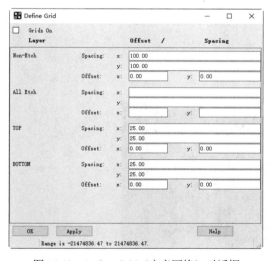

图 14.40 Define Grid（定义网格）对话框

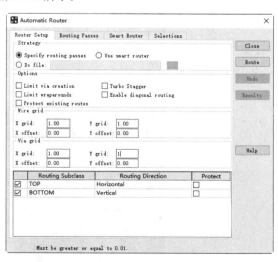

图 14.41 Automatic Router（自动布线）对话框

（4）选择默认参数设置，单击 Route 按钮，开始进行自动布线，完成布线后，单击 Results 按钮，显示布线结果，如图 14.42 所示。

（5）单击 Close 按钮，关闭对话框。布线结果如图 14.43 所示。

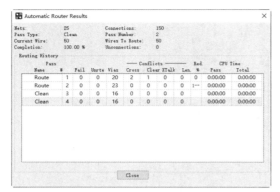

图 14.42 布线结果

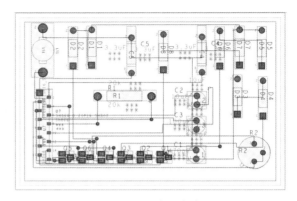

图 14.43 完成布线

14.2.5 PCB Router 布线器

PCB Router 是 Allegro 提供的一个外部自动布线软件，功能十分强大，Allegro 通过 PCB Router 软件可以完成自动布线功能。可以动态显示布线的全过程，包括视图布线的条数、重布线的条数、未连接线的条数、布线时的冲突数、完成百分率等。

1. 启动方式

打开 PCB Router 的方式有两种，下面分别进行介绍。

（1）直接启动。

【执行方式】

选择"开始"→"所有程序"→Cadence PCB 17.4-2019→PCB Router 17.4 命令。

【操作步骤】

执行上述操作，进入如图 14.44 所示的 Allegro PCB Router V17.4 编辑器窗口。

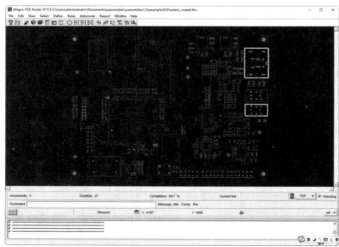

图 14.44 Allegro PCB Router V17.4 编辑器窗口

（2）间接启动。

【执行方式】

菜单栏：启动 Allegro PCB Designer，选择 Route（布线）→PCB Router（PCB 布线）→Route Editor（布线编辑器）命令。

【操作步骤】

执行上述操作，进入 CCT 布线器界面，如图 14.45 所示。

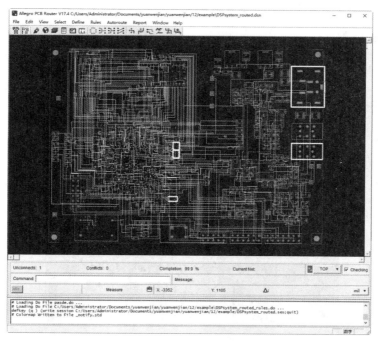

图 14.45　CCT 布线器界面（1）

2．自动布线

【执行方式】

菜单栏：执行 Autoroute（自动布线）→Route（布线）命令。

【操作步骤】

（1）执行上述操作，弹出 AutoRoute（自动布线）对话框，如图 14.46 所示。

（2）在该对话框中选中 Basic（基本）单选按钮时，激活 AutoRoute（自动布线）对话框左侧的选项组。其中，Passes 表示设置通道数，Start Pass 表示设置开始通道数，如果 Passes 设置为 25，则这个值一般设置为 16；Remove Mode 表示创建一个非布线路径。当布线率很低时，Basic 选项会自动生效。

（3）在该对话框中选中 Smart（灵活）单选按钮时，激活 AutoRoute（自动布线）对话框右侧的选项组，如图 14.47 所示。其中，Minimum Via Grid 表示设置最小的贯穿孔的格点；Minimum Wire Grid 表示设置最小的导线的格点；Fanout if Appropriate 表示避开 SMT 焊盘到贯穿孔的布线；Generate Testpoints 表示是否产生测试点；Miter After Route 表示改变布线拐角，即从 90°到 45°。

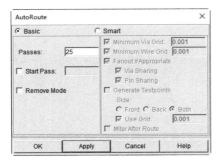
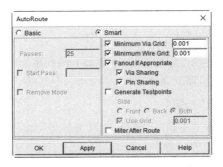

图 14.46　AutoRoute（自动布线）对话框（1）　　　图 14.47　AutoRoute（自动布线）对话框（2）

（4）在 AutoRoute（自动布线）对话框中选中 Smart（灵活）单选按钮，设置完成后单击 Apply 按钮，CCT 开始布线。布线完成后，单击 OK 按钮，关闭 AutoRoute（自动布线）对话框，系统会重新检查布线，如图 14.48 所示。

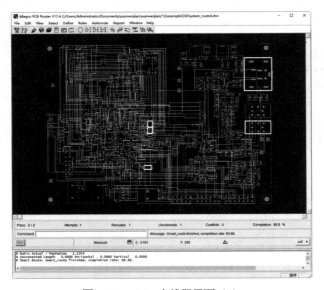

图 14.48　CCT 布线器界面（2）

3. 报告布线结果

【执行方式】

菜单栏：执行 Report（报告）→Route Status（布线状态）命令。

【操作步骤】

（1）执行上述操作，可以看到布线状态报告，如图 14.49 所示。

（2）关闭布线状态报告，选择菜单栏中的 File（文件）→Quit（退出）命令，退出 CCT，弹出如图 14.50 所示的对话框。

（3）在 Quit（退出）对话框中单击 Quit 按钮，退出 CCT 界面，系统将自动返回 Allegro PCB Designer 窗口，如图 14.51 所示。

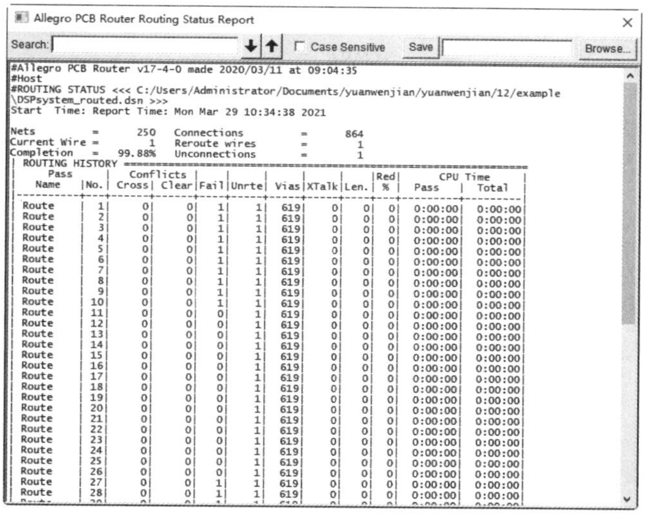

图 14.49　布线状态报告

图 14.50　Quit（退出）对话框

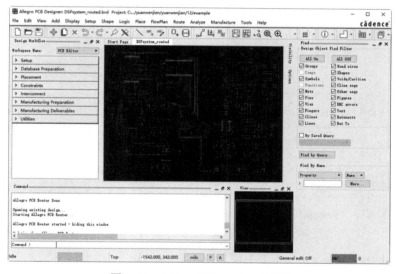

图 14.51　Allegro PCB Designer 窗口

14.3　添加泪滴

在导线和焊盘或者孔的连接处，通常需要添加泪滴（又称补泪滴），来优化连接处的直角，以加大连接面。这样做有两个好处，一是在制作 PCB 的过程中，避免以钻孔定位偏差导致焊盘与导线断裂；二是在安装和使用中，可以避免因用力集中导致连接处断裂。

添加泪滴是在电路板所有其他类型的操作完成后进行的，若不能直接在添加完泪滴的电路板上进行编辑，必须先删除泪滴再进行操作。

1. 自动添加

【执行方式】

菜单栏：执行 Route（布线）→Gloss（优化设计）→Paramenters（参数设定）命令。

【操作步骤】

（1）执行上述操作，弹出 Glossing Controller（优化控制）对话框，如图 14.52 所示。

（2）只勾选 Fillet and tapered trace（修整锥形线）复选框，单击 ─ 按钮，弹出如图 14.53 所示的 Fillet and Tapered Trace（修整锥形线）对话框，在该对话框中设置泪滴形状。

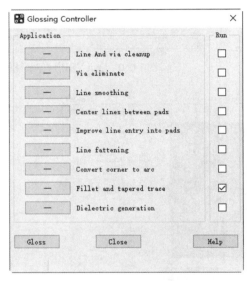

图 14.52　Glossing Controller
（优化控制）对话框

图 14.53　Fillet and Tapered Trace
（修整锥形线）对话框

下面介绍该对话框中的主要选项。

1）Global Options（总体选项）选项组。

➢ Dynamic：勾选此复选框，使用动态添加泪滴。

➢ Curved：勾选此复选框，在添加泪滴的过程中允许出现弯曲情况。

➢ Allow DRC：勾选此复选框，允许对添加的泪滴进行 DRC 检查。

➢ Unused nets：勾选此复选框，在未使用的网络上添加泪滴。

2）在 Objects（目标）选项组中选择添加的泪滴形状。

➢ Circular pads：圆形泪滴，在文本框中输入最大值，默认值为 100.000。

➢ Square pads：方形泪滴，在文本框中输入最大值，默认值为 100.000。

➢ Rectangular pads：长方形泪滴，在文本框中输入最大值，默认值为 100.000。

➢ Oblong pads：椭圆形泪滴，在文本框中输入最大值，默认值为 100.000。

➢ Octagon pads：八边形泪滴，在文本框中输入最大值，默认值为 100.000。

（3）单击 OK 按钮，采取默认设置，关闭对话框。

（4）返回 Glossing Controller（优化控制）对话框，单击 Gloss 按钮即可完成设置对象的泪滴添加操作。

（5）添加泪滴前后焊盘与导线连接的变化如图 14.54 所示。

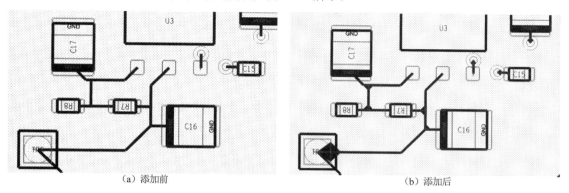

(a) 添加前　　　　　　　　　　　　　　(b) 添加后

图 14.54　添加泪滴前后的焊盘导线

2. 手动添加

用户还可以对某一个元件的所有焊盘和过孔，或者某一个特定网络的焊盘和过孔进行添加泪滴操作。

【执行方式】

菜单栏：执行 Route（布线）→Teardrop/Tapered Trace 命令。

【操作步骤】

（1）执行上述操作，弹出子菜单命令，上半部分关于手动添加泪滴的命令如图 14.55 所示。部分命令的含义如下。

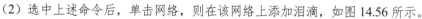

1）Add Teardrop：添加泪滴。

2）Delete Teardrop：删除泪滴。

3）Add Tapered Trace：添加锥形线。

4）Delete Tapered Trace：删除锥形线。

图 14.55　关于手动添加泪滴的命令

（2）选中上述命令后，单击网络，则在该网络上添加泪滴，如图 14.56 所示。

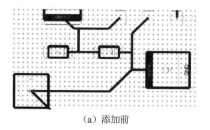
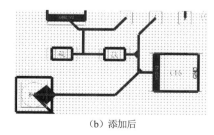

(a) 添加前　　　　　　　　　　　　　　(b) 添加后

图 14.56　添加泪滴

3. 优化设计

在如图 14.52 所示的 Glossing Controller（优化控制）对话框中有 9 种优化类别，主要用于对整个自动布线结果进行改进，读者可一一进行优化，这里不再赘述。

【执行方式】

菜单栏：执行 Route（布线）→Gloss（优化设计）命令。

【操作步骤】

执行上述操作，弹出子菜单命令，关于优化设计的命令如图 14.57 所示，对自动布线结果进行局部优化。部分命令的含义如下。

（1）Design：优化设计。

（2）Room：优化指定区域。

（3）Window：优化激活内容。

（4）List：优化列表内容。

图 14.57　关于优化设计的命令

轻松动手学——音乐闪光灯电路添加泪滴

在"音乐闪光灯电路自动布线"实例的基础上完成本实例。

源文件：yuanwenjian\14\MUSIC.brd

【操作步骤】

（1）选择菜单栏中的 Route（布线）→Gloss（优化设计）→Parameters（参数设定）命令，弹出 Glossing Controller（优化控制）对话框，勾选 Fillet and tapered trace（修整锥形线）复选框，其余选项保持默认设置，如图 14.58 所示。

（2）单击 Gloss 按钮，为对象添加泪滴，结果如图 14.59 所示。

图 14.58　Glossing Controller
（优化控制）对话框

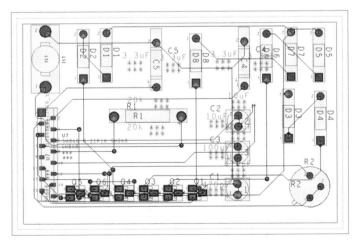

图 14.59　添加泪滴

动手练一练——电磁兼容电路

绘制如图 14.60 所示的电磁兼容电路。

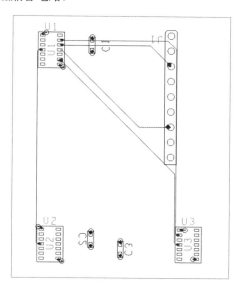

图 14.60　电磁兼容电路

 思路点拨：

> 源文件：yuanwenjian\14\动手练一练\emc_tutor_routed.brd
>
> （1）打开 emc_tutor_routed.brd 文件，并将其另存。
>
> （2）设置层叠管理。
>
> （3）自动布线。
>
> （4）添加泪滴。

14.4　电路板的输出

绘制完 PCB 后，可以利用 Allegro 提供的丰富的报表功能生成一系列报表文件。这些报表文件有着不同的功能和用途，为 PCB 设计的后期制作、元件采购、文件交流等提供了方便。在生成各种报表之前，首先确保要生成报表的文件已经被打开并且已设置为当前文件。

14.4.1　报表输出

当摆放好所有元件以后，可以通过以下操作产生元件报告，以检查网络表导入的元件是否有误。

【执行方式】

菜单栏：执行 Tools（工具）→Reports（报告）命令。

【操作步骤】

（1）执行上述操作，弹出 Reports（报告）对话框，如图 14.61 所示。

（2）在 Reports（报告）对话框中的 Available reports (double click to select)（可用报告）列表框中双击选项，将其添加到 Selceted Reports (double click to remove)（选择的报告）列表框中。

下面介绍常用报告选项。

1）选择 Component Report 选项，生成元件报告。

2）选择 Bill of Material Report 选项，生成材料报表。

3）选择 Component Pin Report 选项，生成元件管脚信息报告。

4）选择 Net List Report 选项，生成网络表报告。

5）选择 Symbol Pin Report 选项，生成符号管脚报告。

图 14.61　Reports（报告）对话框

14.4.2　生成钻孔文件

钻孔数据主要包括颜色与可视性设置、钻孔文件参数设置及钻孔图的生成。

【执行方式】

菜单栏：执行 Display（显示）→Color/Visibility（颜色可见性）命令。

【操作步骤】

（1）执行上述操作，弹出 Color Dialog（颜色）对话框，如图 14.62 所示。设置如下参数。

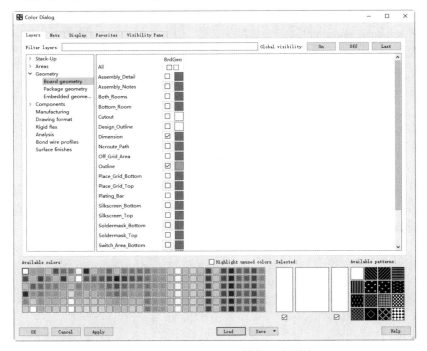

图 14.62　Color Dialog（颜色）对话框

1）选择 Board geometry 选项，勾选 Dimension 和 Outline 复选框。

2）选择 Stack-Up→Non-Conductor 选项，在 Pin 和 Via 下面勾选*_Top 和*_Bottom 复选框；选择 Drawing format 选项，勾选 All 复选框，打开下面的所有选项，设置上面打开选项的颜色，完成设置后，单击 OK 按钮，关闭对话框。

（2）选择菜单栏中的 View（视图）→Zoom World（缩放整个范围）命令，可以浏览整个图纸，如图 14.63 所示。

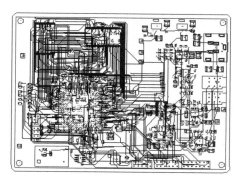

图 14.63　显示图纸

（3）选择菜单栏中的 Manufacture（制造）→NC（NC）→Drill Legend（钻孔说明）命令，弹出如图 14.64 所示的对话框。

（4）一般情况下，Drill Legend（钻孔说明）对话框中的参数采用默认值，不用修改，单击 OK 按钮，可以产生钻孔图形及其统计表格，然后单击，统计表格就可以放置在单击的位置上，如图 14.65 所示。

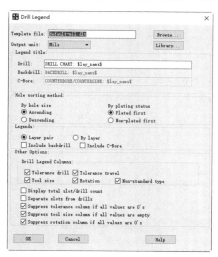

图 14.64　Drill Legend（钻孔说明）对话框

DRILL CHART: TOP to BOTTOM			
ALL UNITS ARE IN MILS			
FIGURE	SIZE	PLATED	QTY
·	12.988	PLATED	389
	30.98	PLATED	4
·	35.433	PLATED	9
o	35.98	PLATED	60
□	39.02	PLATED	1
□	39.02	PLATED	3
	51.181	PLATED	12
·	59.055	NON-PLATED	4
·	66.929	NON-PLATED	2
x	125.0	NON-PLATED	4
□	98.425x39.37	PLATED	1
−	98.425x39.37	PLATED	8

图 14.65　放置统计表格

（5）完成这一步后，同时也生成了钻孔图，如图 14.66 所示，保存文件。

（6）选择菜单栏中的 File（文件）→Viewlog（查看日志）命令，可以查看 nclegend.log 文件，如图 14.67 所示。

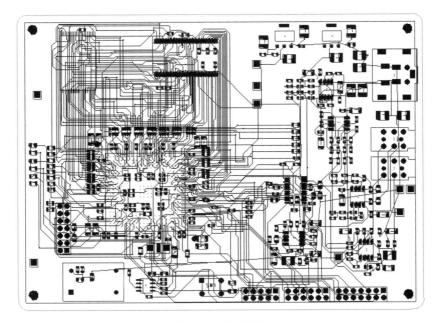

图 14.66　生成钻孔

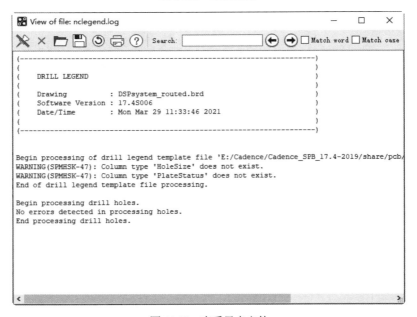

图 14.67　查看日志文件

14.4.3　制造数据的输出

制造数据的输出有个前提：要设置底片参数，设定 Aperture（光圈）档案。在设置完成后系统产生底片文件，将数据输出。

【执行方式】

菜单栏：执行 Manufacture（制造）→Artwork（插图）命令。

【操作步骤】

（1）执行上述操作，弹出如图 14.68 所示的对话框，打开 Film Control（底片控制）选项卡，设置底片控制文件。

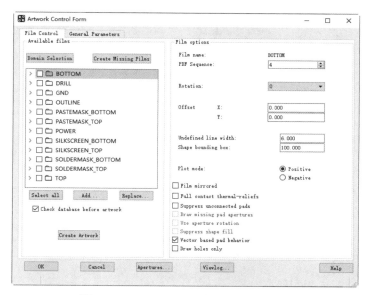

图 14.68　Film Control（底片控制）选项卡

下面介绍该选项卡下的主要选项。

1）Film name：显示底片名称。

2）Rotation：底片旋转的角度。

3）Offset：底片的偏移量，显示 X、Y 方向上的参数。

4）Underfined line width：在底片上绘制线段或文字。

5）Shape bounding box：默认值为 100.000，当 Plot mode（绘图格式）为 Negative（负片绘图）时，在 Shape 的边缘外侧绘制 100mil 的黑色区域。

6）Plot mode：选择绘图格式，有 Positive（正片）和 Negative（负片）两种格式。

7）Film mirrored：勾选此复选框，左右翻转底片。

8）Full contact thermal-reliefs：勾选此复选框，绘制 thermal-reliefs，使其导通。

9）Supppress unconnected pads：勾选此复选框，绘制未连线的焊盘，只有当层面是内信号层时，此项才被激活。

10）Draw missing pad apertures：勾选此复选框，当焊盘栈没有相应的 Flash D-Code 时，填充较小宽度的 Line D-Code。

11）Use aperture rotation：勾选此复选框，使用光圈旋转定义。

12）Suppress shape fill：勾选此复选框，使用分割线作为 Shape 的外形。

13）Vector based pad behavior：勾选此复选框，指定光栅底片使用基于向量的决策来确定哪种焊盘为 Flash。

14）Draw holes only：勾选此复选框，在底片上只绘制孔。

（2）打开 General Parameters（通用参数）选项卡，设置加工文件参数，如图 14.69 所示。

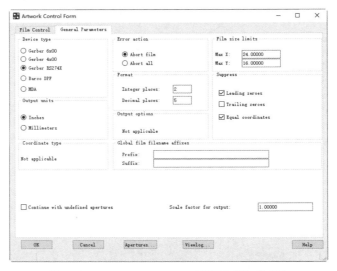

图 14.69　General Parameters（通用参数）选项卡

下面介绍该选项卡下的主要选项。

1）Device type：设置光绘机模型，包括 Gerber 6x00、Gerber 4x00、Gerber RS274X、Barco DPF 和 MDA 5 种模型。

2）Output units：输出文件单位，包括 Inches（英制）、Millimeters（公制）两种。若 Device type 为 Barco DPF，则除这两种单位外，还包括 Mils（米制）。

3）Coordinate type：坐标类型。Device type 为 Gerber 6x00 和 Gerber 4x00 时才可用。

4）Error action：在处理加工文件过程中发生错误的处理方法。

5）Format：输出坐标的整数部分和小数部分。

6）Output options：输出选项，Device type 为 Gerber 6x00 和 Gerber 4x00 才可用。

7）Global film filename affixes：底片文件设置。

8）Film size limits：底片尺寸。

9）Suppress：控制简化坐标设置。

（3）设置完成后，单击 OK 按钮，这样就完成了底片参数的设置。

14.5　操作实例——晶体管电路 PCB 设计

源文件：yuanwenjian\14\TR.brd

本实例绘制晶体管电路 PCB 设计，如图 14.70 所示。

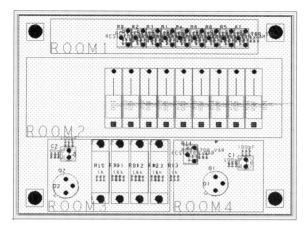

图 14.70　晶体管电路 PCB 设计

【操作步骤】

1. 创建电路板

（1）选择菜单栏中的 File（文件）→New（新建）命令或者单击 Files（文件）工具栏中的 New（新建）按钮□，弹出如图 14.71 所示的 New Drawing（新建图纸）对话框。

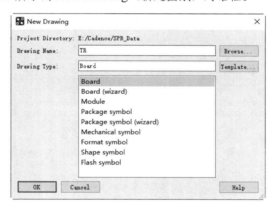

图 14.71　New Drawing（新建图纸）对话框

（2）在 Drawing Name（图纸名称）文本框中输入图纸名称 TR；在 Drawing Type（图纸类型）下拉列表中选择图纸类型 Board。

（3）单击 OK 按钮，关闭对话框，进入设置电路板的工作环境。

2. 导入原理图/网络表信息

（1）选择菜单栏中的 File（文件）→Import（导入）→Logic/Netlist（原理图/网络表）命令，弹出如图 14.72 所示的 Import Logic/Netlist（导入原理图/网络表）对话框。打开 Cadence 选项卡，导入在 Capture 里输出的网络表。

（2）在 Import logic type（导入的原理图类型）选项组中选中 Design entry CIS(Capture)单选按钮；在

Place changed component（放置修改的元件）选项组中默认选中 Always（总是）单选按钮。

（3）单击 Import directory（导入路径）文本框右侧的按钮，在弹出的对话框中选择网络表路径，单击 Import 按钮，导入网络表，出现进度对话框，如图 14.73 所示。

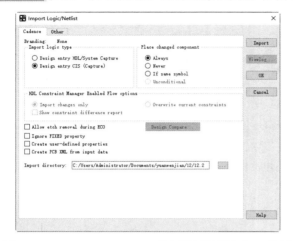

图 14.72　Import Logic/Netlist（导入原理图/网络表）对话框　　　图 14.73　导入网络表的进度对话框

（4）选择菜单栏中的 Place（放置）→Manually（手动放置）命令，弹出 Placement（放置）对话框，在 Placement List（放置列表）选项卡下的下拉列表中选择 Components by refdes（按照元件序号）选项，按照序号显示元件，如图 14.74 所示。

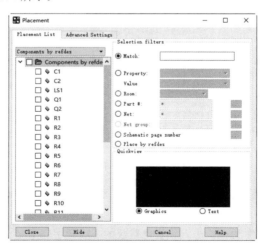

图 14.74　Placement List（放置列表）选项卡

（5）在列表框中显示所有元件，表示元件封装导入成功，单击 Close 按钮，关闭对话框。

3. 图纸参数设置

在绘制边框前，要先根据板的外形尺寸确定 PCB 工作区域的大小。选择菜单栏中的 Setup（设置）→Design Parameters（设计参数）命令，弹出 Design Parameter Editor（设计参数编辑器）对话框，打开 Design

（设计）选项卡，在 Extents（图纸范围）选项组中设置 Left X、Lower Y、Width、Height 为相应的值，如图 14.75 所示，确定图纸边框大小。

4．绘制外框作为电路板的物理边界

（1）选择菜单栏中的 Add（添加）→Line（线）命令或者单击 Add（添加）工具栏中的 Add Line（添加线）按钮＼，依次在命令输入窗口中输入"x 0 0""ix 4000""iy 3000""ix－4000""iy－3000"。

（2）绘制一个封闭的边框，完成边框闭合后，右击，在弹出的快捷菜单中选择 Done（完成）命令结束绘制。绘制完成的边框如图 14.76 所示。

图 14.75　Extents（图纸范围）选项组

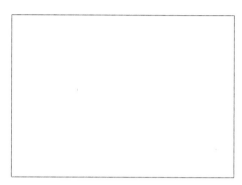

图 14.76　绘制完成的边框

5．放置定位孔

选择菜单栏中的 Place（放置）→Manually（手动放置）命令或者单击 Place（放置）工具栏中的 Place Manual（手动放置）按钮□⁺，弹出如图 14.77 所示的 Placement（放置）对话框。打开 Placement List（放置列表）选项卡，在下拉列表中选择 Mechanical symbols（机械符号）选项，显示加载的库中的元件，勾选 MTG156 复选框，在信息窗口中一次性输入定位孔坐标值，放置 4 个定位孔，结果如图 14.78 所示。

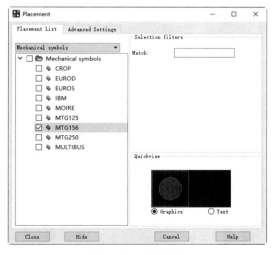

图 14.77　选择符号

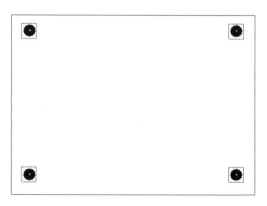

图 14.78　放置定位孔

6. 放置工作格点

选择菜单栏中的 Setup（设置）→Grids（网格）命令，弹出如图 14.79 所示的 Define Grid（定义网格）对话框，在该对话框中主要设置显示层的偏移量和间距。将 Non-Etch（非布线层）和 All Etch（布线层）的 Spacing（格点间距）设为 10mil，Offset（偏移量）设为 5mil，如图 14.79 所示。

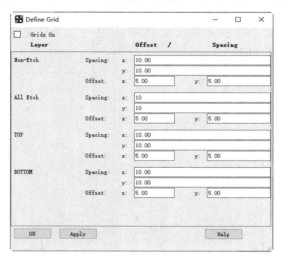

图 14.79　Define Grid（定义网格）对话框

7. 电路板的电气边界

（1）添加允许布局区域。

1）选择菜单栏中的 Edit（编辑）→Z-copy（复制）命令，打开 Options（选项）面板，如图 14.80 所示。

2）在 Copy to Class/Subclass（复制集和子集）选项组的下拉列表中依次选择 PACKAGE KEEPIN（允许布局区域）和 ALL 选项，在 Size（尺寸）选项组中选中 Contract（缩小）单选按钮，在 Offset（偏移量）文本框中输入要缩小的数值 50.00。

3）完成参数设置后，在工作区中的边框线上单击，自动添加有适当间距的允许布局区域，如图 14.81 所示。

图 14.80　Options（选项）面板（1）

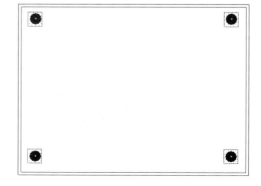

图 14.81　添加允许布局区域

（2）添加允许布线边界。

1）选择菜单栏中的 Edit（编辑）→Z-copy（复制）命令，打开 Options（选项）面板，如图 14.82 所示。

2）在 Copy to Class/Subclass（复制集和子集）选项组的下拉列表中依次选择 ROUTE KEEPIN（允许布线区域）和 ALL 选项，在 Size（尺寸）选项组中选中 Contract（缩小）单选按钮，在 Offset（偏移量）文本框中输入要缩小的数值 25.00。

3）完成参数设置后，在工作区中的边框线上单击，自动添加有适当间距的允许布线区域，如图 14.83 所示。

图 14.82　Options（选项）面板（2）

图 14.83　添加允许布线区域

（3）添加禁止布线边界。

1）选择菜单栏中的 Edit（编辑）→Z-copy（复制）命令，打开 Options（选项）面板，如图 14.84 所示。

2）在 Copy to Class/Subclass（复制集和子集）选项组的下拉列表中依次选择 ROUTE KEEPOUT（禁止布线区域）和 TOP 选项，在 Size（尺寸）选项组中选中 Contract（缩小）单选按钮，在 Offset（偏移量）文本框中输入要缩小的数值 65.00。

3）完成参数设置后，在工作区中的边框线上单击，自动添加有适当间距的禁止布线边界，如图 14.85 所示。

图 14.84　Options（选项）面板（3）

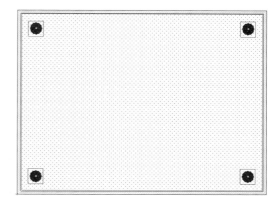

图 14.85　添加禁止布线边界

8. 添加布局属性

（1）选择菜单栏中的 Edit（编辑）→Properties（属性）命令，在 Find（查找）面板中的 Find By Name（通过名称查找）下拉列表中选择 Comp(or Pin)选项，如图 14.86 所示。

（2）单击 More... 按钮，弹出 Find by Name or Property（通过名称或属性查找）对话框，在该对话框中选择需要设置 Room 属性的元件并单击此按钮，将其添加到 Selected objects（选中对象）列表框中，如图 14.87 所示。

图 14.86　Find（查找）面板（1）

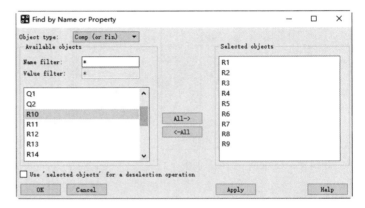

图 14.87　Find by Name or Property（通过名称或属性查找）对话框

（3）单击 Apply 按钮，弹出 Edit Property（编辑属性）对话框，在 Available Properties（可用属性）列表框中选择 Room 并单击，在右侧显示 Room 并设置其 Value（值），在 Value（值）文本框中输入 ROOM1，表示选中的几个元件都是 ROOM1 的元件，或者说这几个元件均添加了 Room 属性，如图 14.88 所示。

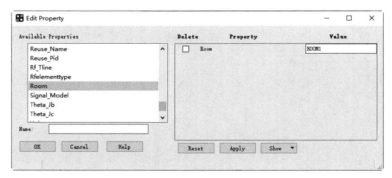

图 14.88　Edit Property（编辑属性）对话框

（4）完成添加后，单击 Apply 按钮，在 PCB 中添加 Room 属性，接着会弹出 Show Properties（显示属性）对话框，在该对话框中显示元件属性，如图 14.89 所示。

（5）使用同样的方法为元件 SW1~SW9 添加 ROOM2 属性，为元件 R10~R13、C2 和 Q2 添加 ROOM3 属性，为 Q1、R14、C1、LS1 添加 ROOM4 属性。

（6）完成 Room 属性的添加后，需要在电路板中确定 Room 的位置。

（7）选择菜单栏中的 Setup（设置）→Outlines（外框线）→Room Outline（Room 外框线）命令，弹出 Room Outline（Room 外框线）对话框，如图 14.90 所示。

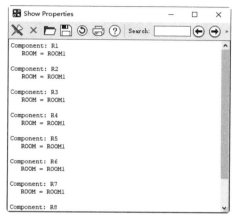

图 14.89　Show Properties（显示属性）对话框

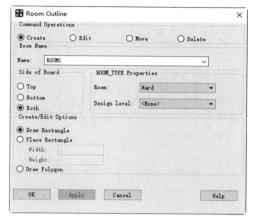

图 14.90　Room Outline（Room 外框线）对话框

（8）在 Room Name（空间名称）选项组中的 Name 下拉列表中显示创建的名称 ROOM1，在工作区拖动出适当大小的矩形，完成 Room1 的添加，在 Room Outline（Room 外框线）对话框中继续设置 ROOM2，重复操作，添加好需要的 Room 后，单击 OK 按钮，关闭对话框。添加 Room 的区域如图 14.91 所示。

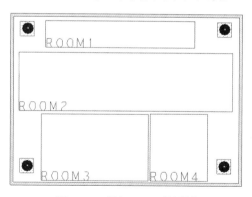

图 14.91　添加 Room 的区域

9. 摆放元件

（1）选择菜单栏中的 Place（放置）→Quickplace（快速摆放）命令，弹出 Quickplace（快速摆放）对话框，选中 Place by room（按 ROOM 属性摆放）单选按钮，如图 14.92 所示。

（2）单击 Place 按钮，对元件进行摆放操作，这里显示摆放成功，对话框如图 14.93 所示，单击 OK 按钮，关闭对话框，电路板元件摆放结果如图 14.94 所示。

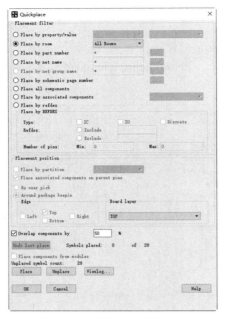
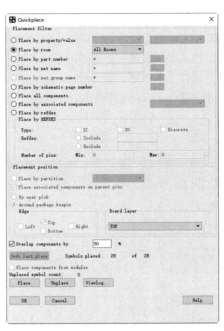

图 14.92 Quickplace（快速摆放）对话框（1）　　　图 14.93 Quickplace（快速摆放）对话框（2）

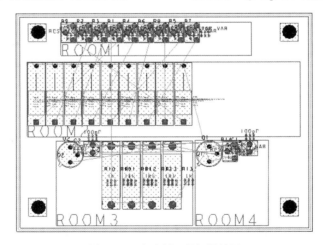

图 14.94 电路板元件摆放结果

10. 元件布局

（1）取消飞线显示。单击 View（视图）工具栏中的 Unrats All 按钮 ，取消显示元件间的飞线，方便对元件进行布局操作。

（2）移动元件。选择菜单栏中的 Edit（编辑）→Move（移动）命令或者单击 Edit（编辑）工具栏中的 Move（移动）按钮 ，激活移动命令。在 Find（查找）面板中单击 All Off 按钮，取消所有对象类型的勾选，勾选 Symbols（符号）复选框，如图 14.95 所示。在电路板中单击需要移动的元件封装，右击，在弹出的快捷菜单中选择 Rotation（旋转）命令，旋转需要的对象，结果如图 14.96 所示。

图 14.95　Find（查找）面板（2）

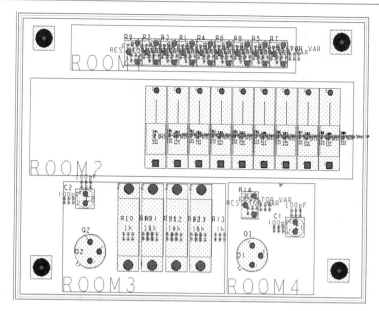

图 14.96　元件布局

11. 保存文件

选择菜单栏中的 File（文件）→Save As（另存为）命令，弹出 Save As（另存为）对话框，更改图纸文件的名称为 TR_copper，单击 Save 按钮，完成保存。

12. 层叠管理

选择菜单栏中的 Setup（设置）→Cross-Section（层叠结构）命令，弹出 Cross-section Editor（层叠结构设计）对话框，在列表内右击，在弹出的快捷菜单中选择 Add Layer（添加层）命令，添加两个布线内层，并修改属性，如图 14.97 所示。

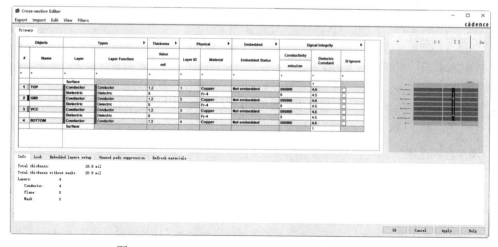

图 14.97　Cross-section Editor（层叠结构设计）对话框

13. 设置颜色

（1）选择菜单栏中的 Display（显示）→Color/Visibility（颜色可见性）命令，弹出 Color Dialog（颜色）对话框，选择 Stack-Up，将 Gnd 电气层的 Pin、Via、Etch 和 Drc 的颜色设置为蓝色，将 Vcc 电气层的 Pin、Via、Etch 和 Drc 的颜色设置为红色，如图 14.98 所示。

（2）完成设置后单击 OK 按钮，关闭对话框。

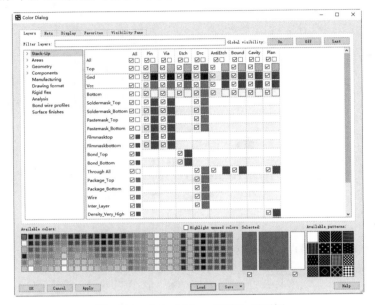

图 14.98　Color Dialog（颜色）对话框

14. 设置设计参数

选择菜单栏中的 Setup（设置）→Design Parameters（设计参数）命令，弹出 Design Parameter Editor（设计参数编辑器）对话框，打开 Display（显示）选项卡，进行参数设置，如图 14.99 所示。

15. 设置覆铜参数

（1）选择菜单栏中的 Shape（外形）→Global Dynamic Params（动态覆铜参数设置）命令，弹出 Global Dynamic Shape Parameters（动态覆铜区域参数）对话框，进行动态覆铜的参数设置。

（2）打开 Shape fill（填充方式）选项卡，如图 14.100 所示。选中 Rough（粗糙）单选按钮，其余参数保持默认设置。单击 OK 按钮，关闭对话框。

16. 添加覆铜区域

（1）选择菜单栏中的 Edit（编辑）→Z-copy（复制）命令，打开 Options（选项）面板，如图 14.101 所示。

（2）在 Copy to Class/Subclass（复制集和子集）选项组的下拉列表中依次选择 ETCH 和 VCC 选项，在 Size（尺寸）选项组中选中 Contract（缩小）单选按钮，在 Offset（偏移量）文本框中输入要缩小的数值 0.0。

（3）完成参数设置后，在工作区中的禁止布线边框线上单击，自动添加重合的 VCC 覆铜区域，如图 14.102 所示。

（4）使用同样的方法选择 ETCH 和 GND 选项，添加与禁止布线边框线间距为 5 的 GND 覆铜区域，如图 14.103 所示。

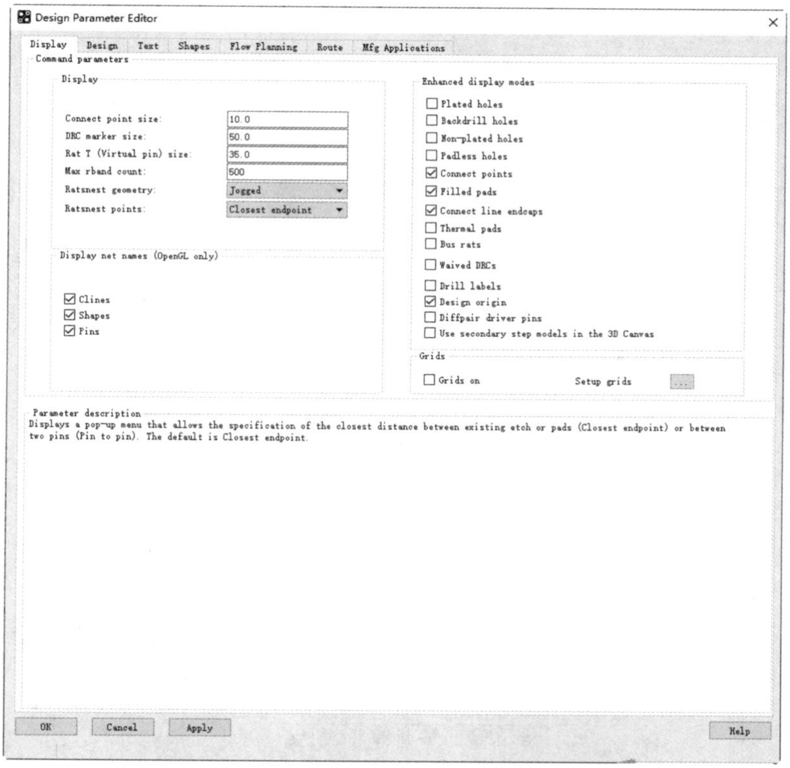

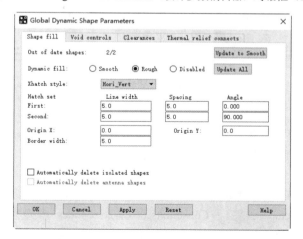

图 14.99　Design Parameter Editor（设计参数编辑器）对话框（1）

图 14.100　Shape fill（填充方式）选项卡

图 14.101　Options（选项）面板（4）

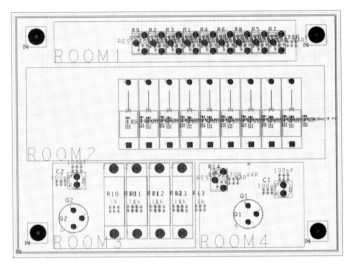

图 14.102　添加 VCC 覆铜区域

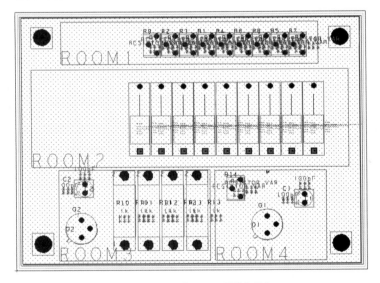

图 14.103　添加 GND 覆铜区域

17. 修改 DRC 规则

　　因为电路板上的导线不是完全绝缘的，所以会经常受到工作环境的影响，从而产生不利于电路板正常工作的因素。因此，为了避免这种现象，需要规定导线之间的距离。同理，即使非导线元件之间正常工作，不相互影响也需要有一定的安全距离。

　　将光标放置在图 14.104 所示的 DRC 标记上时，自动显示如图 14.105 所示的 DRC 说明。

　　（1）选择菜单栏中的 Setup（设置）→Constraints（约束）→Modes（模型）命令，弹出 Analysis Modes（分析模型）对话框，选择 Spaceing 选项，勾选 Off 复选框，如图 14.106 所示。单击 OK 按钮，完成设置。在图中不显示该 DRC 标记，如图 14.107 所示。

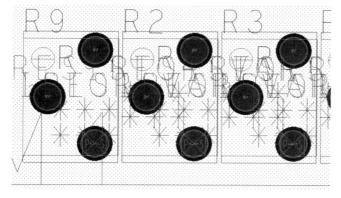

图 14.104 添加好的覆铜区域

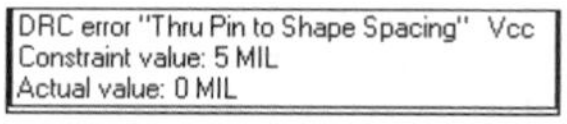

DRC error "Thru Pin to Shape Spacing" Vcc
Constraint value: 5 MIL
Actual value: 0 MIL

图 14.105 DRC 说明

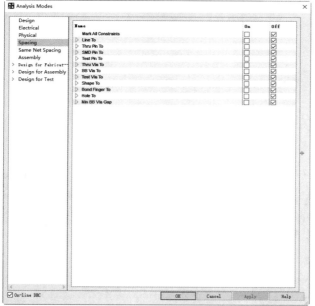

图 14.106 Analysis Models（分析模型）对话框

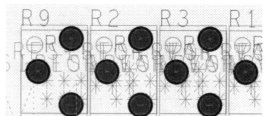

图 14.107 清除 DRC 标记

（2）选择菜单栏中的 Shape（外形）→Select Shape or Void/Cavity（选择覆铜区域避让）命令，选择 GND 覆铜区域，右击，在弹出的快捷菜单中选择 Assign Net（分配网络）命令，在 Options（选项）面板中单击 ... 按钮，在弹出的 Select a net（选择网络）对话框中选择 Gnd，设置网络为 GND，如图 14.108 所示。

（3）在工作区右击，在弹出的快捷菜单中选择 Done（完成）命令。

18. 设置设计参数

选择菜单栏中的 Setup（设置）→Design Parameters（设计参数）命令，弹出 Design Parameter Editor（设计参数编辑器）对话框，打开 Display（显示）选项卡，进行参数设置，如图 14.109 所示。

图 14.108　Options（选项）面板（5）

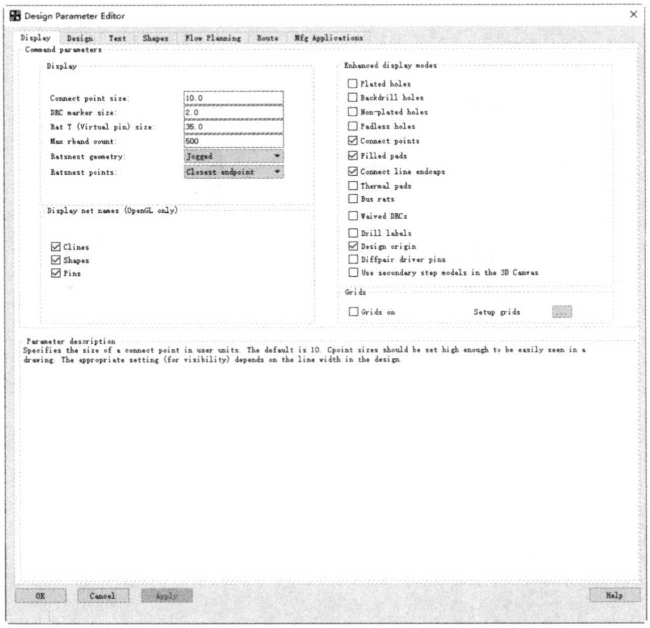

图 14.109　Design Parameters Editor（设计参数编辑器）对话框（2）

19. 生成元件报告

（1）选择菜单栏中的 Tools（工具）→Reports（报告）命令，弹出 Reports（报告）对话框，在 Available reports (double click to select)（可用报告）列表框中选择 Bill of Material Report (Condensed)和 Component Report 选项，使其出现在 Selected Reports (double click to remove)（选择的报告）列表框中，如图 14.110 所示。

（2）单击 Generate Reports 按钮，生成电路图元件清单，如图 14.111 和图 14-112 所示。

（3）依次关闭元件清单，单击 Close 按钮，关闭对话框。

图 14.110　Reports（报告）对话框

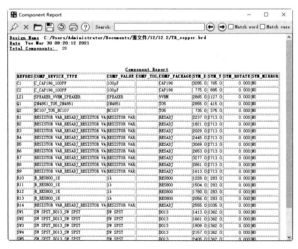

图 14.111　元件报告

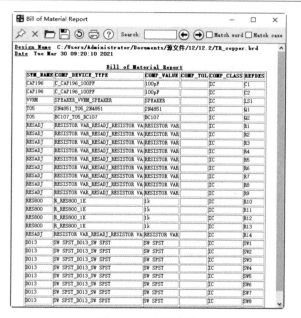

图 14.112　材料报表

第 15 章　电路仿真设计

内容简介

所谓电路仿真，就是用户直接利用 EDA 软件自身所提供的功能和环境，对所设计电路的实际运行情况进行模拟的一个过程。如果在制作 PCB 前，能够对原理图进行仿真操作，明确把握系统的性能指标并据此对各项参数进行适当的调整，将能节省大量的人力和物力。由于整个过程是在计算机上运行的，所以操作相当简便，免去了构建实际电路系统的不便，只需输入不同的参数，就能得到不同情况下电路系统的性能，而且仿真结果真实、直观，便于用户查看和比较。

内容要点

➢ 电路仿真的基本概念
➢ 电路仿真的基本方法
➢ 仿真分析参数设置
➢ 仿真信号源
➢ 操作实例 ——扫描特性电路

案例效果

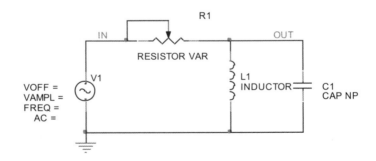

15.1　电路仿真的基本概念

在具有仿真功能的 EDA 软件出现之前，设计者为了对自己所设计的电路进行验证，一般使用面包板来搭建实际的电路系统，之后对一些关键的电路节点进行逐点测试，通过观察示波器上的测试波形来判断相应的电路部分是否达到了设计要求。如果没有达到，则需要更换元件，有时甚至要调整电路结构，重建电路系统，然后再进行测试，直到达到设计要求为止。整个过程冗长而烦琐，工作量非常大。

使用软件进行电路仿真,则是把上述过程全部搬到了计算机中。同样要搭建电路系统(绘制电路仿真原理图)、测试电路节点(执行仿真命令),而且也同样需要查看相应节点(中间节点和输出节点)处的电压或电流波形,从而作出判断并进行调整。只不过,这一切都将在软件仿真环境中进行,过程轻松,操作方便,只需借助一些仿真工具和仿真操作即可快速完成。

15.2　电路仿真的基本方法

仿真电路 PSpice 的分析过程如图 15.1 所示。

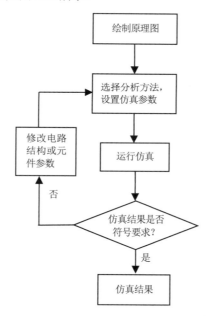

图 15.1　仿真电路 PSpice 的分析过程

15.2.1　电路仿真步骤

下面将介绍电路仿真的具体操作步骤。

1. 编辑仿真原理图

在绘制仿真原理图时,图中所使用的元件都必须具有 Simulation(仿真)属性。如果某个元件不具有仿真属性,则在仿真时将出现错误信息。对仿真元件的属性进行修改,需要增加一些具体的参数设置,如三极管的放大倍数、变压器的原边和副边的匝数比等。

2. 设置仿真激励源

所谓仿真激励源,就是指输入信号,使电路可以开始工作。常用仿真激励源有直流源、脉冲信号源及正弦信号源等。

3. 放置节点网络标号

将网络标号放置在需要测试的电路位置。

4. 设置仿真方式及参数

不同的仿真方式需要设置不同的参数，显示的仿真结果也不同。用户要根据具体电路的仿真要求设置合理的仿真方式。

5. 执行仿真命令

将以上内容设置完成后，执行仿真命令。若电路仿真原理图中没有错误，系统将给出仿真结果，并将结果保存在结果文件中；若电路仿真原理图中有错误，则系统自动中断仿真，显示电路仿真原理图中的错误信息。

6. 分析仿真结果

用户可以在结果文件中查看、分析仿真的波形和数据。若对仿真结果不满意，可以修改电路仿真原理图中的参数，再次进行仿真，直到满意为止。

15.2.2　电路仿真原理图

在仿真原理图编辑环境中，除了一般的电路图绘制工具栏外，图 15.2 所示的 PSpice（仿真）菜单与 PSpice（仿真）工具栏应用最广泛。

（a）PSpice（仿真）菜单

（b）PSpice（仿真）工具栏

图 15.2　PSpice（仿真）菜单与工具栏

选择菜单栏中的 PSpice（仿真）→Run（运行）命令或者单击 PSpice（仿真）工具栏中的 Run PSpice 按钮 ，都可以进行仿真分析，在弹出的 Simulation Settings（仿真设置）对话框中显示和处理波形。

扫一扫，看视频

轻松动手学——创建仿真原理图文件

源文件：yuanwenjian\15\schematic1.opj

【操作步骤】

（1）启动 OrCAD Capture CIS 界面。

（2）选择菜单栏中的 File（文件）→New（新建）→Project（工程）命令或者单击 Capture 工具栏中的 Create document（新建文件）按钮 📄，弹出如图 15.3 所示的 New Project（新建工程）对话框。

（3）在 New Project（新建工程）对话框中勾选 Enable PSpice Simu…复选框，输入文件名称为 schematic1，单击 Location（路径）文本框右侧的按钮 ，选择文件路径。

（4）完成设置后，单击 OK 按钮，弹出 Create PSpice Project（创建仿真工程文件）对话框，如图15.4所示，其中包括 Create based upon an existing …（基于已有的设计创建工程文件）和 Create a blank …（创建空白工程文件）两个单选按钮，默认选中第一个单选按钮。

图15.3 New Project（新建工程）对话框　　图15.4 Create PSpice Project（创建仿真工程文件）对话框

（5）单击 OK 按钮，弹出 17.4 Simulation Manager Product Choices（仿真管理器产品选择）对话框，如图15.5所示，显示多种已存在的设计，选择 PSpice A/D 选项，进入仿真原理图编辑环境，如图15.6所示。

图15.5 17.4 Simulation Manager Product Choices（仿真管理器产品选择）对话框

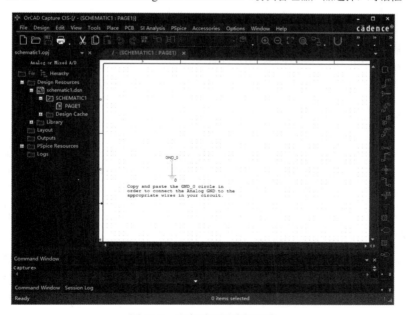

图15.6 仿真原理图编辑环境

15.3　仿真分析参数设置

在电路仿真中，选择合适的仿真方式并对相应的参数进行合理的设置，是仿真能够正确运行并获得良好仿真效果的关键保证。

仿真分析的类型有以下 10 种，每种分析类型的定义如下。

（1）直流分析：当电路中某一参数（称为自变量）在一定范围内变化时，对自变量的每一个取值，计算电路的直流偏置特性（称为输出变量）。

（2）交流分析：在一定的频率范围内计算电路的频率响应。

（3）噪声分析：计算电路中各个元件对选定的输出点产生的噪声，等效到选定的输入源（独立的电压或电流源）上，即计算输入源上的等效输入噪声。

（4）瞬态分析：在给定输入激励信号的作用下，计算电路输出端的瞬态响应。

（5）傅里叶分析：将复杂的时域信号分解为简单的频域成分。

（6）静态工作点分析：计算电路的直流偏置状态。

（7）蒙特卡罗分析：为了模拟实际生产中因元件值具有一定分散性所引起的电路特性分散性，PSpice 提供了蒙特卡罗分析功能。进行蒙特卡罗分析时，首先根据实际情况确定元件值分布规律，然后多次"重复"进行指定的电路特性分析，每次分析时采用的元件值是从元件值分布中随机抽样的，这样每次分析时采用的元件值不会完全相同，而是代表了实际变化情况。完成了多次电路特性分析后，对各次分析结果进行综合统计分析，就可以得到电路特性的分散变化规律。与其他领域一样，这种随机抽样、统计分析的方法一般统称为蒙特卡罗（Monte Carlo，MC）分析。由于蒙特卡罗分析和最坏情况分析都具有统计特性，因此又称为统计分析。

（8）最坏情况分析：蒙特卡罗分析中产生的极限情况即为最坏情况。

（9）参数分析：在指定参数值的变化情况下，分析相对应的电路特性。

（10）温度分析：分析在特定温度下电路的特性。

对电路的不同要求，可以通过各种不同类型仿真的相互结合来实现。

15.3.1　直流分析

直流分析就是直流转移特性，当输入在一定范围内变化时，输出一个曲线轨迹。通过执行一系列静态工作点分析，修改选定的源信号电压，从而得到直流传输曲线。用户也可以同时指定两个工作源。直流分析对于交流分析时确定小信号线型模型参数和瞬态分析时确定初始值来说也很重要，模拟计算后，可利用探针功能绘制出 Vo-Vi 曲线，或者绘制出任意输出变量相对于任一元件参数的传输特性曲线。

【执行方式】

➢ 菜单栏：执行 PSpice（仿真）→Edit Simulation profile（编辑仿真配置文件）命令。

➢ 工具栏：单击 PSpice（仿真）工具栏中的 Edit simulation profile（编辑仿真配置文件）按钮 ☑。

【操作步骤】

执行上述操作，弹出 Simulation Settings-bias（仿真设置）对话框，打开 Analysis（分析）选项卡，如

图 15.7 所示。

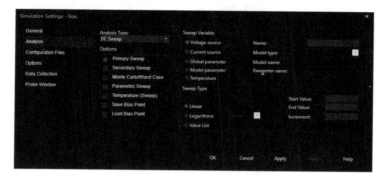

图 15.7 Analysis（分析）选项卡

【选项说明】

在 Analysis Type（分析类型）下拉列表中选择 DC Sweep（直流扫描）选项，在 Options（选项）选项组中默认勾选 Primary Sweep（首要扫描）复选框。下面介绍部分选项的含义，按照不同要求选择不同选项。

（1）Sweep Variable（直流扫描自变量类型）选项组。

1）Voltage source：电压源。

2）Current source：电流源。

3）Name：在该文本框中输入电压源或电流源的元件序号，如 V1、I2。

4）Global parameter：全局参数变量。

5）Model parameter：以模型参数为自变量。

6）Temperature：以温度为自变量。

7）Parameter name：使用 Global parameter 或 Model parameter 时的参数名称。

（2）Sweep Type（扫描方式）选项组。

1）Linear：参数以线性变化。

2）Logarithmic：参数以对数变化。

3）Value List：只分析列表中的值。

4）Start Value：参数线性变化或以对数变化时分析的起始值。

5）End Value：参数线性变化或以对数变化时分析的终止值。

6）Increment：参数线性变化时的增量。

15.3.2 交流分析

交流分析用于在一定的频率范围内计算电路的频率响应。如果电路中包含非线性元件，在计算频率响应前就应得到此元件的交流小信号参数。在进行交流分析前，必须保证电路中至少有一个交流电源，即在激励源中的 AC 属性域中设置一个大于 0 的值。

在 Simulation Settings-bias（仿真设置）对话框中打开 Analysis（分析）选项卡，在 Analysis Type（分析类型）下拉列表中选择 AC Sweep/Noise（交流扫描/噪声）选项，在 Options（选项）选项组中勾选 General Settings（通用设置）复选框，在右面显示交流分析仿真参数设置，如图 15.8 所示。

图 15.8　Analysis（分析）选项卡

下面介绍 AC Sweep Type（交流扫描方式）选项组中各选项的含义。

（1）Linear：参数以线性变化。

（2）Logarithmic：参数以对数变化。

（3）Start Frequency：起始频率值，在 PSpice 中不区分大小写，由于 M 表示毫，因此兆用 meg 表示。

（4）End Frequency：终止频率值。

（5）Points/Decade：以对数变化时倍频的采样点。

对于交流扫描，必须具有 AC 激励源。产生 AC 激励源的方法有以下两种：调用 VAC 或 IAC 激励源；在已有的激励源（如 VSIN）的属性中加入属性 AC，并输入它的幅值。

15.3.3　噪声分析

电阻和半导体元件等都能产生噪声，噪声电平取决于频率。电阻和半导体元件产生噪声的类型不同（在噪声分析中，电容、电感和受控源视为无噪声元件）。噪声分析通过测量噪声谱密度来评估电阻和半导体元件受到噪声影响的程度，通常用 V^2/Hz 来表示测量得到的噪声值。

噪声分析与交流分析是一起使用的，对于交流分析的每一个频率，电路中每一个噪声源（电阻或晶体管）的噪声电平都可以被计算出来。

在 Simulation Settings-bias（仿真设置）对话框中打开 Analysis（分析）选项卡，在 Analysis Type（分析类型）下拉列表中选择 AC Sweep/Noise（交流扫描/噪声）选项，在 Options（选项）选项组中勾选 General Settings（通用设置）复选框，勾选 Noise Analysis（噪声分析）选项组中的 Enabled（使能）复选框，激活噪声分析，在右侧显示噪声分析仿真参数设置，如图 15.9 所示。

图 15.9　Analysis（分析）选项卡

下面介绍部分选项的含义。

（1）Noise Analysis（噪声分析）。

1）Enabled：在交流分析的同时是否进行噪声分析。

2）Output Voltage：选定的输出节点。

3）I/V Source：选定的等效输入噪声源的位置，选定的等效输入噪声源必须是独立的电压源或电流源。

4）Interval：输出结果的点频间隔。

（2）Output File Options：输出文件选项。分析的结果只存入 OUT（输出）文件，结果只能采用文本的形式进行查看。

15.3.4 瞬态分析

瞬态分析在时域中描述瞬态输出变量的值，目的是在给定输入激励信号的作用下，计算电路输出段的瞬态响应。

在 Simulation Settings-bias（仿真设置）对话框中打开 Analysis（分析）选项卡，在 Analysis Type（分析类型）下拉列表中选择 Time Domain(Transient)（瞬态分析参数）选项，观察不同时刻的不同输出波形，与示波器的功能相似；在 Options（选项）选项组中勾选 General Settings（通用设置）复选框，在右侧显示瞬态分析仿真参数设置，如图 15.10 所示。

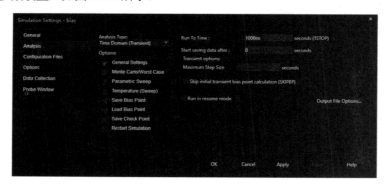

图 15.10 Analysis（分析）选项卡

下面介绍部分选项的含义。

（1）Run To Time：瞬态分析终止的时间。

（2）Start saving data after：开始保存分析数据的时刻。

（3）Transient options：瞬态选项。

（4）Maximum Step Size：允许的最大时间计算间隔。

（5）Skip initial transient bias point calculation (SKIPBP)：勾选此复选框，进行基本工作点运算。

（6）Run in resume mode：勾选此复选框，重新运行。

15.3.5 傅里叶分析

傅里叶分析是指基于瞬态分析中最后一个周期的数据进行谐波分析，并计算出直流分量、基波和第

2~9 次谐波分量以及非线性谐波是真系数。傅里叶分析一般与瞬态分析一起使用。

在 Simulation Settings-bias（仿真设置）对话框中打开 Analysis（分析）选项卡，在 Analysis Type（分析类型）下拉列表中选择 Time Domain(Transient)选项，在 Options（选项）选项组中勾选 General Settings（通用设置）复选框，在右侧显示傅里叶分析仿真参数设置，如图 15.11 所示。

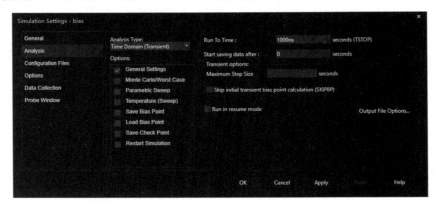

图 15.11 Analysis（分析）选项卡

单击 Output File Options... 按钮，弹出如图 15.12 所示的对话框，以控制输出文件内容。

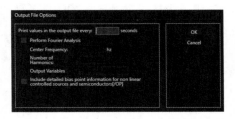

图 15.12 Output File Options（输出文件选项）对话框

下面介绍该对话框中部分选项的内容。

（1）Print values in the output file every：在 OUT 文件里存储数据的时间间隔。

（2）Perform Fourier Analysis：勾选此复选框，进行傅里叶分析。

（3）Center Frequency：用于指定傅里叶分析中采用的基波频率，其倒数即为基波周期。在傅里叶分析中，并非对指定输出变量的全部瞬态分析结果均进行分析。实际采用的只是瞬态分析结束前由上述基波周期确定的时间范围的瞬态分析输出信号。

（4）Number of Harmonics：确定傅里叶分析时谐波次数。PSpice 默认计算的是直流分量和从基波开始一直到 9 次谐波的分量。

（5）Output Variables：用于确定需要对其进行傅里叶分析的输出变量名。

为了进行傅里叶分析，瞬态分析结束时间不能小于傅里叶分析确定的基波周期。

15.3.6 静态工作点分析

静态工作点分析用于测定带有短路电感和开路电容电路的静态工作点。在电子电路中，确定静态工作点是十分重要的，完成此分析后可决定半导体晶体管的小信号线性化参数值。

在 Simulation Settings-bias（仿真设置）对话框中打开 Analysis（分析）选项卡，在 Analysis Type（分析类型）下拉列表中选择 Bias Point（静态工作点分析）选项，在 Options（选项）选项组中勾选 General Settings（通用设置）复选框，在右侧显示静态工作点分析仿真参数设置，如图 15.13 所示。

图 15.13　Analysis（分析）选项卡

下面介绍部分选项的含义。

（1）Include detailed bias point information for nonlinear controlled sources and semiconductors(.OP)：勾选此复选框，输出详细的静态工作点信息。

（2）Perform Sensitivity analysis (.SENS)：进行直流灵敏度分析。虽然电路特性完全取决于电路中的元件取值，但是对于电路中不同的元件，即使其变化的幅度（或变化比例）相同，引起电路特性的变化也不会完全相同。灵敏度分析的作用就是定量分析、比较电路特性对每个电路元件参数的灵敏程度。PSpice 中直流灵敏度分析的作用是分析指定的节点电压对电路中电阻、独立电压源和独立电流源、电压控制开关和电流控制开关、二极管、双极晶体管共 5 类元件参数的灵敏度，并将计算结果自动存入 OUT 文件中。本项分析不涉及 PROBE 数据文件。需要注意的是，对于一般规模的电路，灵敏度分析产生的 OUT 文件中包含的数据量将很大。

（3）Calculate small-signal DC gain (.TF)：计算直流传输特性。进行直流传输特性分析时，PSpice 程序首先计算电路直流工作点并在工作点处对电路元件进行线性化处理，然后计算出线性化电路的小信号增益、输入电阻和输出电阻，并将结果自动存入 OUT 文件中。本项分析又简称为 TF 分析。如果电路中含有逻辑单元，每个逻辑元件保持直流工作点计算时的状态，但对模-数接口电路部分，其模拟一侧的电路也进行线性化等效。本项分析中不涉及 PROBE 数据文件。

15.3.7　蒙特卡罗分析

蒙特卡罗分析是一种统计模拟方法，它是对选择的分析类型（包括直流分析、交流分析、瞬态分析）多次运行后的统计分析。

在 Simulation Settings-bias（仿真设置）对话框中打开 Analysis（分析）选项卡，在 Analysis Type（分析类型）下拉列表中选择 Time Domain(Transient)（瞬态特性分析）选项，在 Options（选项）选项组中勾选 Monte Carlo/Worst Case（蒙特卡罗/最坏情况）复选框，在右侧选中 Monte Carlo（蒙特卡罗）单选按钮，进行蒙特卡罗分析，如图 15.14 所示。

图 15.14　Analysis（分析）选项卡

下面介绍部分选项的含义。

（1）Output Variable：选择分析的输出节点。

（2）Monte Carlo Options：蒙特卡罗分析的参数选项。

1）Number of runs：分析采样的次数。

2）Use Distribution：使用的元件偏差分布情况（正态分布、均匀分布或自定义）。

3）Random number seed：蒙特卡罗分析的随机种子值。

4）Save Data From：保存数据的方式。

（3）More Settings：单击此按钮，弹出如图 15.15 所示的对话框。

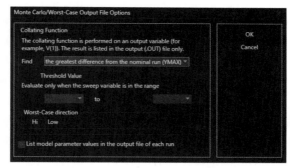

图 15.15　Monte Carlo/Worst-Case Output File Options（蒙特卡罗/最坏情况输出文件选项）对话框

下面介绍该对话框中的主要选项。

1）Find（查找）下拉列表中主要包括以下选项。

➢ Y Max：求出每个波形与额定运行值的最大差值。

➢ Max：求出每个波形的最大值。

➢ Min：求出每个波形的最小值。

➢ Rise_edge：找出第一次超出阈值的波形。

➢ Fall_edge：找出第一次低于阈值的波形。

2）Threshold Value：设置阈值。

3）Evaluate only when the sweep variable is in the range：定义参数允许的变化范围。

4）Worst-Case direction：设定最坏情况分析的趋向，包括 Hi 和 Low 两个单选按钮。

5）List model parameter values in the output file of each run：是否在输出文件里列出模型参数的值。

15.3.8　最坏情况分析

最坏情况分析也是一种统计分析，是指电路中的元件参数在其容差域边界点上选取某种组合时所引起的电路性能的最大偏差分析，最坏情况分析就是在给定元件参数容差的情况下，估算出电路性能在达到其标称值时可能产生的最大偏差。

在 Simulation Settings-bias（仿真设置）对话框中打开 Analysis（分析）选项卡，在 Analysis Type（分析类型）下拉列表中选择 Time Domain(Transient)（瞬态特性分析）选项，在 Options（选项）选项组中勾选 Monte Carlo/Worst Case（蒙特卡罗/最坏情况）复选框，在右侧选中 Worst-case/Sensitivity（最坏情况分析）单选按钮，进行最坏情况分析仿真参数设置，如图 15.16 所示。

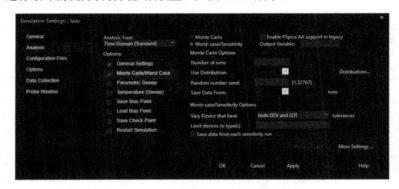

图 15.16　Analysis（分析）选项卡

下面介绍部分选项的含义。

（1）Worst-case/Sensitivity Options（最坏情况分析的参数选项）。

1）Vary Device that have：分析的偏差对象。

2）Limit devices to type(s)：起作用的偏差元件对象。

3）Save data from each sensitivity run：勾选此复选框，将每次灵敏度分析的结果保存至 OUT 文件。

（2）More Settings：单击此按钮，弹出如图 15.17 所示的对话框。

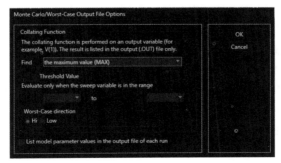

图 15.17　Monte Carlo/Worst-Case Output File Options（蒙特卡罗/最坏情况输出文件选项）对话框

15.3.9　参数分析

参数分析是指针对电路中的某一参数在一定范围内进行调整，利用仿真分析得到清晰且直观的波形结果，利用曲线迅速确定该参数的最佳值，参数分析可以与直流、交流或瞬态等分析配合使用，对电路所进行的分析进行参数扫描，为研究电路参数变化对电路特性的影响提供了很大的方便。在分析功能上与蒙特卡罗分析和温度分析类似，是按扫描变量对电路中的所有分析参数进行扫描的，分析结果产生一个数据列表或一组曲线图。同时用户还可以设置第二个参数分析，但参数分析所收集的数据不包括子电路中的元件。

在 Simulation Settings-bias（仿真设置）对话框中打开 Analysis（分析）选项卡，在 Analysis Type（分析类型）下拉列表中选择 Time Domain(Transient)（瞬态特性分析）选项，在 Options（选项）选项组中勾选 Parametric Sweep（参数扫描）复选框，在右侧显示参数分析仿真参数设置，如图 15.18 所示。

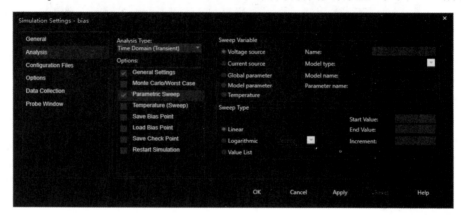

图 15.18　Analysis（分析）选项卡

下面介绍部分选项的含义。

（1）Sweep Variable（参数扫描自变量类型）选项组。

1）Voltage source：电压源。

2）Current source：电流源。

3）Name：在该文本框中输入电压源或电流源的元件序号，如 V1、I2。

4）Global parameter：全局参数变量。

5）Model parameter：以模型参数为自变量。

6）Temperature：以温度为自变量。

7）Parameter name：使用 Global parameter 或 Model parameter 时的参数名称。

（2）Sweep Type（扫描方式）选项组。

1）Linear：参数以线性变化。

2）Logarithmic：参数以对数变化。

3）Value List：只分析列表中的值。

4）Start Value：参数线性变化或以对数变化时分析的起始值。

5）End Value：参数线性变化或以对数变化时分析的终止值。

6）Increment：参数线性变化时的增量。

15.3.10　温度分析

温度分析是指在一定的温度范围内进行电路参数计算，用以确定电路的温度漂移等性能指标。

在 Simulation Settings-bias（仿真设置）对话框中打开 Analysis（分析）选项卡，在 Analysis Type（分析类型）下拉列表中选择 Time Domain(Transient)选项，在 Options（选项）选项组中勾选 Temperature (Sweep)（温度扫描）复选框，在右侧显示温度分析仿真参数设置，如图 15.19 所示。

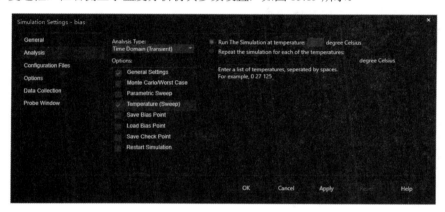

图 15.19　Analysis（分析）选项卡

下面介绍部分选项的含义。

（1）Run The Simulation at temperature：在指定的温度下分析。

（2）Repeat the simulation for each of the temperatures：在指定的一系列温度下进行分析。

15.4　仿真信号源

PSpice 提供了多种仿真信号源，存放在库文件中，其存储路径一般为×:\Library\pspice\source.lib，供用户选择。

常见的仿真信号源包括独立激励信号源和数字信号源两种。

1. 独立激励信号源

（1）独立激励信号源包括电压源与电流源，均被默认为理想的激励源，即电压源的内阻为 0，而电流源的内阻为无穷大。

（2）仿真激励源就是仿真时输入到仿真电路中的测试信号，用户可以根据这些测试信号通过仿真电路后的输出波形判断仿真电路中的参数设置是否合理。

（3）PSpice 软件为瞬态分析提供了 6 种激励信号波形，分别是直流激励信号源、正弦激励信号源、脉冲激励信号源、分段线性激励信号源、指数激励信号源和调频激励信号源。

2. 数字信号源

数字电路分析在绘制原理图、设置分析时间等方面比模拟电路分析简单。数字电路分析的一个重要问题就是如何依据分析的需要正确地设置数字信号的波形。

扫一扫，看视频

15.5　操作实例——扫描特性电路

源文件：yuanwenjian\15\SCANNING PROPERTIES.opj
本实例绘制扫描特性电路，如图 15.20 所示。

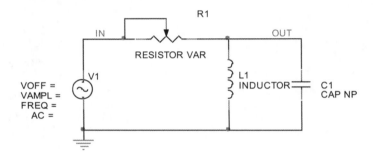

图 15.20　扫描特性电路

【操作步骤】

1. 建立工作环境

（1）在 Cadence 17.4 窗口中，选择菜单栏中的 File（文件）→New（新建）→Project（工程）命令或者单击 Capture 工具栏中的 Create document（新建文件）按钮📄，弹出如图 15.21 所示的 New Project（新建工程）对话框，勾选 Enable PSpice Simu…复选框，输入文件名称为 Scanning Properties。

图 15.21　New Project（新建工程）对话框

（2）单击 OK 按钮，弹出如图 15.22 所示的 Create PSpice Project（新建 PSpice 工程）对话框，选中 Create a blank…单选按钮，单击 OK 按钮，进入原理图项目管理器状态。

（3）在该工程文件夹下，默认创建图纸文件 SCHEMATIC1，在该图纸子目录下自动创建原理图页 PAGE1。

2. 设置图纸参数

（1）选择菜单栏中的 Options（选项）→Design Template（设计向导）命令，弹出 Design Template（设计向导）对话框，打开 Page Size（页面设置）选项卡，如图 15.23 所示。

图 15.22　Create PSpice Project（新建 PSpice 工程）对话框

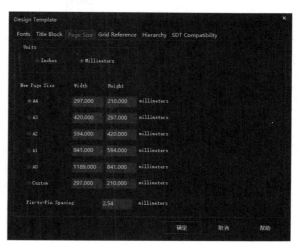

图 15.23　Design Template（设计向导）对话框

（2）在此对话框中对图纸参数进行设置。在 Units（单位）选项组中选择单位为 Millimeters（公制），页面大小选择 A4。单击"确定"按钮，完成图纸属性设置。

3. 加载元件库

选择菜单栏中的 Place（放置）→Part（元件）命令或者单击 Draw Electrical 工具栏中的 Place part（放置元件）按钮 ▣，打开 Place Part（放置元件）面板，在 Libraries（库）选项组中加载需要的元件库 DISCRETE.olb 和 SOURCE.olb，如图 15.24 所示。

图 15.24　加载需要的元件库

4. 放置元件

（1）打开 Place Part（放置元件）面板，在其中浏览刚刚加载的元件库 SOURCE.olb，将库中的正弦电压源 VSIN 放置到原理图上。

（2）在 DISCRETE.olb 库中找到 RESISTOR VAR、CAP NP 和 INDUCTOR，然后将它们都放置到原理图中，再对这些元件进行布局，布局的结果如图 15.25 所示。

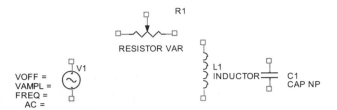

图 15.25　放置元件

5. 绘制导线

选择菜单栏中的 Place（放置）→Wire（导线）命令或者单击 Draw Electrical 工具栏中的 Place wire（放置导线）按钮 ，绘制除了总线之外的其他导线，如图 15.26 所示。

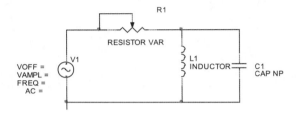

图 15.26　绘制导线

6. 放置网络标签和接地符号

（1）选择菜单栏中的 Place（放置）→Net Alias（网络名）命令或者单击 Draw Electrical 工具栏中的 Place net alias（放置网络名）按钮 ，弹出 Place Net Alias（放置网络名）对话框，将网络标签放置到总线分支上，依次放置递增的网络标签，结果如图 15.27 所示。

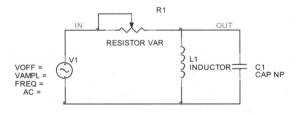

图 15.27　放置网络标签

（2）选择菜单栏中的 Place（放置）→Ground（接地）命令或者单击 Draw Electrical 工具栏中的 Place ground（放置接地）按钮 ，在弹出的对话框中选择接地符号，然后向电路中添加接地符号，结果见图 15.20。